高等学校电子信息类专业实践教材

U0378908

电子线路实验

（第二版）

陈　南　易运晖　贺小云　白　明　编著
李　毅　白　勃　梁晓霞　刘飞航

西安电子科技大学出版社

内 容 简 介

本书首先给出进行电子线路实验的预备知识，然后展开主体内容的介绍。主体部分分为六个部分：第一部分为数字电子线路实验，包含九个实验；第二部分为低频电子线路实验，包含八个实验；第三部分为高频电子线路实验，包含五个实验；第四部分为电子线路综合实验，包含三个实验；第五部分介绍了电子线路实验常用仪器的主要技术指标及使用方法；第六部分介绍了电子线路实验常用 EDA 软件。书中留有专门的原始数据记录页，方便读者在实验中使用。

本书可作为高等学校电子、电气类专业学生的实验课教材，也可作为其他专业学生理解和掌握电子线路实验知识的教材或教参，还可作为广大电子行业工作者和电子技术爱好者的参考用书。

图书在版编目（CIP）数据

电子线路实验 / 陈南等编著. --2 版. --西安：西安电子科技大学
出版社，2023.9(2023.10 重印)
ISBN 978-7-5606-6992-2

Ⅰ. ①电… Ⅱ. ①陈… Ⅲ. ①电子电路—实验—高等学校—教材 Ⅳ. ①TN710-33

中国国家版本馆 CIP 数据核字(2023)第 160252 号

责任编辑　陈　婷
出版发行　西安电子科技大学出版社(西安市太白南路 2 号)
电　　话　(029)88202421　88201467　　邮　　编　710071
网　　址　www.xduph.com　　　　　电子邮箱　xdupfxb001@163.com
经　　销　新华书店
印刷单位　陕西天意印务有限责任公司
版　　次　2023 年 9 月第 2 版　　2023 年 10 月第 2 次印刷
开　　本　787 毫米×1092 毫米　1/16　印　张　18.75
字　　数　447 千字
印　　数　601～2600 册
定　　价　49.00 元
ISBN 978-7-5606-6992-2/TN

XDUP 7294002-2

如有印装问题可调换

前　言

实践是工程最重要的本质属性，是理论研究的出发点和归宿点，是知识、能力、素质三位一体培养方案中的重要一环。教育部于 2017 年提出的建设新工科的指导思想，考虑到新工科建设目标和电子行业对创新创业型人才的迫切需求，新工科背景下电子信息类专业的教学必须加强实践，且教学内容必须与行业要求相结合。

电子线路是一门理论性和实践性都很强的工程技术基础课。对于电子信息类专业的学生来说，掌握这门课程的基本实验理论、提高实践能力十分重要。电子线路实验课程的主要任务是培养学生的基本实验技能，提高学生的工程素质，使学生通过本课程的学习初步掌握电子线路的测试、调整与工程设计的方法和技能，并初步具备工程实践能力。

根据上述要求，本书作者遵照现行电子线路实验课程的教学大纲，本着理论与实践相结合、硬件与软件相结合、验证性实验与综合性实验相结合以及课内与课外相结合的原则，设计和安排全书内容。考虑到读者在前期实验课程(如物理实验)中已经学习了包括误差在内的实验数据的处理等相关知识，本书省略了这部分内容。

电子技术的高速发展带动了电子线路实验内容和方法的更新。本书是在 2012 年出版的《电子线路实验》一书的基础上修订而成的。本书更新了第一版中的陈旧内容，同时更新了相关 EDA 软件的版本。本书将 GHz 高级数字示波器、频谱分析仪、网络分析仪等引入电子线路实验中，将实验最高工作频率提高到 GHz。这些更新缩小了校园实验室中取得的结果与产业需求的差距，同时也充分体现了国产电子器件、设备和 EDA 的发展，满足了课程思政的基本要求，能更好地适应目前电子线路实验的教学大纲要求。

本书是西安电子科技大学国家级电工电子实践教学示范实验中心系列实验教材之一，可用于电子线路实验课程教学，亦可用于相应的课程设计、综合设计等教学环节。书中的部分内容可配合西安电子科技大学实验中心自主研制定型的系列实验板使用，也适用于其他类似实验装备。本书可作为高等学校电子、电气类专业学生的实验课教材，也可作为其他专业学生理解和掌握电子线路实验知识的教材或教参，还可作为广大电子行业工作者和电子技术爱好者的参考书。

陈南和易运晖负责全书内容的修订。贺小云、刘飞航、白勃、梁晓霞、李毅和白明等参与编写。这些作者均具有长期从事电子线路实验教学的经验。具体写作分工如下：白勃和李毅负责编写第一部分，梁晓霞、刘飞航和白明负责编写第二部分，陈南和贺小云负责编写第三部分，易运晖负责编写第四部分，陈南、贺小云和白明负责编写第五部分，易运晖、白明和李毅负责编写第六部分。陈南、易运晖负责全书的统稿工作。何先灯副教授和商鹏高级工程师对本书的编写也做出了贡献，在此一并感谢！

由于作者水平有限，书中难免有不妥之处，恳请读者指正。

作　者

2023 年 5 月

目 录

预备知识 1

第一部分　数字电子线路实验 17
　实验一　逻辑门功能测试 18
　实验二　组合逻辑电路设计 27
　实验三　编码器与译码器 33
　实验四　数据选择器 41
　实验五　计数器与译码显示 47
　实验六　同步时序电路设计 53
　实验七　D/A 与 A/D 变换 59
　实验八　自动电梯控制器 69
　实验九　简易数字频率计 71

第二部分　低频电子线路实验 81
　实验一　RC 耦合单管放大器 82
　实验二　场效应管实验 87
　实验三　差动放大器 93
　实验四　负反馈放大器 99
　实验五　音频功率放大器 105
　实验六　集成稳压电源和开关电源 111
　实验七　集成运算放大器的应用 121
　实验八　语音放大器实验 131

第三部分　高频电子线路实验 137
　实验一　高频谐振功率放大器 138
　实验二　高频 LC、压控及晶体振荡器 145
　实验三　频谱分析仪的原理及应用 151
　实验四　模拟乘法器实验 161
　实验五　相位鉴频器实验 173

第四部分　电子线路综合实验 181
　实验一　程控增益放大器 183

实验二　简易频域特性测量仪 188

实验三　简易自寻迹小车的设计 194

第五部分　常用仪器的主要技术指标及使用方法 201

5.1　元器件测量仪器 202

5.2　信号发生器 209

5.3　示波器 217

5.4　频谱分析仪 238

5.5　网络分析仪 241

5.6　频率计数器 244

5.7　电压表 248

5.8　直流稳压电源 251

第六部分　常用 EDA 软件 253

6.1　Multisim 254

6.2　立创 EDA 265

6.3　Quartus Ⅱ 281

6.4　ModelSim 288

参考文献 294

预 备 知 识

实验是研究自然科学的重要方法。电子信息类专业设置"电子线路实验"课程有三个目的：

第一，通过实验，使学生验证、巩固和补充所学的理论知识。

第二，通过实验，使学生受到实验方法的训练和实验技能的培养。为此，要求学生：通过实验熟悉常用仪器的工作原理和使用方法，并掌握基本的电子测量技术；对于实验的数据和结果，具有初步整理和分析的能力，并能绘制工整的电路图、曲线，写出符合要求的实验报告等；培养严谨、实事求是的科学作风和爱护公共财物的优良品德。

第三，通过实验，使学生初步掌握电子线路的设计、组装、调整和测试能力。

一、实验准备

(1) 预习实验指导书。

(2) 根据实验指导书提出的要求完成规定电路的设计和理论计算，必要时写出简明的实验预习报告。

(3) 熟悉测试仪器，明确各实验的任务。

二、实验规则

为了获得预期的教学效果，凡进行电子线路实验的学生，都必须遵守下列规则：

(1) 按照实验课表或预约的时间来做实验，不得迟到早退，有病或有事必须事先请假。

(2) 要保持实验室的安静与清洁卫生，实验室内禁止吸烟、大声喧哗。完成实验后，要按照任课老师的要求打扫卫生。

(3) 本实验全程实行单人单桌，学生应按照编好的实验小组对号入座，不得随意更换座位。

(4) 做实验前先清点工具和器材，发现有缺少或有损坏时应及时报告。未经许可不得打开别人的抽屉，更不允许拿走他人的工具、器材。实验完成后要请任课老师检查一遍，没有问题方可离开实验室。

(5) 实验完成后，必须将烙铁的电源断开，关闭所有仪器，拆除实验电路连线，仪器面板上的连线及后面的电源插头不必拔掉，仪器、凳子都摆放整齐后方可离开实验室。

三、安全技术

(1) 学生在第一次进入实验室时，应详细了解实验室的电源系统，包括总电源开关板、分电源板的分布以及电压等。

(2) 对于仪器设备，必须在了解清楚其性能和使用方法后才能使用，并严格遵守仪器操作规程。

(3) 严禁带电测电阻、带电焊接、带电插拔晶体管和集成电路等。

(4) 实验电路装好后，必须经过仔细检查，确定没有问题方可加电；加电前电源电压必须预先调到规定的数值，随即关掉电源，将实验电路与电源连接好后再打开电源。

(5) 在实验过程中，如发现仪器工作不正常或有其他事故，应立即断开电源，停止实验，并及时报告任课教师，在教师来到之前应保持现场不变，以便检查。

四、实验过程

开始实验后，首先按照实验内容及实验电路图选择合适的仪器、元器件进行线路连接。当所有线路都连接好，经检查电路连接正确后，方可加电进行实验。若发现供电电源输出电压和电流出现异常或不能完成设计功能，说明电路有故障，应立即断开电源，进行检查。产生故障的原因和解决的办法大致有以下几种：

(1) 电源电压不符合要求，可以通过万用表测量确认。

(2) 连线错误，可以通过对比原理电路图确认。

(3) 仪器故障，可以通过仪器自检或相互测试予以确认。

(4) 元器件使用不当或功能不正常，可以通过替换或对被怀疑元器件进行单独测试来进一步确认。

(5) 开关或连接点接触不良、导线开路，可以用万用表的欧姆挡来确认。

(6) 电路设计错误，可以通过理论计算或计算机仿真来确认。

对于实验中出现的故障，要进行分析并按上述步骤逐一排除，不要把连线全部拔掉重来，这样不但浪费时间，同时也放弃了一次极好的排除故障的练习。为了使实验顺利进行，降低出现故障的可能性，实验时必须严格遵循实验规定和步骤。插集成元件时应注意校准其引脚，引脚插针要直且与插座的间距相等，然后慢慢插入插座，以免用力过猛而折断或使集成元件的引脚弯曲。布线时，为了便于查找，使用的导线最好是多种颜色的，如一般电路习惯用红色导线作为电源线或信号线，黑色导线一般作为接地线。对于使用元件较多的大型实验，应分块进行布线，分块调试，最后进行总体连接。完成布线后要认真检查有无错误，发现错误要及时排除。

五、实验报告

(1) 实验结束后要撰写实验报告，这是一种基本功的训练。通过写实验报告，汇总数据，分析和讨论问题，可以加深对实验基本理论的认识和理解。实验报告必须在下次实验课前上交，实验结束时领取。

(2) 实验报告内容应符合实验指导书的规定，一般包括实验内容、实验电路图、按照实验内容要求经过整理后的实验数据、必要的曲线和波形、理论计算、理论与实际结果的分析比较以及本次实验的结论及思考题等，最后必须附上印有教师签章的原始数据记录页。

(3) 如果需要，实验报告内容还应包括实验中出现的问题和解决方法，以及收获、体会、意见和建议。

六、元器件知识

电子产品是由各种电子元器件组成的。随着电子技术的不断发展，电子元器件的品种、规格越来越多。要能在品种繁多的电子元器件中选出所需的元件，正确识别手中元件的种类和规格，就需要掌握电子元器件的一系列技术标准。

(一) 电阻

1. 电阻的分类

电阻是最常用、最基本的电子元件之一。电阻阻值的基本单位是欧姆(Ω)，在工程中经常用到的单位还有 kΩ 和 MΩ，其关系为 $1\,k\Omega = 10^3\,\Omega$，$1\,M\Omega = 10^3\,k\Omega = 10^6\,\Omega$。电阻在电路中的主要用途是分压、限流和充当负载。由于新材料、新工艺的不断发展，电阻的品种不断增多，因此对电阻进行分类就显得十分必要。较常用的电阻分类方法有两种：

(1) 按阻值能否变化，电阻可分为固定电阻器和可调电阻器两大类。固定电阻器的电阻值是固定的，一经制成不能再改变；相应地，可调电阻器的阻值是可以在使用中改变的。

(2) 按电阻体的结构特征和材料不同，电阻可分为线绕电阻、非线绕电阻以及敏感电阻等。

线绕电阻是用电阻丝(常用电阻丝有镍铬合金、康铜)缠绕在陶瓷骨架上制成的。由于电阻丝采用的是金属材料，因此这类电阻有许多优点，如耐高温，功率大，稳定性好，温度系数小，电流噪声小等，它的缺点是体积、分布电感和分布电容都比较大，不易获得较高的阻值。

非线绕电阻主要有膜式电阻和实芯电阻两类。

膜式电阻的基体是陶瓷，导电体是依附于基体表面的薄膜。根据所用材料和电阻膜形成工艺的不同，这种电阻又分成碳膜(RT)、金属膜(RJ)、合成膜(RH)和氧化膜(RY)等电阻。常用的有碳膜电阻和金属膜电阻。

金属膜电阻是薄膜电阻的一种，其导电体通常是沉积在骨架上的一层金属薄膜或合金薄膜。金属膜电阻具有优异的电性能，它的工作频率范围宽，可在高频电路中使用；电阻的稳定性好；体积比相同额定功率的碳膜电阻小；耐热性能好，额定温度达+70℃，最高温度可达 +155℃；可以制成高精度的电阻；它的噪声电动势也小。金属氧化膜电阻的性能和金属膜电阻的接近。

实芯电阻是用碳质颗粒状导电物质(炭黑、石墨)、填料(云母粉、石英粉、玻璃粉等)和黏合剂混合压制成实芯的电阻体，目前已基本淘汰。

敏感电阻是指器件特性对温度、电压、湿度、光照、气体、磁场、压力等作用敏感的电阻器，其种类繁杂，这里不作介绍。

2. 电阻参数的识别

1) 电阻参数

电阻的主要技术参数有标称阻值、阻值误差和额定功率。

(1) 标称阻值。电阻上所标称的阻值叫标称阻值。生产厂家根据国家标准，一般只按阻值系列生产电阻。对不同误差等级的电阻有着不同数目的标称值，误差越小，其标称值越多。

根据国家标准 GB/T 2471—1995《电阻器和电容器优先数系》的规定，固定电阻和电位器的标称阻值系列、固定电容的标称容量系列及其允许偏差应符合表 0-1 所列数值之一(或表列数值再乘以 10^n，其中幂指数 n 为正整数或负整数)。

表 0-1 电阻器和电容器优先数系表

允 许 误 差				允 许 误 差			
±5%	±10%	±20%	> ±20%	±5%	±10%	±20%	> ±20%
E24	E12	E6	E3	E24	E12	E6	E3
1.0	1.0	1.0	1.0	3.3	3.3	3.3	—
1.1	—	—	—	3.6	—	—	—
1.2	1.2	—	—	3.9	3.9	—	—
1.3	—	—	—	4.3	—	—	—
1.5	1.5	1.5	—	4.7	4.7	4.7	4.7
1.6	—	—	—	5.1	—	—	—
1.8	1.8	—	—	5.6	5.6	—	—
2.0	—	—	—	6.2	—	—	—
2.2	2.2	2.2	2.2	6.8	6.8	6.8	—
2.4	—	—	—	7.5	—	—	—
2.7	2.7	—	—	8.2	8.2	—	—
3.0	—	—	—	9.1	—	—	—

说明:

a. E24 系列是由 $\sqrt[24]{10^n}$ 理论数的修约值组成的，其中 n 为正整数或负整数。E12 系列是由 $\sqrt[12]{10^n}$ 理论数的修约值组成的，并由 E24 系列隔项省略而成。E6 系列是由 $\sqrt[6]{10^n}$ 理论数的修约值组成的，并由 E12 系列隔项省略而成。

b. 电位器的标准值通常取表中的 E12 值。

c. 大功率电阻(通常为线绕电阻)、电解电容的取值不受此表限制，如功率为 10 W 的电阻，可以有 30 Ω 的，也可以有 50 Ω 的，电解电容可以有 4.7 μF 的，也可以有 5 μF 的。

d. 作为高频滤波元件用的色码电感的标准值亦同本表。

(2) 阻值误差。电阻的误差是指电阻的标称值与其实际测量的阻值大小的差别。确切地说，阻值误差等于电阻的实际值和标称值之差再除以标称值所得的百分数。按国家标准，普通电阻的误差可分为 ±5%、±10%、±20% 几挡，精密电阻的误差为 ±2%、±1%、±0.5% 或更小。

(3) 额定功率。额定功率是指电阻、电位器在电路中，当大气压力为 87～107 kPa 时和在产品规定的额定温度下，长期连续负荷时所允许消耗的最大功率。

电路图中，若不作说明，则电阻的额定功率一般为 1/16～1/8 W。较大功率时用文字标注或用符号表示(如图 0-1 所示)。额定功率越大的电阻器,其体积相应越大。

图 0-1　电阻额定功率的图形符号

2) 参数标注

实际应用中,电阻的阻值、允许偏差等参数通常直接标注在电阻的表面以便使用。常用的标示方法有以下三种:

(1) 直接法。直接法是在元件表面直接标示出它的主要参数和技术性能的一种标示方法。如某电阻上标示 4.7 k,即表示此电阻的标称阻值为 4.7 kΩ。

(2) 文字符号法。文字符号法是将需要标示出的主要参数与技术性能用文字、数字符号有规律地组合起来标示在元件上的一种方法。这种方法中,文字符号既表征了单位,又指示了小数点的位置。如 4k7,字母 k 既表示此电阻的单位是 kΩ,又指示在 4 和 7 之间有一个小数点,所以该电阻的标称阻值为 4.7 kΩ。比较特殊的是 R10、1R1 这种标示,这里 R 只表示小数点的位置,即 R10 表示 0.1 Ω,1R1 表示 1.1 Ω。

(3) 色标法。色标法是用不同颜色的环(或点)在产品表面标示出产品的主要参数的标示方法。电阻、电容的标称值、允许偏差及工作电压均可用相应的颜色标示。各种颜色表示的数值见表 0-2。该色码表在电子领域的应用十分广泛。

表 0-2　色 码 表

颜　色	有效数字	乘　数	允许误差%
银	—	10^{-2}	±10
金	—	10^{-1}	±5
黑	0	10^{0}	—
棕	1	10^{1}	±1
红	2	10^{2}	±2
橙	3	10^{3}	
黄	4	10^{4}	
绿	5	10^{5}	±0.5
蓝	6	10^{6}	±0.05
紫	7	10^{7}	±0.1
灰	8	10^{8}	—
白	9	10^{9}	+5/−20
无(本色)	—	—	±20

对于固定电阻来说,常用 4 位或 5 位色环来标示其阻值和允许误差。4 位色环表示法如图 0-2 所示,5 位色环表示法如图 0-3 所示。

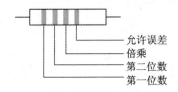
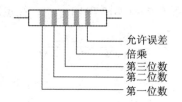

图 0-2　4 位色环表示法　　　　　　　　　图 0-3　5 位色环表示法

读色环电阻时，首先应该识别第一位色环。一般来说，第一位色环距离电阻头较近，读的时候不能读错。

标称阻值 = 有效数字 × 倍率

允许误差直接由允许误差环读出。

有的电阻表面只有 3 条色环，这个电阻其实用的是 4 位色环表示法，只不过它的允许误差环为本色，即允许误差为 ±20%。

固定电阻的色标举例：

标称阻值为 27 kΩ，允许误差为 ±5%，其色环表示为红紫橙金。

标称阻值为 17.5 Ω，允许误差为 ±1%，其色环表示为棕紫绿金棕。

标称阻值为 47 kΩ，允许误差为 ±20%，其色环表示为黄紫橙。

3．电阻的选用

选用电阻时，可以从以下几个方面着手进行考虑：

(1) 熟悉电路，掌握电路对电阻元件的技术要求。不同的电路对电阻元件在技术上有不同的要求，有的要求电阻具有较强的过载能力，有的要求电阻具有优良的高频特性，有的则要求电阻具有较高的精度……使用时应根据电路要求的不同选择合适的电阻。

(2) 优先选用通用型电阻以及较熟悉的标称阻值系列。在生产和维修工作中，总要储备一定数量的电阻以供随时选用，在能够满足正常工作的前提下优先选用最熟悉的系列，可以使储备电阻的品种少，这样不仅方便管理，而且比较经济。

(3) 选用的电阻的额定功率必须大于实际承受功率。为了保证电阻正常工作而不致烧毁，必须使它承受的功率不超过其额定功率。通常选用额定功率大于实际承受功率两倍以上的电阻。

(4) 在高增益前置放大器电路中，应选用噪声小的电阻。

(5) 根据电路的工作频率，正确选择电阻的种类。

(6) 根据电路对温度稳定性的要求，选择温度系数不同的电阻。

(7) 根据安装位置、工作环境等选用电阻。

(二) 电容

电容也是最常用、最基本的电子元件之一。在电路中，电容用于隔直流、通交流、滤波、旁路、与电感线圈组成振荡回路等。

1．电容的分类

1) 按容量分类

电容可以按照容量是否可以调整分成三大类：

(1) 固定电容。这类电容的容量不能改变。大多数电容是固定电容。

(2) 可变电容。这种电容的容量可在一定的范围内调节。它通常用于一些需要经常调整的电路中。

(3) 微调电容。这种电容又称为半可变电容或补偿电容，容量可以调整，但一般调整好后就固定不变了。

一般使用的电容是将两个金属片或金属箔靠得很近，中间用绝缘物质隔开，然后分别在两个金属片上引出两个引脚构成的。组成电容的两个导体称作极板，中间的绝缘物质叫作电容器的介质。

2) 按电介质分类

实际上，电容的电性能、结构和用途在很大程度上取决于所用的电介质，因此电容常按所用电介质分为以下几类。

(1) 纸介电容和金属化纸介电容。纸介电容是以电容纸作为介质、以铝箔作为电极的卷绕式电容。其优点是：容量大，体积小，工作电压范围宽，制作工艺简单，成本低。缺点是：容量精度不易控制，损耗较大，化学稳定性差，容易老化，温度系数大，热稳定性差，频率特性差，自身电感量大。金属化纸介电容由于在工艺和材料上采取了一系列措施，发挥了纸介电容的特点，克服了纸介电容的部分缺点，因此它的最大优点是具有弱击穿自愈的能力。

(2) 有机薄膜电容。有机薄膜电容包括聚苯乙烯薄膜电容、聚四氟乙烯薄膜电容、聚碳酸酯薄膜电容等。

聚苯乙烯薄膜电容是以非极性的聚苯乙烯薄膜为介质制成的电容。这种电容具有优良的电性能，绝缘电阻很高，介质损耗、电参数随温度和频率的变化很小，电容量的温度系数约为 $+100 \times 10^{-6}/℃$，电容量精度很高。基于以上优点，这种电容的应用十分广泛。其缺点是耐热性较差，许多聚苯乙烯薄膜电容的环境温度上限为 55℃。另外，它的耐潮性也较差。

聚四氟乙烯薄膜电容是以非极性的聚四氟乙烯薄膜为介质制成的电容。聚四氟乙烯薄膜电容具有优异的电性能。它的损耗小，绝缘电阻很高，参数的温度和频率特性十分稳定，尤其突出的是它的耐热性很好，在 $-55\sim+200℃$ 的条件下可以连续工作。但是由于聚四氟乙烯材料价格很贵，因此没有得到广泛的应用。

聚碳酸酯薄膜电容是以极性的聚碳酸酯薄膜为介质制成的。这种电容器的电性能比聚酯电容器好，电容量的稳定性较高，损耗较小，耐热性与聚酯电容器相近，可在 $+120\sim+130℃$ 下长期工作。

(3) 瓷介电容。瓷介电容是以陶瓷材料为介质，并在其表面烧渗银层作为电极的电容。由于陶瓷材料具有优异的电气性能，同时材料来源丰富，价格低廉，因此由它制作的瓷介电容品种越来越多，应用也越来越广泛。瓷介电容有许多明显的优点：体积小，具有很好的稳定性和优良的绝缘性，适合作为温度补偿电容，结构简单，材料丰富，便于大量生产。缺点是机械强度低，易碎易裂。市面上常见的独石电容是一种多层结构的陶瓷电容，体积小，容量更大，耐高温且性能稳定。

(4) 电解电容。电解电容是以金属板上的一层极薄的氧化膜作为介质、以金属极片作为正极、以固体或非固体电解质作为负极的电容。一般电解电容有正负极之分，即有极性。当将电解电容接入电路中时，正极必须接到直流电压的高电位，负极则接到直流电压的低电位。如果接反，不仅不能发挥其应有的作用，而且漏电流迅速增大，使电容发热，氧化膜介质损坏，电容性能急剧下降，甚至过热而损坏或爆炸。电解电容虽有极性，但在结构和工艺上采取一定措施后，也可以制造出无极性的或交流的电解电容。

电解电容按其正极性的金属材料的不同，可以分为铝电解电容、钽电解电容、铌电解电容、钛电解电容、钽-铌合金电解电容等。

铝电解电容的高频特性较差，它的容量和损耗会随温度产生明显的变化，特别是当温度低于 −20℃时，容量将随温度的下降而急剧减少，而损耗则急剧上升。另外，当温度超过 +40℃时，漏电流增加很快。为此，一般铝电解电容仅适宜于在 −20～+50℃的温度范围内工作。

钽电解电容的寿命长，可靠性高，损耗低，频率稳定性和耐寒性好，体积相对铝电解电容小很多。然而，由于钽这种材料比较稀少，且价格昂贵，因此钽电解电容一般用于要求较高的场合。

2．电容的参数

(1) 标称电容量：电容标出的电容量值。陶瓷介质电容的电容量较小(大约在 5000 pF 以下)；纸、塑料和一些陶瓷介质形式的电容居中(大约在 0.005～1.0 μF)；通常电解电容的容量较大。

(2) 类别温度范围：设计电容时所确定的能连续工作的环境温度范围。该范围取决于相应类别的温度极限值，如上限类别温度、下限类别温度、额定温度(可以连续施加额定电压的最高环境温度)等。

(3) 额定电压：在下限类别温度和额定温度之间的任一温度下，可以连续施加在电容上的最大直流电压或最大交流电压的有效值或脉冲电压的峰值，实际中也叫耐压值。

对于电容，工作时端电压大到一定程度时，电容器的两电极之间的绝缘介质就可能承受不了而被击穿，电容器就会被损坏。在使用中应保证直流电压与交流峰值电压之和不得超过电容的额定电压。

(4) 损耗角正切(tanδ)：在规定频率的正弦电压下，电容的损耗功率除以电容的无功功率为损耗角正切。在实际应用中，电容并不是一个纯电容，其内部还有等效电阻，对于电子设备来说，等效电阻愈小愈好，也就是要求损耗功率小，其与电容的功率的夹角要小。

(5) 电容的温度特性：通常是以 20℃基准温度的电容量与有关温度的电容量的百分比来表示的。

(6) 使用寿命：电容的使用寿命随温度的增加而缩短。其主要原因是温度会加速化学反应而使介质随时间退化。

(7) 绝缘电阻：由于升温会引起电子活动增加，因此温度升高将使绝缘电阻降低。

3．电容的参数识别

电容的参数识别主要是电容量的识别。电容的单位是 F(法拉)，但在实际使用中常用 μF(微法)、nF(纳法)和 pF(皮法)。具体换算关系如下：

$$1\ \mu F = 10^{-6}\ F$$
$$1\ nF = 10^{-9}\ F = 10^{3}\ pF$$
$$1\ pF = 10^{-12}\ F = 10^{-6}\ \mu F$$

常用的标志方法有以下几种：

(1) 标有单位的直接表示法：有的电容的表面上直接标注了其特性参数，如在电解电容上经常标注为 4.7 μ/16 V，表示此电容的标称容量为 4.7 μF，耐压为 16 V。

(2) 不标单位的数字表示法：许多电容受体积的限制，其表面经常不标注单位，但都遵循一定的识别规则。当数字小于 1 时，默认单位为微法，如某电容标注为 0.47，表示此电容的标称容量为 0.47 μF；当数字大于等于 1 时，默认单位为皮法，如某电容标注为 100，表示此电容的标称容量为 100 pF。如某电容标注为 68，则表示此电容的标称容量为 68 pF。有一种特殊情况，即当数字为 3 位数且末位数不为零时，前两位数为有效数字，末位数为 10 的幂次，单位为皮法，类似于色码电阻表示法。例如：某电容标注分别为 103 和 472 的电容其标称容量为

$$10 \times 10^3 \, pF = 10\ 000 \, pF = 0.01 \, \mu F$$
$$47 \times 10^2 \, pF = 4700 \, pF$$

(3) p、n、μ、m 法：标示在数字中的字母 p、n、μ、m 既是量纲，又表示小数点位置。p 表示 10^{-12} F，n 表示 10^{-9} F，μ 表示 10^{-6} F，m 表示 10^{-3} F。例如，某电容标注为 4n7，表示此电容的标称容量为 4.7×10^{-9} F = 4700 pF。

(4) 色环(点)表示法：该法同电阻的色环表示法，单位为 pF。

4．电容的选用

(1) 选择合适的型号。

不同的场合对电容的要求不同，选用电容时，应根据电路的要求确定相应品种的电容。例如，在电源滤波和退耦电路中，由于对电容性能要求不高，只要体积不大，容量足够就可以了，所以可以选用电解电容；在高频电路中，则应选用云母电容或瓷介电容。

(2) 合理确定电容的精度。

在绝大多数应用场合，对于电容的容量要求并不严格。例如，在旁路、耦合电路中，对电容量的精度没有很严格的要求，选用时可根据设计值选用相近容量的电容。

但在另一些场合，如振荡电路中，电容的容量应尽可能和计算值一致，这时应选用高精度的电容来满足要求。

(3) 确定电容的额定工作电压。

电容接入电路后，如果电路工作电压高于电容的额定工作电压，电容就会发生击穿而损坏。为保证电容安全可靠工作，对一般电路，应使工作电压低于电容额定工作电压的 10%～20%。在某些电压波动较大的电路中，可酌情留出更大的余量。

(4) 优先选用绝缘电阻高、损耗小的电容。

绝缘电阻小的电容，其漏电流较大，漏电流不仅消耗了电路中的电能，更重要的是它会导致电路不正常或降低电路的性能。电容的损耗在许多场合也直接影响回路的性能，在滤波、振荡等电路中，要求 tanδ 尽可能小，这样回路的品质因数可以提高，电路的性能较好。

(5) 注意电容的温度系数、高频特性等参数。

电容的温度系数越大，其容量随温度变化就越大，这在很多场合是不允许的，这时可应选用温度系数小的电容以确保性能。另外，在高频应用中，由于电容受本身电感、引线电感和高频损耗的影响，其性能会变差，因此应选择高频特性好的电容。

(6) 注意电容的使用环境，如温度、湿度等。

(三) 电感

电感线圈是由外皮绝缘的导线绕制而成的。线圈可以是空芯的，也可以包含铁芯或磁粉芯。电感的特性是通直流、阻交流，频率越高，线圈阻抗越大。电感的单位有亨(H)、毫亨(mH)、微亨(μH)，$1\,H = 10^3\,mH = 10^6\,\mu H$。

1．电感的分类

按电感形式分类，有固定电感、可变电感；

按导磁体性质分类，有空芯线圈、铁氧体线圈、铁芯线圈、铜芯线圈等；

按工作性质分类，有天线线圈、振荡线圈、扼流线圈、陷波线圈、偏转线圈等；

按绕线结构分类，有单层线圈、多层线圈、蜂房式线圈等。

2．电感的参数

(1) 电感量 L。电感量 L 表示线圈本身的固有特性，与电流大小无关。除专门的电感线圈(色码电感)外，电感量一般不专门标注在线圈上，而以特定的名称标注。

(2) 品质因数 Q。品质因数 Q 是表示电感质量的一个物理量，Q 为感抗 ωL 与其等效电阻 R 的比值，即 $Q = \omega L / R$。线圈的 Q 值越高，回路的损耗越小。电感的 Q 值与导线的直流电阻、骨架的介质损耗、屏蔽罩或铁芯引起的损耗及高频趋肤效应的影响等因素有关。电感的 Q 值通常为几十到几百。

(3) 分布电容。电感线圈的匝与匝间、电感与屏蔽罩间、电感与底板间存在的电容称为分布电容。分布电容的存在使电感的 Q 值减小，稳定性变差，因而电感的分布电容越小越好。

(4) 额定电流。额定电流是电感所允许流过的最大电流。

(四) 半导体器件

半导体器件是电子元器件中功能和品种最为繁杂的一类器件。因为历史发展的原因，各国对其分类及命名的方法各不相同。按目前我国器件供应市场的现状，下面主要介绍以下几个国家和地区的半导体器件(二、三极管)的命名方法。

1．中国

根据我国国家标准(GB/T 249—2017)，半导体器件的型号由五个部分组成：

示例：3DD01F 表示 NPN 型硅材料低频大功率三极管，有时简写为 DD01F。

国产半导体器件型号组成部分的符号及其意义见表 0-3。

表0-3　国产半导体器件型号组成部分的符号及其意义

第一部分		第二部分		第三部分		第四部分	第五部分
用阿拉伯数字表示器件电极数目		用汉语拼音字母表示器件的材料和极性		用汉语拼音字母表示器件的类型		用阿拉伯数字表示器件序号	用汉语拼音字母表示规格号
序号	意义	符号	意义	符号	意义		
2	二极管	A	N型锗材料	P	普通管		
		B	P型锗材料	V	微波管		
		C	N型硅材料	W	稳压管		
		D	P型硅材料	C	参量管		
3	三极管	A	PNP型锗材料	Z	整流管		
		B	NPN型锗材料	L	整流堆		
		C	PNP型硅材料	S	隧道管		
		D	NPN型硅材料	U	光电器件		
		E	其他材料	K	开关管		
				N	阻尼管		
				X	低频小功率管 $f_T \leqslant 3\,\text{MHz}$，$P_o < 1\,\text{W}$		
				G	高频小功率管 $f_T \geqslant 3\,\text{MHz}$，$P_o < 1\,\text{W}$		
				D	低频大功率管 $f_T \leqslant 3\,\text{MHz}$，$P_o \geqslant 1\,\text{W}$		
				A	高频大功率管 $f_T \geqslant 3\,\text{MHz}$，$P_o \geqslant 1\,\text{W}$		
				T	半导体闸流管 (可控整流器)		
				Y	体效应管		
				B	雪崩管		
				J	阶跃恢复管		
				CS	场效应管		
				BT	半导体特殊器件		
				FH	复合管		
				PIN	PIN管		
				JG	激光器件		

注：场效应管、复合PIN管、激光器件的型号命名只有第三、四、五部分。

2. 国际电子联合会(欧盟等一些国家)

国际电子联合会对电子器件的命名分为四个部分：

第一部分：用字母表示器件材料。例如：A表示锗，B表示硅，C表示砷化镓。

第二部分：用字母表示器件的类型及特性。例如：

A—检波、混频、开关二极管；　　　　　B—变容二极管；

C—低频小功率三极管；　　　　　　　　D—低频大功率三极管；

F—高频小功率三极管；　　　　　　　　L—高频大功率三极管；

S—小功率开关管；　　　　　　　　　　U—大功率开关管。

第三部分：3位数字表示登记号。

第四部分：表示分类。

示例：

BU508A　　　　大功率硅开关管

3. 美国(EIA)

美国对电子器件的命名分为五个部分：

第一部分：表示用途，JAN 或 J 表示军用，无则为非军用品。

第二部分：由数字表示 PN 结数，1 为一个 PN 结，2 为两个 PN 结。

第三部分：字母"N"表示在 EIA 注册。

第四部分：多位数表示在 EIA 注册号。

第五部分：用字母表示分挡。

示例：

1N4001　　　　硅整流二极管

1N4148　　　　硅开关管

2N3464　　　　硅 NPN 管

2N3465　　　　N 沟道场效应管

4. 日本(日本工业标准 JIS)

日本对电子器件的命名由五至七个部分组成：

第一部分：由数字表示 PN 结数，1 为一个 PN 结，2 为两个 PN 结。

第二部分：字母"S"表示在 JIS 注册。

第三部分：表示极性类型。例如：

A—PNP 高频；　　　　　　　B—PNP 低频；

C—NPN 高频；　　　　　　　D—NPN 低频；

J—P 沟道 FET；　　　　　　K—N 沟道 FET。

第四部分：在 JIS 中的注册顺序号。

第五部分：表示对原产品的改进产品。

第六部分：表示特殊用途。

第七部分：表示某参数分档标记。

示例：

2SA1015　　　　PNP 型高频三极管，有时简写为 A1015

5. 韩国

我们常见的 9000 系列晶体命名来自韩国，9000 系列常用晶体管的参数及特点如表 0-4 所示。

表 0-4　9000 系列常用晶体管

型　号	极 性	用 途 特 点	P_T/mW	f_T/MHz
9011	NPN	高、中频放大	400	370
9012	PNP	极好的线性 h_{FE}	625	
9013	NPN	与 9012 配对作推挽	625	
9014	NPN	线性好，h_{FE} 高	625	270
9015	PNP	与 9014 配对	625	190
9018	NPN	宽带高增益、放大	400	1100

(五) 贴片元件

贴片元件又称 SMD，是 Surface Mounted Devices 的缩写，即表面贴装器件，它是 SMT (Surface Mount Technology，表面组装技术)元器件中的一种。贴片元件包括贴片的二极管、三极管、LED、电阻、电容、电感等。

贴片元件的共同特点是没有引线，体积小，在现代电子设备微型化的进程中有举足轻重的地位。贴片元件最大的优点在于其两端直接与印刷电路板(也叫印制电路板)焊接，省去了丝状的引线，减小了体积。普通元件因有丝状引线，故需在印刷电路板上穿孔并进行波峰焊。采用贴片元件后，组装密度高、电子产品体积小、重量轻，贴片元件的体积和重量只有传统插装元件的 1/10 左右。一般采用贴片元件之后，电子产品体积缩小 40%～60%，重量减轻 60%～80%。此外，贴片元件的可靠性高、抗震能力强、焊点缺陷率低，由于没有引线固有的寄生电感，因此高频特性好，减少了电磁和射频干扰；易于实现自动化，提高生产效率；降低成本达 30%～50%，节省材料、能源、设备、人力、时间等。

不过目前贴片元件的功率都比较小，在电路中无法完全采用贴片元件。

1. 贴片电阻

贴片电阻分为长方形和圆柱形两种，如图 0-4 所示。长方形贴片电阻的应用最为广泛。

(a)　长方形贴片　　　　　(b)　圆柱形贴片

图 0-4　长方形和圆柱形贴片电阻

贴片电阻的外形有严格的规定，详见本书第六部分立创 EDA 软件相关内容。贴片电阻的功率与其体积相关。常见的贴片电阻有 0201(封装体积)贴片电阻 1/20 W、0402 贴片电阻 1/16 W、0603 贴片电阻 1/10 W、0805 贴片电阻 1/8 W、1206 贴片电阻 1/4 W、1210 贴片电阻 1/3 W、2010 贴片电阻 3/4 W、2512 贴片电阻 1 W。

贴片电阻的阻值表示用"数字表示法"，即将 3～4 位数字直接印刷在电阻体的正面，最后一位表示倍率，前面表示有效数字，基本单位是 Ω。例如，103 表示 $10 \times 10^3 \, \Omega = 10 \, \text{k}\Omega$。"1002" 是 1% 精度阻值表示法：前三位表示有效数字，第四位表示有效数字后零的个数，基本单位是 Ω，即 1002 表示 $100 \times 10^2 \, \Omega = 10 \, \text{k}\Omega$。

2．贴片电位器

贴片电位器主要采用玻璃釉作为电阻材料，它有片状的、圆柱形的或其他几种类型，如图 0-5 所示。贴片电位器的阻值范围宽($10 \, \Omega \sim 2 \, \text{M}\Omega$)，而且外形规整，便于机械化加工、自动化安装及调整。

3．贴片电容

无极性贴片电容的外形与贴片电阻极其相似，容量范围一般在 $1 \, \text{pF} \sim 10 \, \mu\text{F}$ 之间，如图 0-6 所示。它与贴片电阻外形的唯一区别是其表面无任何印刷字迹，其容量等参数仅标示在其外包装盒上。当无极性贴片电容脱离包装后，将不能从其外形上获得有关容量的参数，只能通过仪器测量得到。因此，在使用无极性贴片电容时，严禁将不同容量的贴片电容混装，以免无法分拣区别。

图 0-5　贴片电位器

图 0-6　贴片电容

贴片电容的参数表示方法有多种，常见的形式如下：

容量的表示方法与贴片电阻相似，前两位表示有效数，第三位数表示有效数后 0 的个数，单位为 pF。例如：222 表示 2200 pF，2P2 表示 2.2 pF。贴片电容耐压有低压和中高压两种，低压电容耐压一般有 50 V、100 V 两挡；中高压电容有 200 V、300 V、500 V、1000 V 等多种。另外，贴片电容在贴装时无正负极朝向要求。

贴片钽电解电容的容量从 $0.1 \, \mu\text{F}$ 至 $330 \, \mu\text{F}$ 不等，耐压为 $4 \sim 50$ V。其表面印有极性标志，有横标端为正极。该电容的容量表示方法与贴片陶瓷电容相同，如 104 表示 $10 \times 10^4 \, \text{pF}$，即 $0.1 \, \mu\text{F}$。

4．贴片电感

贴片电感的内部有铁氧体磁芯，绕上电感线圈后，在四周加一层磁屏蔽材料。这种贴片电感可避免漏磁对邻近电路产生干扰，如图 0-7 所示。

图 0-7　贴片电感

5．贴片二极管

贴片二极管分为片状二极管和无引线圆柱形二极管两种，如图 0-8 所示。它们的识别方法与普通带引线二极管一样。

图 0-8　贴片二极管

6. 贴片三极管

贴片三极管分为普通晶体管、带阻晶体管、双栅场效应晶体管、达林顿晶体管、高反压晶体管等。贴片三极管与对应的带引脚的三极管相比，具有体积小、耗散功率小的特点，其他参数则变化不大，如图 0-9 所示。

图 0-9　贴片三极管

(六) 数字集成电路

实现基本逻辑运算和常用逻辑运算的单元电路称为逻辑门电路，简称门电路。将逻辑门电路集成在一片半导体芯片上就构成了数字集成电路。因为制造工艺的不断改进，产生出种类繁多的标准化、系列化的集成电路产品。衡量集成电路设计和制造技术水平的两个主要参数是集成度和特征尺寸。集成度是指每一片芯片包含的晶体管的个数，特征尺寸是指集成电路中半导体器件加工的最小线条宽度。从集成度来说，数字集成电路可分为小规模集成电路(Small Scale Integration，SSI)、中规模集成电路(Medium Scale Integration，MSI)、大规模集成电路(Large Scale Integration，LSI)、超大规模集成电路(Very Large Scale Integration，VLSI)和甚大规模集成电路(Ultra Large Scale Integration，ULSI)五类。

按照制造数字集成电路所用三极管的不同，可分为 MOS 型集成电路、双极型集成电路和混合型集成电路。三极管-三极管(Transistor-Transistor Logic，TTL)逻辑门电路是应用最早，技术比较成熟的双极型门电路。对于 TTL 门电路，最早是 74(标准型)系列，后来随着集成电路技术的发展，其工作速度和功耗逐步改善，先后推出了 74S(肖特基)、74LS(低功耗肖特基)、74AS(先进肖特基)和 74ALS(先进低功耗肖特基)等系列。由于 TTL 技术在整个数字集成电路设计领域中的历史地位和影响，以及性能价格比较高的特点，目前 TTL 主要应用于教育等行业简单的中小规模数字电路中。4000 系列是基于 COMS 工艺的数字集成电路，通常用增强型 PMOS 晶体管和增强型 NMOS 晶体管按照互补对称形式连接而成。在稳定逻辑状态下一个晶体管截止，另一个晶体管导通。流经电流仅是截止晶体管的沟道泄漏电流，因此静态功耗很小，具有功耗低、工作电压范围宽、抗干扰能力强和输入阻抗高等特点。

根据数字集成电路逻辑功能的特点，可分为通用型和专用型。小规模、中规模数字集成电路的逻辑功能是固定的，构成大型逻辑电路时所采用的芯片种类和数量多、体积大、可靠性差。后来发展了专用集成电路(Application Specific Integrated Circuit，ASIC)和可编程逻辑器件(Programmable Logic Device，PLD)。ASIC 是根据用户特定要求和电子系统的特定需要而设计制造的专用集成电路。PLD 种类较多，与 ASIC 相比可以随时改变其逻辑功能，使用灵活。目前广泛应用的主要有复杂可编程逻辑器件(Complex Programmable Logic Device，CPLD)和现场可编程门阵列(Filed Programmable Gate Array，FPGA)。

CPLD 由多个逻辑块、内部可编程的连线和 I/O 块等组成。CPLD 内部的逻辑块是基于与-或阵列来实现逻辑函数的。内部可编程连线纵横交错地分布在 CPLD 中，用于实现逻辑块、I/O 块之间，以及全局信号到逻辑块和 I/O 块之间的连接。I/O 块是 CPLD 外部封装引脚和内部逻辑间的接口，具有可加密和传输时延可预知等特点。

FPGA 内部主要包含可配置逻辑模块、输入/输出模块和内部连线三个部分。与 CPLD 相比，FPGA 利用查找表来实现组合逻辑。每个查找表连接到一个触发器的输入端，触发器再来驱动其他逻辑电路或输入/输出模块，既可实现组合逻辑功能又可实现时序逻辑功能。同时，FPGA 内部采用长度不等的分段式布线结构，布线灵活，但延时与系统布局布线有关，通常不可预测。

（七）元件的检测方法

1．电阻的检测方法

1）固定电阻的检测

用万用表欧姆挡进行测量时，将两表笔(不分正负)分别与电阻的两端引脚相接即可测出电阻的实际电阻值。为了提高测量精度，应根据被测电阻标称值的大小来选择量程。根据电阻误差等级不同，读数与标称阻值之间分别允许有 ±5%、±10%和±20%的误差。如不相符，超出误差范围，则说明该电阻值变了。

测试时，特别是在测几十千欧以上阻值的电阻时，手不要触及表笔和电阻的导电部分；将被检测的电阻从电路中焊下来时，至少要焊开一个头，以免电路中的其他元件对测试产生影响，造成测量误差；色环电阻的阻值虽然能以色环标志来确定，但在使用时最好还是用万用表测试一下其实际阻值。

2）电位器的检测

检查电位器时，首先要转动旋柄，看看旋柄转动是否平滑，听一听电位器内部接触点和电阻体摩擦的声音，如有"沙沙"声，就说明质量不好。用万用表测试时，先根据被测电位器阻值的大小，选择好万用表的合适电阻挡位，然后可按下述方法进行检测：

(1) 用万用表的欧姆挡测定臂两端，其读数应为电位器的标称阻值，如相差很多，则表明该电位器已损坏。

(2) 检测电位器的活动臂与电阻片的接触是否良好。用万用表的欧姆挡测动、定臂两端，将电位器的转轴从一端旋至另一端，电阻值变化应平滑。一端阻值尽可能小，另一端阻值应接近电位器的标称值。如在电位器的轴柄转动过程中阻值有突跳现象，则说明活动触点有接触不良的故障。

2．电容的检测方法

用万用表欧姆挡进行测量，两表笔接电容的两个引脚(电解电容应注意极性)，所测阻值应为无穷大(电解电容应注意有一定充放电时间)，否则说明电容漏电损坏或内部击穿。

以上方法只能粗略判断电容的好坏，具体容量值可用电容表来进一步测量。

3．电感、变压器的检测方法

用万用表欧姆挡进行测量，两表笔接电感或变压器同一绕组的两个引脚，正常时所测电阻值较小，如所测电阻值为无穷大，则说明电感或变压器绕组已开路损坏。

以上方法只能粗略判断电感、变压器的好坏，具体感量需用电感表来进一步测量。

第一部分　数字电子线路实验

　　本部分主要介绍数字电子线路的基础性实验和综合性实验两部分内容。基础性实验以功能电路为基础，涵盖数字电路的各个部分。通过基础性实验的训练，学生可以掌握基本的门电路和中规模集成单元电路的基本功能、参数和应用，了解电路的电气特性，掌握实验的基本技能和测试方法。综合性实验在于启发学生独立思考，较全面地应用已学过的基本理论和方法设计特定的数字系统，从而扩充课堂理论知识，提高数字系统的工程设计能力和独立工作能力。实验一至实验七是基础性实验，实验八和实验九是综合性实验。

　　Verilog HDL(Hardware Discription Language)是一种硬件描述语言，是一种以文本形式来描述数字系统硬件的结构和行为的语言，用它可以表示逻辑电路图、逻辑表达式，还可以表示数字逻辑系统所完成的逻辑功能。用 Verilog HDL 设计数字系统已成为当今系统设计的趋势和方向了。为了更好地掌握数字系统的设计过程，部分实验列举了用 Verilog HDL 完成设计的实例。

　　数字电路实验一般可采用插接实验板或面包板来构建电路，其结构见图 1-0-1。

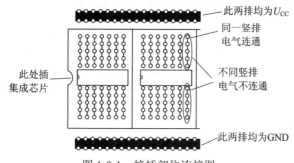

　　　　　　　　　　　　　　　　　　此两排均为U_{CC}

　　　　　　　　　　　　　　　　　　同一竖排
　　　　　　　　　　　　　　　　　　电气连通

此处插
集成芯片

　　　　　　　　　　　　　　　　　　不同竖排
　　　　　　　　　　　　　　　　　　电气不连通

　　　　　　　　　　　　　　　　　　此两排均为GND

图 1-0-1　接插部位连接图

实验一　逻辑门功能测试

一、实验目的

(1) 掌握 TTL 逻辑门的功能测试方法。

(2) 了解 TTL 与非门主要参数的测量方法。

(3) 熟悉数字电路实验台的使用方法。

二、实验设备与器材

本实验所用设备与器材有数字电路实验台，双踪示波器，稳压电源，万用表，逻辑笔，74LS00、74LS04、74LS08、74LS20、74LS32、74LS86 各一片。

三、实验原理

在进行数字电路实验时，实验室提供了各种 TTL 器件供学生自由选用，去完成各种实验。因此，在进行实验前，必须对实验所选用的器件做简单的逻辑功能测试，以保证实验的顺利进行。TTL(Transister-Transister Logic)电路是晶体管-晶体管逻辑电路，是数字集成电路的一大门类。它采用双极型工艺制造，具有速度快和品种多等特点。从 20 世纪 60 年代成功开发第一代产品以来，TTL 器件现有以下几代产品：

第一代 TTL 器件包括 SN54/74 系列(其中 54 系列的工作温度为 –55～+125℃，74 系列的工作温度为 0～+75℃)，低功耗系列简称 LTTL，高速系列简称 HTTL。

第二代 TTL 器件包括肖特基钳位系列(STTL)和低功耗肖特基系列(LSTTL)。STTL 器件的功耗仅为 2 mW，为普通 TTL 器件的 1/5，而传输时延只有 5 ns，比普通 TTL 器件快一倍。

第三代为采用等平面工艺制造的先进的 STTL(ASTTL)和先进的低功耗 STTL(ALSTTL)。由于 LSTTL 和 ALSTTL 的电路延时功耗积较小，STTL 和 ASTTL 的速度很快，因此获得了广泛的应用。

测试门电路的逻辑功能有两种方法：静态测试法和动态测试法。下面以 74LS20 为例简单叙述逻辑门功能的测试方法。

1. 静态逻辑功能的测试方法

静态逻辑功能测试用来检查门电路的真值表，以确认门电路的逻辑功能正确与否，方法是给门电路输入端加固定的高(H)、低(L)电平，用示波器、万用表、逻辑笔或发光二极管测出门电路的输出响应。

实验时的测试电路如图 1-1-1(a)所示。将 74LS20 中的一个与非门的输入端 A、B、C、D 分别与实验台上的逻辑开关 S_1、S_2、S_3、S_4 相连。一个逻辑开关代表一个输入变量，逻辑开关的位置将决定输入变量的取值。74LS20 引脚图如图 1-1-1(b)所示。与非门输出端 Y 与实验台上的一个发光二极管的输入端相连，$Y=1$ 时发光二极管亮，$Y=0$ 时发光二极管不亮。

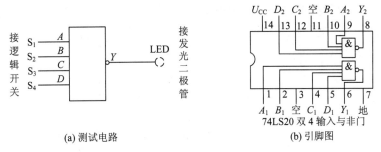

(a) 测试电路　　　　　　　(b) 引脚图

图 1-1-1　静态逻辑功能测试电路及 74LS20 引脚图

实验时，拨动四个代表输入的逻辑开关来获得不同的输入变量，然后仔细观察输出端所接发光二极管的亮与灭情况，将结果填入原始数据记录页中。根据记录结果即可判断 74LS20 的逻辑功能是否正常。

2. 动态逻辑功能的测试方法

动态逻辑功能测试适用于运行中的数字系统的逻辑功能的检查。在对逻辑电路进行动态逻辑功能检查时，输入变量为串行数字信号，输出变量也为串行数字信号，再借助示波器对输入和输出信号进行比较，以此来判断电路的功能正确与否。实验时的测试电路如图 1-1-2(a)所示，图中 74LS393 是一个十六进制计数器，其引脚图如图 1-1-2(b)所示，我们用它来产生四位串行数字信号。74LS393 的输出端 Q_A、Q_B、Q_C、Q_D 与 74LS20 的四个输入端 A、B、C、D 相连，74LS20 的输出端 Y 与示波器的探头和一个发光二极管相连。

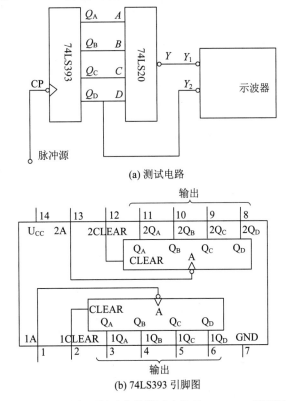

(a) 测试电路

(b) 74LS393 引脚图

图 1-1-2　动态逻辑功能的测试电路及 74LS393 引脚图

　　74LS393 的计数脉冲端 CP 如果与实验台上面的 20 kHz 的脉冲源相连，则用示波器观察结果；如果与 1 Hz 的脉冲源相连，则用一个发光二极管来观察结果。图 1-1-3 为与非门的输入、输出波形图。

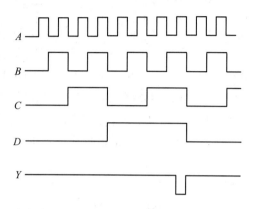

图 1-1-3　与非门测试波形

3. 与非门的主要参数测试

　　(1) 导通电源电流 I_{CCL}。导通电源电流是指所有输入端悬空，输出端空载时(此时电路输出低电平)的电源电流。I_{CCL} 的大小标志着门电路的功耗 P_L 的大小。由于电路导通时的功耗大于电路截止时的功耗，因此手册中的规范值通常只列出截止时的数值。测试电路如图1-1-4(a)所示。

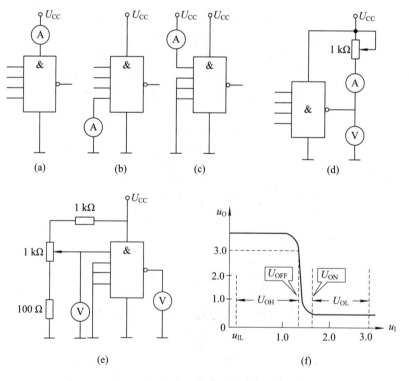

图 1-1-4　与非门静态参数测试电路

(2) 低电平输入电流 I_{IL}。低电平输入电流又称输入短路电流，是指被测输入端接地，其余输入端悬空时由被测输入端流出的电流。它的大小直接影响前级门电路所能带动的负载个数。测试电路如图 1-1-4(b)所示。

(3) 高电平输入电流 I_{IH}。高电平输入电流又称输入交叉漏电流，是指被测输入端接高电平，其余输入端接地时流进输入端的电流。一般产品规定 $I_{IH} < 10$ μA。测试电路如图 1-1-4(c)所示。

(4) 扇出系数 N_o。扇出系数表示门电路能带动的同类门电路的数目，它标志着门电路的负载能力，即

$$N_o = \frac{I_{Omax}}{I_{IL}} \tag{1-1-1}$$

其中，I_{Omax} 为 U_{OL} 不大于 0.35 V 时的灌入最大电流，I_{IL} 为与非门的短路输入电流。测试电路如图 1-1-4(d)所示。

(5) 电压传输特性。电压传输特性是反映输出电压 U_O 与输入电压 U_I 之间关系的特性曲线。从电压传输特性上可以看出输出高电平 U_{OH}、输出低电平 U_{OL}、关门电平 U_{OFF}、开门电平 U_{ON}、阈值电平 U_T 以及干扰容限等参数。测试电路如图 1-1-4(e)所示，TTL 与非门电压传输特性曲线如图 1-1-4(f)所示。

① 输出高电平 U_{OH}。输出高电平 U_{OH} 是指与非门有一个以上输入端接地或接低电平时的输出电平值。此时门电路处于截止状态，如果输出空载，则 U_{OH} 约为 3.6 V；当输出端接有下拉电流负载时，U_{OH} 将下降。

② 输出低电平 U_{OL}。输出低电平 U_{OL} 是指与非门的所有输入端均接高电平时的输出电平值。此时门电路处于导通状态，如果输出空载，则 U_{OL} 约为 0.1 V；当输出接灌电流负载时，U_{OL} 将上升。

③ 开门电平 U_{ON}。开门电平 U_{ON} 是指输出低电平时，允许输入端输入的最低电平值。只要输入电平高于 U_{ON}，与非门必定导通。通常，$U_{ON} \leqslant 1.8$ V(测量时可用 $U_{OL} = 0.4$ V 所对应的输入电平作为 U_{ON})。

④ 关门电平 U_{OFF}。关门电平 U_{OFF} 是指输出上升到高电平 U_{OH} 时所对应的输入电平值。只要输入电平低于 U_{OFF}，与非门必定截止。通常，$U_{OFF} \geqslant 1.0$ V(测量时可用 $U_{OH} = 2.7$ V 所对应的输入电平作为 U_{OFF})。

实际 TTL 电路的 U_{ON} 和 U_{OFF} 值比较接近，越接近，则门的抗干扰性能就越强。

⑤ 阈值电平 U_T。阈值电平 U_T 是指与非门的工作点处于电压传输特性中输出电平迅速变化区(转折区)中点时的输入电平值。当与非门工作于这一电平时，电路中各晶体管均处于放大状态，输入信号的微小变化将引起电路状态的迅速改变。不同电路的 U_T 值略有差异，一般在 1.35 V 左右。

四、实验任务

任务一：对 74LS00、74LS04、74LS08、74LS20、74LS32、74LS86 等逻辑门进行功能测试，测试结果填入原始数据记录页中。在静态逻辑功能测试时，画出真值表；在动态逻

辑功能测试时，画出波形图；最后说明所测试的门电路功能是否正确。

任务二：分析与测试图 1-1-5 中各电路的逻辑功能，并根据测试结果写出它们的逻辑表达式，将测试结果填入原始数据记录页中。

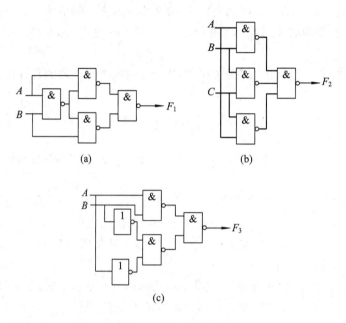

图 1-1-5　任务二的电路图

任务三：测试74LS20的静态参数，画出电压传输特性曲线。

采用 Verilog HDL 编写的任务二的组合逻辑程序如下，其仿真波形如图 1-1-6 所示。

```
module logic_1(A，B，C，F1，F2，F3);              //模块开始
    input      A，B，C;                          //输入信号声明
    output     F1，F2，F3;                       //输出信号声明
    assign     F1=~(~(~(A&B)&A)&~(~(A&B)&B));   //图 1-1-5(a)输出
    assign     F2=~(~(A&B)&~(B&C)&~(A&C));      //图 1-1-5(b)输出
    assign     F3=~(~(A&B)&~(~A&~B));           //图 1-1-5(c)输出
endmodule//模块结束
```

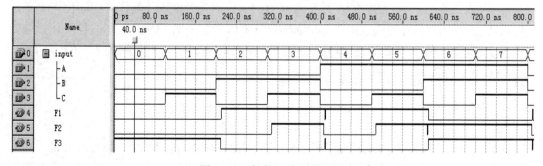

图 1-1-6　任务二的仿真波形

几种常用的 TTL 门电路的引脚图如图 1-1-7 所示。

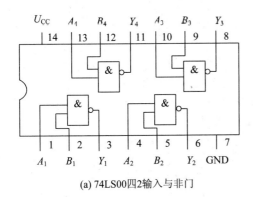

(a) 74LS00四2输入与非门

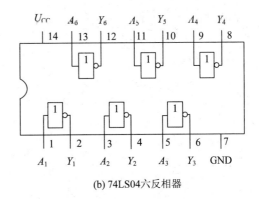

(b) 74LS04六反相器

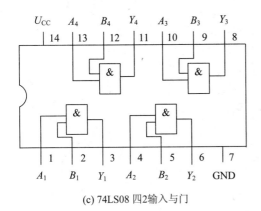

(c) 74LS08 四2输入与门

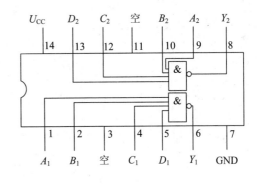

(d) 74LS20 双 4 输入与非门

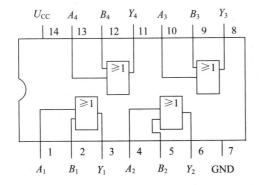

(e) 74LS32 四2输入或门

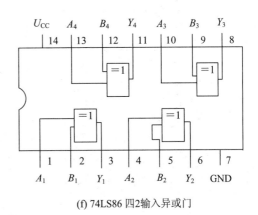

(f) 74LS86 四2输入异或门

图 1-1-7　常用 TTL 门电路图

五、原始数据记录页

原始数据记录页见表 1-1-1 和表 1-1-2。

表 1-1-1　静态测试法真值表

(a) 74LS00

A	B	Y
0	0	
0	1	
1	0	
1	1	

(b) 74LS20

A	B	C	D	Y
0	0	0	0	
0	1	0	0	
1	0	1	1	
1	1	1	1	

(c) 74LS04

A	Y
0	
1	

(d) 74LS32

A	B	Y
0	0	
0	1	
1	0	
1	1	

(e) 74LS08

A	B	Y
0	0	
0	1	
1	0	
1	1	

(f) 74LS86

A	B	Y
0	0	
0	1	
1	0	
1	1	

表 1-1-2　逻辑功能测试表

(a)

A	B	F_1	
0	0		表达式：_____
0	1		
1	0		功能：_____
1	1		

(b)

A	B	C	F_2	
0	0	0		
0	0	1		
0	1	0		
0	1	1		表达式：_____
1	0	0		
1	0	1		功能：_____
1	1	0		
1	1	1		

(c)

A	B	F_3	
0	0		表达式：_____
0	1		
1	0		功能：_____
1	1		

实验二　组合逻辑电路设计

一、实验目的

(1) 掌握用小规模集成电路设计组合逻辑电路的方法。
(2) 熟悉和掌握集成电路功能的测试方法。
(3) 学习组合逻辑电路中故障的查找、排除及整个电路调试的方法。

二、实验设备与器材

本实验所用设备与器材有数字电路实验台，双踪示波器，稳压电源，万用表，逻辑笔，74LS00、74LS08、74LS20、74LS32、74LS157 各一片。

三、实验原理

组合逻辑电路的设计就是将实际的逻辑问题用一个较合理、经济、可靠的逻辑电路来实现。

组合逻辑电路的设计一般按以下步骤来进行：
(1) 根据题目要求理解题意，画示意框图。
(2) 列真值表，将实际问题过渡到逻辑形式。
(3) 根据真值表写出逻辑表达式。
(4) 用卡诺图简化函数。
(5) 画逻辑电路图。

我们关注的问题在于第(5)步画逻辑电路图，因为通过对第(4)步所得到的逻辑函数进行等价变换后，我们可以画出具有相同功能的不同形式的逻辑电路图。也就是说，最后的逻辑电路形式取决于所选用的集成电路。我们在设计过程中所遵循的原则是简单、经济、合理、可靠。

下面进一步了解在组合逻辑电路设计完成后，如何选择小规模集成电路使设计成功实现。例如，一位二进制全加器的逻辑电路，若用与非门组成，则其逻辑电路图如图 1-2-1 所示。若将全加器的逻辑表达式稍作变化，则可以用异或门、或门和与门共同组成，其逻辑电路图如图 1-2-2 所示。

设计好电路以后，在进行实验时，组合逻辑电路的输入端与实验台上的逻辑开关相连，输出端与实验台上的发光二极管相连。通过拨动逻辑开关输入不同的逻辑变量，观察二极管的亮与灭，将结果记录下来。如果测试结果与设计时所列真值表相符合，就说明实验成功；反之，则需要进一步检查。

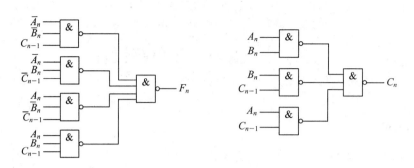

图 1-2-1　与非门组成的全加器

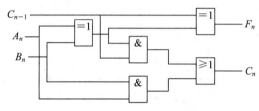

图 1-2-2　异或门组成的全加器

　　组合逻辑电路实验中产生故障的原因主要有两大类：设计错误和连线错误。在排除故障时，首先应排除设计错误，其次是连线错误。过硬的理论知识是保证设计正确的唯一途径。在实验时，如果发现各逻辑门输出完全正确，而实验结果不正确，则可以确定是设计错误。这时候应该回头仔细看一看电路图和设计的每一步，找出问题的所在，然后再重新画电路图，连线做实验。对于连线错误，则要求用逻辑笔仔细检查。检查时，从电路的输入端开始，用逻辑笔逐级逐门向输出端查找，检验每一个门的逻辑关系正确与否，从而找出问题。

四、实验任务

　　任务一：设计一个用于楼梯上电灯的开关控制器，要求楼上、楼下各装一开关，两开关均可控制楼梯上的灯。

　　任务二：设计一个多输出的逻辑网络，并将测试结果填入原始数据记录页中。该网络的输入是 8421BCD 码，它的输出定义如下：

　　Y_1：检测到输入数字能被 2 整除时，$Y_1 = 1$；否则 $Y_1 = 0$。

　　Y_2：检测到输入数字能被 3 整除时，$Y_2 = 1$；否则 $Y_2 = 0$。

　　Y_3：检测到输入数字能被 5 整除时，$Y_3 = 1$；否则 $Y_3 = 0$。

　　任务三：设计一个 8421 码-循环码之间的可逆转换电路。变换受一信号 C 控制，当 $C = 0$ 时，作 8421 码→循环码变换；当 $C = 1$ 时，作循环码→8421 码变换，并将测试结果填入原始数据记录页中。

　　提示：为使设计简便，可先分别设计，再加进一个转换开关电路来执行控制。转换电路可选用 74LS157 四位二选一数据选择器来完成。74LS157 的用法可参看有关数据选择器的实验章节。

　　采用 Verilog 语言编写的任务二的程序如下：

```
module BCD(BCD_in，Y1，Y2，Y3);          //模块开始
    input[3:0]  BCD_in;                   //输入信号声明
    output        Y1，Y2，Y3;             //输出信号声明
    wire     Y1=(BCD_in[0]==0)?1:0;       //能被 2 整除则输出 1，否则输出 0
    wire     Y2=(BCD_in%3==0)?1:0;        //能被 3 整除则输出 1，否则输出 0
    wire     Y3=(BCD_in%5==0)?1:0;        //能被 5 整除则输出 1，否则输出 0
endmodule                                 //模块结束
```

仿真波形如图 1-2-3 所示。

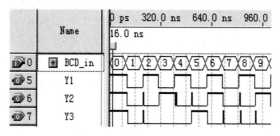

图 1-2-3　任务二仿真波形

采用 Verilog 语言编写的任务三程序如下：

```
    module code_shift( CODE_in，C，CODE_out);   //模块开始
    input      C;                   // C = 1时BCD→循环码，C = 0时循环码→BCD
    input[3:0]  CODE_in;            //输入码字
    output[3:0] CODE_out;           //输出码字
    reg[3:0] CODE_out;              //定义运算寄存器
    always@( CODE_in or C)
            if(C)                   // BCD→循环码
          begin
              case(CODE_in)
              4'b0000:CODE_out<=4'b0000;
              4'b0001:CODE_out<=4'b0001;
              4'b0011:CODE_out<=4'b0010;
              4'b0010:CODE_out<=4'b0011;
              4'b0110:CODE_out<=4'b0100;
              4'b0111:CODE_out<=4'b0101;
              4'b0101:CODE_out<=4'b0110;
              4'b0100:CODE_out<=4'b0111;
              4'b1100:CODE_out<=4'b1000;
              4'b1101:CODE_out<=4'b1001;
              default:CODE_out<=4'b0000;    //输入出错处理
          endcase
```

```
                end
            else                                    //循环码→BCD
                begin
                    case(CODE_in)
                    4'b0000:CODE_out<=4'b0000;
                    4'b0001:CODE_out<=4'b0001;
                    4'b0010:CODE_out<=4'b0011;
                    4'b0011:CODE_out<=4'b0010;
                    4'b0100:CODE_out<=4'b0110;
                    4'b0101:CODE_out<=4'b0111;
                    4'b0110:CODE_out<=4'b0101;
                    4'b0111:CODE_out<=4'b0100;
                    4'b1100:CODE_out<=4'b1100;
                    4'b1001:CODE_out<=4'b1101;
                    default:CODE_out<=4'b0000;       //输入出错处理
                endcase
            end
    endmodule                                        //模块结束
```

仿真波形如图 1-2-4 所示。

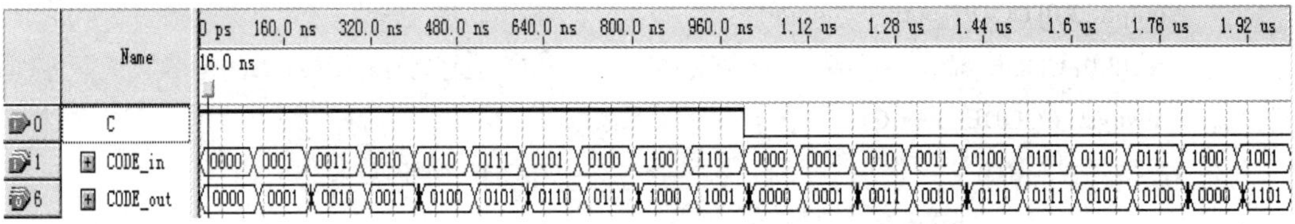

图 1-2-4　任务三的仿真波形

五、实验报告要求

对实验任务中的各个题目均写出设计过程，画出逻辑电路图，记录实验过程、结果，写出心得体会。

六、原始数据记录页

原始数据记录页见表1-2-1和表1-2-2。

表 1-2-1　任务二测试真值表
(结果正确打√，错打×)

A	B	C	D	Y_1	Y_2	Y_3	结　　果
0	0	0	0				
0	0	0	1				
0	0	1	0				
0	0	1	1				
0	1	0	0				
0	1	0	1				
0	1	1	0				
0	1	1	1				
1	0	0	0				
1	0	0	1				
1	0	1	0				
1	0	1	1				
1	1	0	0				
1	1	0	1				
1	1	1	0				
1	1	1	1				

表 1-2-2　任务三测试真值表

(结果正确打√，错打×)

8421 码				循　环　码				结　　果	
B_3	B_2	B_1	B_0	G_3	G_2	G_1	G_0	$B \rightarrow G$	$G \rightarrow B$
0	0	0	0	0	0	0	0		
0	0	0	1	0	0	0	1		
0	0	1	0	0	0	1	1		
0	0	1	1	0	0	1	0		
0	1	0	0	0	1	1	0		
0	1	0	1	0	1	1	1		
0	1	1	0	0	1	0	1		
0	1	1	1	0	1	0	0		
1	0	0	0	1	1	0	0		
1	0	0	1	1	1	0	1		
1	0	1	0	1	1	1	1		
1	0	1	1	1	1	1	0		
1	1	0	0	1	0	1	0		
1	1	0	1	1	0	1	1		
1	1	1	0	1	0	0	1		
1	1	1	1	1	0	0	0		

实验三　编码器与译码器

一、实验目的

(1) 学习中规模集成编码器和译码器的工作原理、器件结构及使用方法。

(2) 掌握编码器和译码器的工作原理及设计方法。

二、实验设备与器材

本实验所用设备与器材有数字电路实验台，双踪示波器，稳压电源，万用表，逻辑笔，74LS04、74LS32、74LS138 各一片，74LS20 两片。

三、实验原理

1. 编码器

用文字、符号或数码表示特定对象的过程称为编码。在数字电路中用二进制代码表示有关的信号称为二进制编码。实现编码操作的电路就是编码器。按照被编码信号的不同特点和要求，有二进制编码器、二-十进制编码器、优先编码器之分。

用 n 位二进制代码对 $N = 2^n$ 个一般信号进行编码的电路，叫作二进制编码器。这种编码器有一个特点：任何时刻都只允许输入一个有效信号(1 表示高电平)，不允许同时出现两个或两个以上的有效信号，因而其输入是一组有约束(互相排斥)的变量。

将十进制数(0、1、2、3、4、5、6、7、8、9)10 个信号编成二进制代码的电路叫作二-十进制编码器。它的特点和二进制编码器一样，只是输出相应的 BCD 码，因此也称为 10 线-4 线编码器。

优先编码器常用于优先中断系统和键盘编码。与普通编码器不同，优先编码器允许多个输入信号同时有效，但它只按其中优先级别最高的有效输入信号编码，对级别较低的输入信号不予理睬。

由于编码器的电路比较复杂，因此常用集成编码器。常用的中规模集成电路(MSI)优先编码器有74LS147 (10线-4线)和74LS148(8线-3线)。

2. 译码器

译码是编码的逆过程，它将代码的原意"译成"相应的状态信息。实现译码功能的电路称为译码器。常见的译码器有二进制译码器、二-十进制译码器和显示译码器。

常见的 MSI 译码器有 2 线-4 线译码器、3 线-8 线译码器、4 线-16 线译码器。这些二进制译码器的应用很广，典型的应用有以下几种：

(1) 实现存储系统的地址译码。

(2) 实现逻辑函数。

(3) 带使能端的译码器可用作数据分配器和脉冲分配器。

74 系列中常用的译码器有以下几种：

(1) 2 线-4 线译码器，代号为 74LS139。

(2) 3 线-8 线译码器，代号为 74LS137(带地址锁存)、74LS138。

(3) 4 线-16 线译码器，代号为 74LS154。

(4) 二-十进制译码器，代号为 74LS42(也叫作 4 线-10 线译码器)。

(5) 显示译码器，代号为 74LS48(也叫共阴极七段 LED 驱动器)、74LS47(也叫共阳极 LED 驱动器)。

译码器的使能端一般有两个用途：一是可以引入选通脉冲，以抑制冒险脉冲的发生；二是可以用来扩展输入变量数(功能扩展)。例如，两个 2 线-4 线译码器可以扩展成一个 3 线-8 线译码器。

3. 集成译码器 74LS138 的功能

74LS138 为 3 线-8 线译码器，其引脚如图 1-3-1 所示。$Y_0 \sim Y_7$ 为译码输出，A、B、C 为地址选择端，使能端 G_1 高电平有效，G_{2A}、G_{2B} 低电平有效。74LS138 的功能如表 1-3-1 所示。

图 1-3-1　74LS138 的引脚图

表 1-3-1　74LS138 的功能表

G_1	$G_{2A} + G_{2B}$	C B A	Y_0 Y_1 Y_2 Y_3 Y_4 Y_5 Y_6 Y_7
0	×	× × ×	1 1 1 1 1 1 1 1
×	1	× × ×	1 1 1 1 1 1 1 1
1	0	0 0 0	0 1 1 1 1 1 1 1
1	0	0 0 1	1 0 1 1 1 1 1 1
1	0	0 1 0	1 1 0 1 1 1 1 1
1	0	0 1 1	1 1 1 0 1 1 1 1
1	0	1 0 0	1 1 1 1 0 1 1 1
1	0	1 0 1	1 1 1 1 1 0 1 1
1	0	1 1 0	1 1 1 1 1 1 0 1
1	0	1 1 1	1 1 1 1 1 1 1 0

四、实验任务

任务一：设计一个三位格雷码编码器，其编码表如表 1-3-2 所示。当输入为相互排斥的数 0，1，…，7 时，输出为三位格雷码。用两片 74LS20 实现，将测试结果填入原始数据记录页中。

表 1-3-2　任务一的编码表

输　入	输　出
0	0　0　0
1	0　0　1
2	0　1　1
3	0　1　0
4	1　1　0
5	1　1　1
6	1　0　1
7	1　0　0

任务二：用两片 74LS20 和一片 74LS04 设计一个 2 线-4 线译码器，要求有使能输入端 G。自拟实验步骤，将测试结果填入原始数据记录页中，并画出逻辑符号。

采用 Verilog 语言编写的 2 线-4 线译码器的程序如下：

```
module        decoder_24(DECODER_in，G，DECODER_out);
input[1:0]  DECODER_in;                    //2 线-4 线译码器地址输入
input G;                                   //2 线-4 线译码器使能输入
output[3:0] DECODER_out;                   //2 线-4 线译码器输出
reg[3:0] DECODER_out;                      //定义运算寄存器
always@( DECODER_in or G )
         if(G)                             //译码使能开启
              case(DECODER_in)
                  2'b00:DECODER_out<=4'b1110;
                  2'b01:DECODER_out<=4'b1101;
                  2'b10:DECODER_out<=4'b1011;
                  2'b11:DECODER_out<=4'b0111;
              endcase
         else
              DECODER_out=4'bzzzz;         //输出高阻
endmodule
```

仿真波形如图 1-3-2 所示。

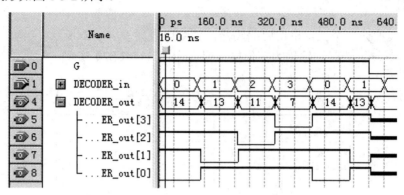

图 1-3-2　2 线-4 线译码器的仿真波形

任务三：

(1) 用 74LS138 设计一个一致电路，当电路的三个输入端 C、B、A 一致时，输出为 1，否则输出为 0。实验时，将 C、B、A 接逻辑电平开关，输出 Z 接指示灯，改变 C、B、A 的输入，检验输出的结果，并填入原始数据记录页中。

(2) 用 3 线-8 线译码器实现下列函数：

$$F_1 = \sum m(0,\ 3,\ 6)$$

$$F_2 = \sum m(1,\ 2,\ 3,\ 4,\ 5,\ 6)$$

检验输出的结果，并填入原始数据记录页中。

任务四：数据分配器。

数据分配是将输入端送来的一路数字信号按照需要分配到不同的输出端，而究竟送到哪个输出端，则由选择端来控制。

图 1-3-3 是一个 1 线-8 线数据分配器，输入的数字信号接使能端 G_2，另一使能端 G_1 接高电平，则输入的数字信号便可由译码器分配到不同的输出端。地址选择端 C、B、A 接逻辑电平开关，用低频连续脉冲作为数据输入，输出接指示灯。改变选择端数值，观察输出，并将结果填入原始数据记录页中。

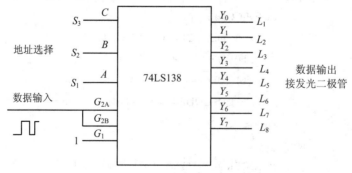

图 1-3-3　1 线-8 线数据分配器

采用 Verilog 语言编写的任务三的程序如下：

```
module decoder_38(A，B，C，Z，F1，F2);
input      A，B，C;                    //3 线-8 线译码器地址输入
output         Z;                     //任务三(1)输出
output     F1，F2;                     //任务三(2)输出
reg   F1，F2，Z;
always@( A or B or C )                //并行运行模块 1
        if((A==B)&(B==C))
            Z<=1;
        else
            Z<=0;
wire[2:0]   comb={C，B，A};
always@( A or B or C )                //并行运行模块 2
    begin
        case(comb)
        3'd0:
            begin
                F1<=1'b1;
                F2<=1'b0;
            end
        3'd1:
            begin
                F1<=1'b0;
                F2<=1'b1;
            end
        3'd2:
            begin
                F1<=1'b0;
                F2<=1'b1;
            end
        3'd3:
            begin
                F1<=1'b1;
                F2<=1'b1;
            end
        3'd4:
            begin
```

```
                        F1<=1'b0;
                        F2<=1'b1;
                end
        3'd5:
                begin
                        F1<=1'b0;
                        F2<=1'b1;
                end
        3'd6:
                begin
                        F1<=1'b1;
                        F2<=1'b1;
                end
        default:
                begin
                        F1<=1'b0;
                        F2<=1'b0;
                end
        endcase
    end
  endmodule
```

仿真波形如图 1-3-4 所示。

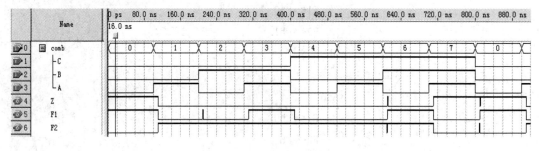

图 1-3-4　任务三的仿真波形

五、实验报告要求

对实验任务中的各个题目均写出设计过程，画出逻辑电路图，记录实验过程、结果，写出心得体会。

六、原始数据记录页

原始数据记录页见表1-3-3～表1-3-6。

表 1-3-3 任务一测试真值表

输 入								输 出			结 果	
I_0	I_1	I_2	I_3	I_4	I_5	I_6	I_7	F_2	F_1	F_0	T	F
1	0	0	0	0	0	0	0	0	0	0		
0	1	0	0	0	0	0	0	0	0	1		
0	0	1	0	0	0	0	0	0	1	1		
0	0	0	1	0	0	0	0	0	1	0		
0	0	0	0	1	0	0	0	1	1	0		
0	0	0	0	0	1	0	0	1	1	1		
0	0	0	0	0	0	1	0	1	0	1		
0	0	0	0	0	0	0	1	1	0	0		

表 1-3-4 任务二测试真值表

输 入			输 出				结 果	
G	A_1	A_0	Y_1	Y_2	Y_3	Y_4	T	F
1	×	×	0	0	0	0		
0	0	0	1	0	0	0		
0	0	1	0	1	0	0		
0	1	0	0	0	1	0		
0	1	1	0	0	0	1		

表 1-3-5 任务三测试真值表

输 入			输 出			结 果	
A	B	C	F_2	F_1	Z	T	F
0	0	0					
0	0	1					
0	1	0					
0	1	1					
1	0	0					
1	0	1					
1	1	0					
1	1	1					

表 1-3-6   3 线-8 线数据分配器实验结果

输　　入					输　　出							
G_1	G_2	A	B	C	Y_0	Y_1	Y_2	Y_3	Y_4	Y_5	Y_6	Y_7
0	↑	×	×	×								
1	↑	0	0	0								
1	↑	0	0	1								
1	↑	0	1	0								
1	↑	0	1	1								
1	↑	1	0	0								
1	↑	1	0	1								
1	↑	1	1	0								
1	↑	1	1	1								

实验四 数据选择器

一、实验目的

(1) 掌握数据选择器的电路构成和工作原理。

(2) 熟悉集成数据选择器的功能和应用。

二、实验设备与器材

本实验所用设备与器材有数字电路实验台，双踪示波器，稳压电源，万用表，逻辑笔，74LS00、74LS04、74LS32、74LS157 各一片，74LS20 两片。

三、实验原理

数据选择器又称多路选择器，是从多通道的数据中选择某一通道的数据送到输出端的器件，其逻辑功能恰好与数据分配器相反。不同型号的数据选择器除了可供选择的数据输入端不同以外，其他功能大体相似。数据选择器最基本的功能是进行数据选择，另外还可用于以下用途：

(1) 多路信号共用一个通道(总线)传输。将多路信号送入数据选择器的各数据输入端，由控制信号选择一路信号进入公共通道(总线)，实现信号的采集。如图 1-4-1 所示，以 8 选 1 数据选择器为例说明此用法的电路连接形式。

(2) 变并行码为串行码。将欲变换的并行码送到数据选择器的信号输入端，使组件的控制信号按一定的编码顺序依次变化，则在输出端可获得串行码输出。其连接方法与图 1-4-1 类似。

(3) 实现组合逻辑函数。利用数据选择器可以实现组合逻辑函数，它直接使用函数的最小项标准式，不需要化简。这里不再赘述。

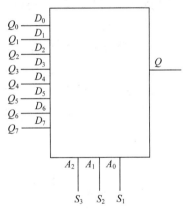

图 1-4-1 多路信号共用一个通道

集成数据选择器 74LS157(2 选 1)、74LS151(8 选 1)、74LS153(双 4 选 1)是较常用的数据选择器。74LS157 又称四位 2 选 1 数据选择器，内部集成了四个 2 选 1，但是这四个 2 选 1 同时受使能端和选择端控制，不能单独工作。如果要实现两个单独的 2 选 1 功能必须使用两片 74LS157。

74LS153 为双四选一器件，逻辑图如图 1-4-2 所示，它的内部集成了两个 4 选 1，这两个 4 选 1 可单独工作，也可级联使用组成 8 选 1。

74LS151 是一个单独的 8 选 1 器件，它的数据输入端比较多，所以使用起来更灵活，也更常用。下面的实验就是针对 4 选 1 和 8 选 1 这两种器件所设计的。实验时引脚排列图可参看图 1-4-3，功能表参看表 1-4-1。

表 1-4-1　74LS153 和 74LS151 真值表

74LS153				74LS151		
选择输入		选通	输出	选择输入	选通	输出
B	A	E	Y	$A_2\,A_1\,A_0$	E	Q
$\times$	$\times$	H	0	$\times\ \times\ \times$	H	0
0	0	L	D_0	0　0　0	L	D_0
				0　0　1	L	D_1
0	1	L	D_1	0　1　0	L	D_2
				0　1　1	L	D_3
1	0	L	D_2	1　0　0	L	D_4
				1　0　1	L	D_5
1	1	L	D_3	1　1　0	L	D_6
				1　1　1	L	D_7

16	15	14	13	12	11	10	9
U_{CC}	2E	A	$2D_3$	$2D_2$	$2D_1$	$2D_0$	2Y

74LS153

1E	B	$1D_3$	$1D_2$	$1D_1$	$1D_0$	1Y	GND
1	2	3	4	5	6	7	8

图 1-4-2　74LS153 引脚图

16	15	14	13	12	11	10	9
U_{CC}	D_4	D_5	D_6	D_7	A_0	A_1	A_2

74LS151

D_3	D_2	D_1	D_0	Q	$\overline{Q}$	E	GND
1	2	3	4	5	6	7	8

图 1-4-3　74LS151 引脚图

四、实验任务

任务一: 用 74LS20(两片)和 74LS00 及 74LS32 实现的 4 选 1 数据选择器电路如图 1-4-4 所示，按此电路连接，将测试的结果填入原始数据记录页中，并画出它们的逻辑符号。测试时，数据选择端、数据输入端和使能端接逻辑开关，输出端接发光二极管。

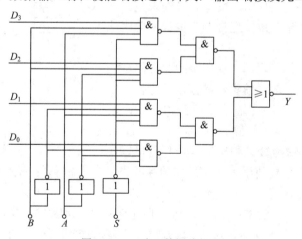

图 1-4-4　4 选 1 数据选择器

采用 Verilog 语言编写的任务一的程序如下:

```
module    data_demux(A，B，S，D0，D1，D2，D3，Y);
    input   D0，D1，D2，D3;                    //数据输入
    input   S;                               //使能输入
    input   A，B;                             //地址输入
    output  Y;                               //4 选 1 数据选择器输出
    assign  Y=~(~(D3&B&A&~S)&~(D2&B&~A&~S))|~(~(D1&~B&A&~S)&~(D0&~B&~A&~S));
```

endmodule

任务一的仿真波形如图 1-4-5 所示。

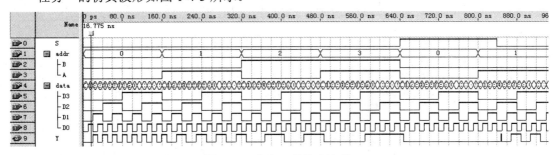

图 1-4-5　任务一的仿真波形

任务二： (1) 用双 4 选 1 数据选择器 74LS153 设计一个全加器，要求列出真值表并填入原始数据记录页中，同时画出电路连接图并通过实验进行验证。

(2) 用 74LS153 实现两个 1 位二进制数 A、B 的比较，$A = B$ 时，选择输出 $Y_1 = Y_2 = 0$，F_1 号灯亮；$A > B$ 时，$Y_1 = 1$，$Y_2 = 0$，F_2 号灯亮；$A < B$ 时，$Y_1 = 0$，$Y_2 = 1$，F_3 号灯亮。画出电路连接图并通过实验进行验证，将验证结果填入原始数据记录页中。

采用 Verilog 语言编写的任务二(2)的程序如下：

```
module    compare(A，B，F1，F2，F3);
    input   A，B;                          //比较信号输入
    output F1，F2，F3;                      //信号输出
    reg F1，F2，F3;
    reg Y1，Y2;                            //中间状态
    always@(1)
      if(A==B)
        begin
          Y1=0;Y2=0;
          F1=1;F2=0;F3=0;
        end
      else if(A>B)
        begin
          Y1=1;Y2=0;
          F1=0;F2=1;F3=0;
        end
      else
        begin
          Y1=0;Y2=1;
          F1=0;F2=0;F3=1;
        end
    endmodule
```

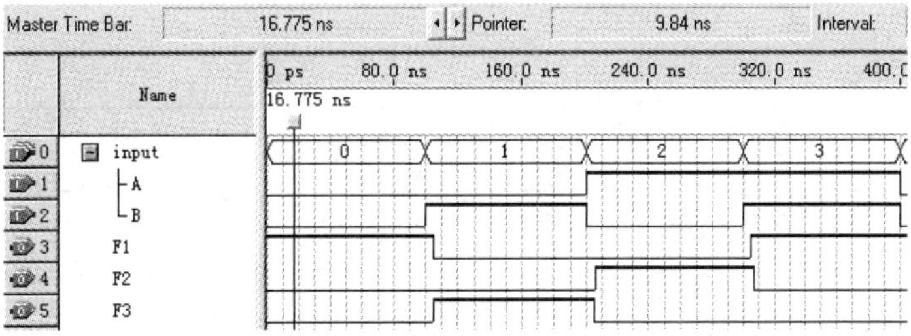

图 1-4-6　任务二(2)的仿真波形

任务二(2)的仿真波形如图 1-4-6 所示。

任务三：(1) 用 74LS151 产生一个脉冲信号，其脉冲信号的图形如图 1-4-7 所示。

图 1-4-7　74LS151 产生脉冲信号的示意图

(2) 用 74LS151 实现下列函数：

$$F = \sum m(2，3，5，7)$$

$$F = \sum m(0，1，2，3，7，8，9，10，11)$$

$$F = \sum m(0，2，5，7，8，10，14，15)$$

采用 Verilog 语言编写的任务三(1)的程序如下：

```
module      Pulse(rest，clk，Y，count);
    input rest，clk;              //输入复位及时钟信号
    output Y;                    //输出信号
    output[2:0] count;           //计数输出
    reg[2:0] count;
    reg Y;
    always @(posedge clk or negedge rest)
            if(!rest)
                    count<=3'd0;
            else
                count<=count+1'd1;
    always @(count)
        case(count)
            3'd1:Y<=1;
            3'd5:Y<=1;
            default:Y<=0;
        endcase
    endmodule
```

任务三(1)的仿真波形如图 1-4-8 所示。

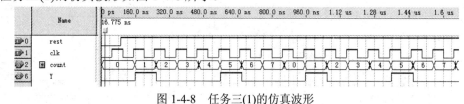

图 1-4-8　任务三(1)的仿真波形

五、实验报告要求

对实验任务中的各个题目均写出设计过程，画出逻辑电路图，记录实验过程、结果，写出心得体会。

六、原始数据记录页

原始数据记录页见表 1-4-2～表 1-4-4。

表 1-4-2　4 选 1 数据选择器测试表

输　入			输　出
使　能　端	选　择　端		
S	A	B	Y
0	0	0	
0	1	0	
0	0	1	
0	1	1	
1	0	0	
1	1	0	
1	0	1	
1	1	1	

表 1-4-3　全加器测试表

输　入			输　出	
A_i	B_i	进位 C_{i-1}	S_i	进位 C_i
0	0	0		
1	0	0		
0	1	0		
1	1	0		
0	0	1		
1	0	1		
0	1	1		
1	1	1		

表 1-4-4　比较器测试表

输　入		输　出					结　果	
A	B	Y_1	Y_2	F_1	F_2	F_3	T	F
0	0	0	0	1	0	0		
1	0	1	0	0	1	0		
0	1	0	1	0	0	1		
1	1	0	0	1	0	0		

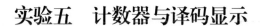

实验五　计数器与译码显示

一、实验目的

(1) 掌握计数器的工作原理和译码显示原理。

(2) 熟悉常用集成计数器 74LS160 的逻辑功能。

(3) 学会用现有集成计数器组成 N 进制计数器。

二、实验设备与器材

本实验所用设备与器材有数字电路实验台，双踪示波器，稳压电源，万用表，逻辑笔，74LS00、74LS74、74LS112、74LS160、74LS47 各一片。

三、实验原理

计数是一种最简单和最基本的运算。在各种数字系统中，往往要对脉冲的个数进行计数，以实现测量、运算与控制的功能。计数器是一种时序电路，按工作方式可分为同步和异步计数器，按计数方法可分为加法、减法和可逆计数器，按数制可分为二进制、十进制和任意进制计数器。触发器是一种具有记忆功能、可以存储二进制代码的双稳态电路，它是组成时序逻辑电路的基本单元，因此要设计计数器少不了触发器。实验室常用的集成触发器有双 D 触发器 74LS74 和双 JK 触发器 74LS112。

双 D 触发器 74LS74 的引脚排列如图 1-5-1 所示，它采用上升沿触发，带有预置端(SD)和清零端(RD)，预置端和清零端均为低电平有效。

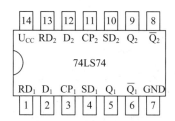

图 1-5-1　74LS74 的引脚排列图

双 JK 触发器 74LS112 的引脚排列如图 1-5-2 所示。与双 D 触发器不同的是 74LS112 是下降沿触发。

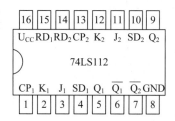

图 1-5-2　74LS112 的引脚排列图

74LS74 和 74LS112 的真值表分别见表 1-5-1 和表 1-5-2。

表 1-5-1　74LS74 真值表

输　　　入				输　　出	
SD	RD_2	CP	D	Q	$\overline{Q}$
0	1	×	×	1	0
1	0	×	×	0	1
0	0	×	×	1	1
1	1	↑	1	1	0
1	1	↑	0	0	1
1	1	↓	×	保持	

表 1-5-2　74LS112 真值表

输　　　　入					输　　出	
SD	RD_2	CP	J	K	Q	$\overline{Q}$
0	1	×	×	×	1	0
1	0	×	×	×	0	1
0	0	×	×	×	1	1
1	1	↓	0	0	保持	
1	1	↓	1	0	1	0
1	1	↓	0	1	0	1
1	1	↓	1	1	翻转	
1	1	↑	×	×	保持	

集成同步计数器 74LS160(异步清零)是上升沿触发的同步十进制加法计数器，其引脚排列图如图 1-5-3 所示，功能如下：

(1) RD 清零输入端，当 RD = 0 时，立即有 $Q_DQ_CQ_BQ_A=$ 0000，而不管这时是否有正跳变时钟脉冲到来，所以称为异步清零。而同步清零必须有正跳变时钟脉冲到来时才有 $Q_DQ_CQ_BQ_A=$ 0000，计数器的这些细微差别在使用时应注意。

图 1-5-3　74LS160 引脚图

(2) Pr 送数端，当 Pr = 0 且时钟脉冲正跳变时，原先加载在输入端的数据 $DCBA$ 才能经过计数器送到 $Q_DQ_CQ_BQ_A$ 端输出。

(3) P、T 计数端，当 P、$T = 1$ 时，计数器开始计数，即有 $Q_D^{n+1}Q_C^{n+1}Q_B^{n+1}Q_A^{n+1}=Q_D^nQ_C^nQ_B^nQ_A^n+$ 0001 的十进制计数。

(4) C_O 进位输出端，仅当计数器的状态 $Q_DQ_CQ_BQ_A = 1001$ 时，进位输出端 $C_O = 1$。

BCD 七段译码器的输入是一个 BCD 码，输出是数码管各段的驱动信号。若用它驱动共阴 LED 数码管，则输出应为高电平有效，相应的显示段发光；反之，若驱动共阳 LED 数码管，则输出应为低电平有效，相应的显示段发光。常用的 BCD 七段译码器有 74LS47(共阳驱动)和 74LS48(共阴驱动)。图 1-5-4 为 74LS47 引脚排列图和共阳数码管引脚图。

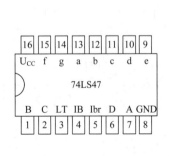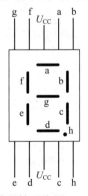

图 1-5-4　74LS47 引脚排列图和共阳数码管引脚图

四、实验任务

任务一：测试双 D 触发器 74LS74 和双 JK 触发器 74LS112 的逻辑功能，将结果填入原始数据记录页中。

任务二：用 D 触发器组成四位异步二进制加法计数器。

(1) CP 接 1 Hz 连续脉冲，输出接发光二极管，观察灯的变化规律，将测试结果填入原始数据记录页中。

(2) CP 接 20 kHz 连续脉冲，用示波器观察输出波形，并记录在图 1-5-7 中。

采用 Verilog 语言编写的四位二进制加法计数器程序如下：

```
module counter(clk，reset，cnt);          //模块开始
    input clk，reset;                      //输入时钟、复位信号
    output [3:0] cnt;                      //输出计数值
    reg [3:0] cnt;                         //定义运算寄存器
    always @(negedge reset or posedge clk)
        if (!reset)                        //复位时，初始化寄存器
            cnt<=4'd0;
        else
            cnt<=cnt+1'd1;                 //cnt 为 4 位数据，循环计数 0~15
endmodule                                  //模块结束
```

任务二的仿真波形如图 1-5-5 所示。

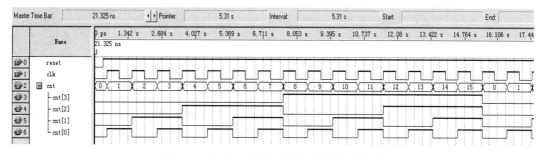

图 1-5-5　四位二进制加法计数器的仿真波形

任务三：用双 JK 触发器 74LS112 设计一个模五可逆同步计数器。用 74LS157 作可逆控制，CP 接 1 Hz 连续脉冲，输出接发光二极管，观察实验结果，将数据填入原始数据记录页中。

采用 Verilog 语言编写的模五可逆同步计数器程序如下：

```
module test1(clk，reset，updown，cnt);     //模块开始
    input clk，reset;                      //输入时钟、复位信号
    input updown;                          //输入加、减计数控制信号
    output[2:0] cnt;                       //输出计数值
    reg [2:0] cnt;                         //定义运算寄存器
    always @(negedge reset or posedge clk)
```

```
        if (!reset)                        //复位时，初始化寄存器
            cnt<=3'd0;
        else
            begin
                if(updown)                 //加计数
                    begin
                        if(cnt==4)         //循环处理
                            cnt<=3'd0;
                        else
                            cnt<=cnt+1'b1;
                    end
                else//减计数
                    begin
                        if(cnt==0)         //循环处理
                            cnt<=3'd4;
                        else
                            cnt<=cnt-1'd1;
                    end
            end
    endmodule                              //模块结束
```

任务三的仿真波形如图 1-5-6 所示。

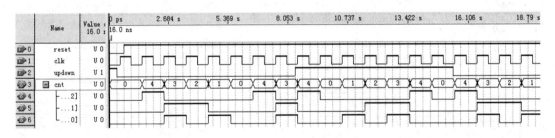

图 1-5-6　模五可逆同步计数器的仿真波形

任务四：(1) 自拟实验步骤，验证 74LS160 的上述逻辑功能。注意清零端不用时应接高电平。

(2) 用 74LS160 实现六进制计数器，输出用数码管显示。画出电路图并通过实验进行验证。

五、实验报告要求

对实验任务中的各个题目均写出设计过程，画出逻辑电路图，记录实验过程、结果，写出心得体会。

六、原始数据记录页

原始数据记录页见表 1-5-3～表 1-5-5 和图 1-5-7。

表 1-5-3　测试真值表

74LS74						74LS112						
输　入				输　出		输　入					输　出	
SD	RD$_2$	CP	D	Q	$\overline{Q}$	SD	RD$_2$	CP	J	K	Q	$\overline{Q}$
0	1	×	×			0	1	×	×	×		
1	0	×	×			1	0	×	×	×		
0	0	×	×			0	0	×	×	×		
1	1	↑	1			1	↓	↑	0	0		
1	1	↑	0			1	↓	↑	1	0		
1	1	↓	×			1	↓	↑	0	1		
						1	↓	↑	1	1		
						1	↑	0	×	×		

表 1-5-4　测试结果表

CP	Q_3	Q_2	Q_1	Q_0	结果
0					
1					
2					
3					
4					
5					
6					
7					
8					

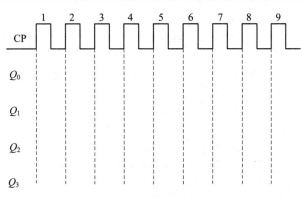

图 1-5-7　测试波形图

表 1-5-5　测 试 结 果

(a) 加法计数器，$m = 5$

CP	Q_2	Q_1	Q_0	结　果
0				
1				
2				
3				
4				

(b) 减法计数器，$m = 5$

CP	Q_2	Q_1	Q_0	结　果
0				
1				
2				
3				
4				

实验六　同步时序电路设计

一、实验目的

(1) 掌握同步时序电路设计的全过程。

(2) 熟悉电路逻辑功能的验证方法。

二、实验设备与器材

本实验所用设备与器材有数字电路实验台，双踪示波器，稳压电源，万用表，逻辑笔，74LS04、74LS74、74LS86 各一片。

三、实验原理

图 1-6-1 为同步时序电路的设计流程图，其中主要有以下几个步骤：确定状态转移图或状态转移表，状态化简，状态分配以及触发器选型、确定触发器控制输入方程。

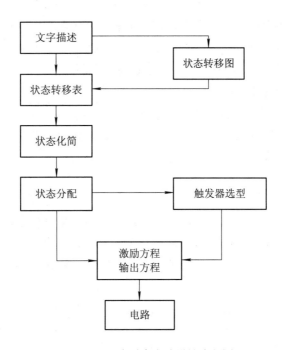

图 1-6-1　同步时序电路设计流程图

1. 确定状态转移图或状态转移表

根据设计要求写出动作说明，列出状态转移表或画出状态转移图，这是整个逻辑设计中最难的一步。设计者必须对所要解决的问题有较深的理解，并且掌握一定的设计经验和技巧，才能描述出一个完整的、比较简单的状态转移图。

2. 状态化简

状态的多少直接影响着电路的复杂程度，因而必须把可以相互合并的状态合并起来。

3. 状态分配

状态分配是用二进制码对状态进行编码的过程。状态数确定以后，电路的记忆元件数目也就确定了，但是状态分配方式不同会影响到电路的复杂程度。

判别状态分配是否合理，通常看两点：一是看最后得到的逻辑图是否最简单(附加元件与连线最少)；二是看电路是否存在孤立状态。

电路设计时，总是希望电路最简单，而且所有未使用状态都是非孤立状态，因此往往需要用不同的编码进行尝试，以确定最合理的方案。

4. 触发器选型、确定触发器控制输入方程

通常，可以根据实际提供的触发器类型选定一种触发器来进行设计。选定触发器后，根据状态转换真值表和触发器的激励表做出触发器控制输入函数的卡诺图，然后求得各触发器的控制输入方程。

5. 排除孤立状态

如果未使用状态中有孤立状态存在，则应采取措施予以排除，以保证电路具有自启动性能。

经过上述设计过程，画出电路图，最后还必须用实验方法对电路的逻辑功能进行验证，如发现问题，则需进行必要的修改。

同步时序电路是时序电路的一种，其触发器状态更新与时钟脉冲同步。在设计同步时序电路时还必须注意：应尽量采用同一类型的触发器。如果电路中采用了两种或两种以上类型的触发器，则各触发器对时钟脉冲的要求与响应应当一致。

四、实验任务

设计一个七位巴克码检测电路。该时序电路输入为一串行信号，当输入序列中出现七位巴克码信号时，在七位巴克码信号的最后一个码元位置输出一个码元宽度的逻辑 1，否则输出为逻辑 0。该时序电路的逻辑功能(输入、输出波形的时序关系)也可由图 1-6-2 来表示。

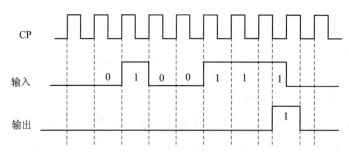

图 1-6-2   输入、输出波形

用示波器观察输入与输出波形并绘制波形图,同时将实验结果填入原始数据记录页中。

图 1-6-3 为七位巴克码产生电路,它实际上是一个 $n = 3$ 的 m 序列产生器。

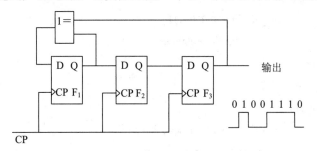

图 1-6-3　七位巴克码产生电路

采用 Verilog 语言编写的七位巴克码产生及捕获程序如下:

```
module baker(rest, clk, bk, flag, recieve_baker);
input rest, clk;
output bk, flag;                    //bk 为输出巴克码,flag 为收到巴克码时输出的标志信息
output[6:0] recieve_baker;          //接收到的巴克码
reg bk, flag;
reg[2:0] state;
reg[6:0] local_baker;               //本地存储的巴克码,用于比较
reg[6:0] recieve_baker;
always @(posedge clk or negedge rest)   //产生 state 状态
    if(!rest)
        state<=3'd0;
    else
        if(state<6)
            state<=state+1'd1;
        else
            state<=1'd0;
always @(state)                     //根据 state 产生巴克码
    case(state)
    3'd1:bk<=1;
    3'd4:bk<=1;
    3'd5:bk<=1;
    3'd6:bk<=1;
    default:bk<=0;
    endcase

always @(negedge clk or negedge rest)   //移位寄存接收到的巴克码
```

```
            if(!rest)
                begin
                    local_baker<=7'b0100111;
                    recieve_baker<=7'b0000000;
                end
            else
                begin
                    recieve_baker[6]<=recieve_baker[5];
                    recieve_baker[5]<=recieve_baker[4];
                    recieve_baker[4]<=recieve_baker[3];
                    recieve_baker[3]<=recieve_baker[2];
                    recieve_baker[2]<=recieve_baker[1];
                    recieve_baker[1]<=recieve_baker[0];
                    recieve_baker[0]<=bk;
                end
        always @(recieve_baker)              //判断接收到的数据是否为巴克码
            if(recieve_baker==local_baker)
                flag<=1'b1;
            else
                flag<=1'b0;
        endmodule
```

本实验的仿真波形如图 1-6-4 所示。

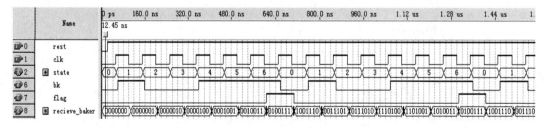

图 1-6-4　七位巴克码的产生及捕获仿真波形

五、实验报告要求

(1) 写出电路设计过程。

(2) 记录实验结果，画出各种波形。

六、原始数据记录页

原始数据记录页见表 1-6-1 和图 1-6-5。

表 1-6-1　测 试 结 果 表

CP	七位巴克码输入信号							匹配结果 Y
	Q_6	Q_5	Q_4	Q_3	Q_2	Q_1	Q_0	
0								
1								
2								
3								
4								
5								
6								
7								
8								

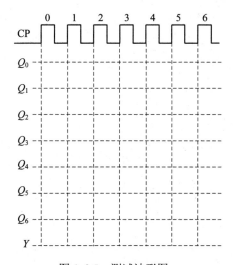

图 1-6-5　测试波形图

实验七　D/A 与 A/D 变换

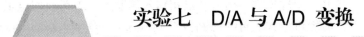

一、实验目的

(1) 熟悉 D/A 与 A/D 变换的一般工作原理。

(2) 熟悉 D/A 变换器 DAC0832 和 A/D 变换器 ADC0809 的使用。

二、实验设备与器材

本实验所用实验设备与器材有数字电路实验台，双踪示波器，稳压电源，万用表，逻辑笔，DAC0832、ADC0809 各一片。

三、实验原理

1. D/A 变换

D/A 变换是将输入的数字信息变换为与此数值成正比的电压或电流。输入的数字信息可以使用多种编码形式，如 BCD 码、2 的补码、一般的二进制码。一个二进制数是由各位代码组合起来的，每一位代码都有一定的权，为了将数字量变换成模拟量，应将每一位代码按权变换成相应的模拟量，然后将模拟量相加，其总和就是与数字量成正比的模拟量，从而完成了 D/A 变换。例如，二进制数 1001，最高位代码 1 应变为 $1 \times 2^3 = 8$ 份模拟量，中间两个代码 0 变换的模拟量为 0，最低位代码 1 应换为 $1 \times 2^0 = 1$ 份模拟量，总和为 9 份模拟量。

为了完成上述 D/A 变换，需要使用解码网络。解码网络的主要形式有两种：二进制加权电阻网络和 T 形网络。

1) 二进制加权电阻网络

二进制加权电阻网络如图 1-7-1 所示。

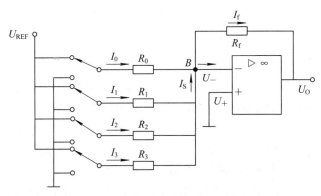

图 1-7-1　二进制加权电阻网络

图 1-7-1 中，运算放大器可以看成是一个具有很大开环增益和一定输入、输出阻抗的线性放大器。它有两个输入端和一个输出端。信号从反相输入端输入，R_f 为反馈电阻，由于放大器的开环增益很大，信号经过放大后再经过 R_f 反馈到输入端，使输入端的电压变化很小，接近于零(即虚地)。在这种情况下，输入电压就近似等于反馈电阻 R_f 上电压降的负值。

2) T 形网络

二进制加权电阻网络的缺点是电阻的阻值种类很多，当转换位数较多时，阻值的变化范围很宽，使得难以准确选择。采用 T 形网络可适当解决这个问题。

T 形网络只有两种电阻 R 和 $2R$。图 1-7-2 所示为四位 T 形网络。无论从哪个节点向右看的电阻都是 $2R$，因此每个 $2R$ 支路的电流自左向右以 1/2 系数逐渐递减。

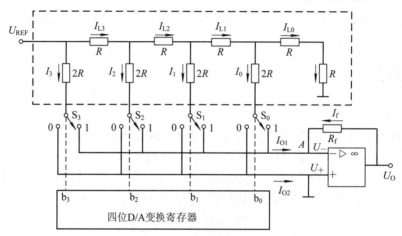

图 1-7-2　T 形电阻网络

同样，用一个四位二进制数 $B = b_3b_2b_1b_0$ 来控制这些开关的状态，可得

$$I_{O1} = B\left(\frac{U_{REF}}{16R}\right)$$

$$I_{O2} = \overline{B}\left(\frac{U_{REF}}{16R}\right)$$

即 I_{O1} 与二进制数 B 成正比，I_{O2} 与二进制数 B 的反码成正比。

这种示例可以推广到 n 位 T 形网络。

3) D/A 变换器 DAC0832 的结构和使用方法

DAC0832 是用 CMOS 工艺制成的单片式八位数/模转换器，采用 20 只引脚双列直插式封装。它可直接与 Z80、8085、8080、8084 等流行的微处理器直接接口，其引脚图如图 1-7-3 所示，框图如图 1-7-4 所示。由框图可见，它是由两个八位寄存器(输入寄存器和 DAC 寄存器)和一个八位 D/A 转换器组成的。由于采用了两个寄存器，可以进行两次缓冲操作，因此使该器件的操作具有了更大的灵活性。例如，它在输出对应于某一数字信息的模拟量时，便可以采集下一个数据；在多个转换器同时工作的情况下，输入信息可以不同时输入，但输出却可以是同时的。

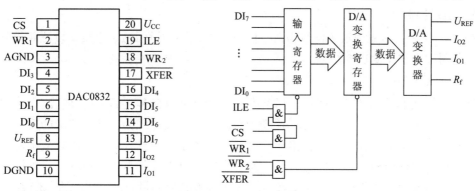

图 1-7-3　DAC0832 引脚图　　　　图 1-7-4　DAC0832 框图

下面介绍 DAC0832 各引脚的含义。

$\overline{CS}$：片选输入，低电平有效。它与 ILE 信号共同控制 $\overline{WR_1}$ 是否起作用。

ILE：输入寄存器允许信号，高电平有效。

$\overline{WR_1}$：写信号 1 输入，低电平有效，用来将数据总线的数据输入锁存于输入寄存器中，$\overline{WR_1}$ 有效时，必须使 $\overline{CS}$ 与 ILE 同时有效。

$\overline{XFER}$：传送控制信号输入，低电平有效，用来控制 $\overline{WR_2}$ 是否有效。

$\overline{WR_2}$：写信号 2 输入，低电平有效，用来将锁存于输入寄存器的数字传送到 8 位 D/A 寄存器锁存起来，此时应使 $\overline{XFER}$ 有效。

$DI_0 \sim DI_7$：数据输入。DI_0 是最低位，DI_7 是最高位。

I_{O1}：D/A 变换器输出电流 1。输入数字为全 1 时电流值最大，为全 0 时电流值最小。

I_{O2}：D/A 变换器输出电流 2。

$$I_{O1} + I_{O2} = \frac{U_{REF}}{R\left(1 - \dfrac{1}{256}\right)} = 常数$$

R_f：反馈电阻。由于片内具有反馈电阻，因此可以与外接运算放大器的输出端短接。

U_{REF}：基准电压输入。通过它可将外加高精度电压源接至 T 形网络。它的电压范围为 $-10 \sim +10\,V$。该引脚也可以接至其他 D/A 变换器的电压输出端。

U_{CC}：电源输入端。其值可以为 $+5 \sim +15\,V$，最好工作在 $+15\,V$。

AGND：模拟地。通常接数字地。

DGND：数字地。

DAC0832 的主要性能指标如下：

● 电流稳定时间：1 μs。

● 分辨率：8 位。

● 线性误差：0.20%。

● 差分非线性度：0.4%。

● 可以使用双缓冲、单缓冲、直通输入三种操作方式。逻辑输入与 TTL 兼容。

● 功率损耗：20 mW。

● 单电源：5~15 V 直流电源。

2. A/D 变换

进行 A/D 变换的原理很多，较为流行的有三种：逐次近似法、直接比较法和积分法。下面就前两种方法作简单介绍。

1) 逐次近似法

逐次近似法的转换速度比较快，通常在几微秒到上百微秒之间，但是它比直接比较法要慢。图 1-7-5 给出了逐次近似法的原理示意图，其主要原理为，将一待求的模拟输入信号与"推测"的信号相比较，根据推测信号是大于还是小于输入信号来决定减小还是增大该推测信号，以便向模拟输入信号逼近。推测信号由 D/A 变换器的输出获得，当推测信号与模拟输入信号"相等"时，D/A 变换器输入的二进制数字量对应于模拟输入的数字。

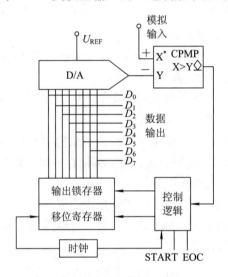

图 1-7-5　逐次近似法原理示意图

现在介绍其"推测"的算法。它是将二进制计数器中二进制数的每一位从高位开始依次置 1。当每位置 1 时，都要进行测试。若模拟输入信号小于推测信号，则比较器输出为零并使该位置 0；否则比较器的输出为 1，并使该位保持 1。无论哪种情况，均应继续比较下一位，直到最末位为止。此时，D/A 变换器的数字输入即为对应于模拟输入信号的数字量，将此数字输出，即完成其 A/D 变换过程。

2) 直接比较法

直接比较法的优点是速度高，变换时间可达 20 ns，但缺点是难以达到较高的分辨率。若要求较高的分辨率，则其成本将按指数上升。直接比较法也就是并行比较法，是把被转换的模拟电压同时加到 $2n-1$ 个模拟电压比较器，与一系列基准电压同时进行比较，若被转换电压比哪一位基准电压大，则相应位的比较器输出为 1，否则输出为 0；然后对所得数字状态进行编码，变换为二进制代码，就得到数字量输出。

图 1-7-6 为一种 2 位数字输出的变换器的原理图。2 位二进制数可表示 0～3 的四个模拟量，故将基准电压 U_{REF} 分为四个量化电位，用 3 个电压比较器，每个比较器的一个输入端接模拟输入电压，另一输入端接标准量化电位。如果输入电压为 $0.6U_{REF}$，则比较器 1、2 的输出为 1，输出数字为 10。

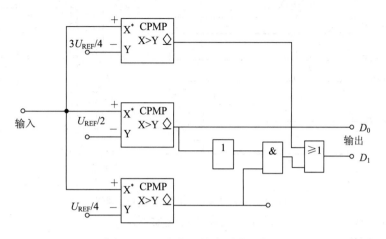

图 1-7-6 直接比较法原理示意图

下面介绍 A/D 变换器 ADC0809 芯片。ADC0809 是采用 CMOS 工艺制成的 8 位 8 通道 A/D 变换器芯片，其包含一个 8 路模拟开关、模拟开关的地址锁存与译码电路、比较器、256R 电阻阶梯网络、树状开关、逐次近似寄存器 SAR、三态输出锁存缓冲器、控制与定时电路。其原理框图见图 1-7-7，工作时序图如图 1-7-8 所示。

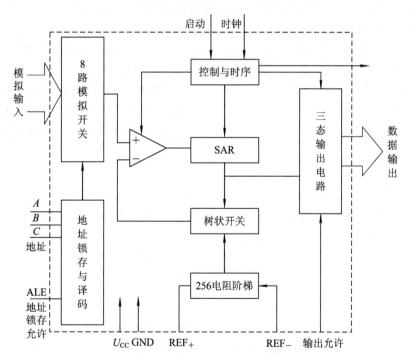

图 1-7-7 ADC0809 原理框图

ADC0809 通过引脚 IN_0，IN_1，…，IN_7 可输入 8 路单端模拟输入电压，ALE 将三位地址线 ADDA、ADDB、ADDC 进行锁存，然后由译码电路选通 8 路中的某路进行 A/D 变换，当输入地址为 000 时，选通 IN_0 模拟输入进行 A/D 变换。

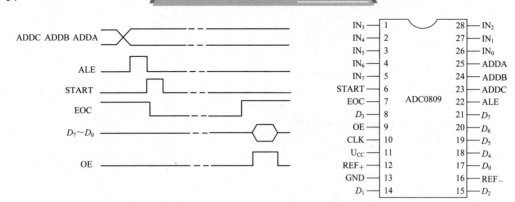

图 1-7-8　ADC0809 工作时序图和引脚图

ADC0809 引脚图如图 1-7-8 所示，引脚的含义如下：

$IN_0 \sim IN_7$：模拟输入。

REF_+、REF_-：基准电压的正极和负极。

CLK：控制电路与时序电路工作的时钟脉冲输入端。

ADDA、ADDB、ADDC：模拟通道的地址选择。

ALE：地址锁存允许输入信号，由低电平向高电平正跳变时有效，此时锁存上述地址信号，从而选通相应的模拟信号通道，以便进行 A/D 变换。

$D_0 \sim D_7$：输出数据。

START：启动信号，为了启动 A/D 变换过程，应在此引脚上施加一个正脉冲，脉冲的上升沿将所有内部寄存器清零，在其下降沿开始 A/D 变换过程。

EOC：变换结束的输出信号，高电平有效。在 START 信号上升沿之后 0～8 个时钟周期内，EOC 信号变为低电平。当变换结束，所得到的数据可以被读出时，EOC 变为高电平。

OE：输出允许信号，高电平有效。OE 信号有效时，将输出寄存器中的数据传送到数据总线上。

四、实验任务

任务一：按图 1-7-9 连接电路。改变 DAC0832 的输入数据，根据测得的输出电压 U_O 计算出 I_{O1}，然后填入原始数据记录页中。

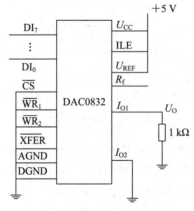

图 1-7-9　DAC0832 连接图

任务二：设计一个电路，利用 DAC0832 产生一个阶梯波信号，并用示波器观察该信号。

采用 Verilog 语言编写的 DAC0832 输入数据的程序如下：

```
module Dac0832_1(clk，reset，Dout);          //模块开始
    input clk，reset;                          //输入时钟、复位信号
    output [7:0] Dout;                         //输出到 DAC0832 的数据
    reg [7:0] Dout;                            //定义运算寄存器
    always @(negedge reset or posedge clk)
        if(!reset)                             //复位时初始化寄存器
            Dout<=8'd0;
        else
            Dout<=Dout+1'd1;                   //cnt 每次增加 1，计数值范围从 0~255
endmodule                                      //模块结束
```

DAC 0832 输入数据的仿真波形如图 1-7-10 所示。

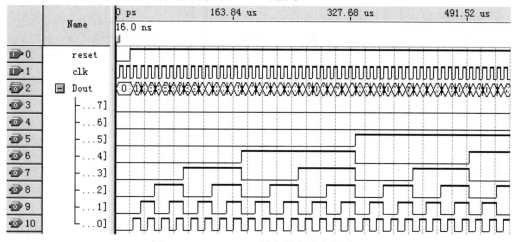

图 1-7-10　DAC0832 输入数据的仿真波形

采用 Verilog 语言编写的 DAC0832 输入阶梯数据的程序如下：

```
module Dac0832_2(clk，reset，Dout);          //模块开始
    input clk，reset;                          //输入时钟、复位信号
    output [7:0] Dout;                         //输出到 DAC0832 的数据
    reg [7:0] Dout;                            //定义运算寄存器
    always @(negedge reset or posedge clk)
        if(!reset)                             //复位时初始化寄存器
            Dout<=8'd0;
        else
            Dout<=Dout+5'd25;                  //cnt 每次增加 25
endmodule//模块结束
```

DAC0832 输入阶梯数据的仿真波形如图 1-7-11 所示。

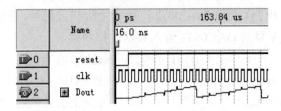

图 1-7-11　DAC0832 输入阶梯数据的仿真波形

任务三：按图 1-7-12 连接电路。

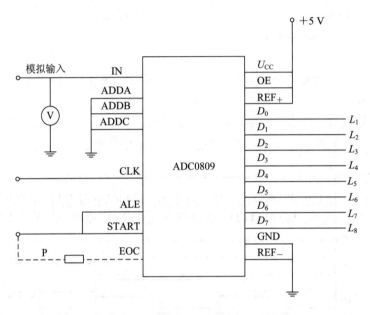

图 1-7-12　ADC0809 测试图

该电路的 ADDA、ADDB、ADDC 连接到地，因而选通模拟输入的 IN_0 通道进行模/数转换。由数电实验板上产生的时钟信号(处于 20 kHz 状态)作为 CLK 输入；而用单脉冲 P 作为启动信号 START 的输入，同时也作为地址锁存 ALE 的输入，因此在单脉冲 P 的上升沿锁存地址，同时启动 A/D 变换。参考电压为 $REF_+ = 5$ V，$REF_- = 0$ V。输出允许端始终接高电平，使输出寄存器的内容直接送往 $D_0 \sim D_7$，并用发光二极管进行显示。

改变 IN_0 的模拟输入电压大小，按一下单脉冲按钮即可实现一次 A/D 变换。将转换结果填入原始数据记录页中。

任务四：如果将 ALE 和 START 连至 EOC 输出端(如图 1-7-12 中虚线所示)，把单脉冲输出 P 端断开，则电路处于自动状态，注意观察此时 A/D 变换器的工作情况。

五、实验报告要求

记录、分析实验结果，画出所设计的电路及产生的波形。

六、原始数据记录页

原始数据记录页见表 1-7-1、表 1-7-2 和图 1-7-13。

表 1-7-1　DAC0832 测试表

数　据　输　入								输　　出	
DI_7	DI_6	DI_5	DI_4	DI_3	DI_2	DI_1	DI_0	I_{O1}	U_O
0	0	0	0	0	0	0	0		
0	0	0	0	0	0	0	1		
0	0	0	0	0	0	1	0		
0	0	0	0	0	1	0	0		
0	0	0	0	1	0	0	0		
0	0	0	1	0	0	0	0		
0	0	1	0	0	0	0	0		
0	1	0	0	0	0	0	0		
1	0	0	0	0	0	0	0		

表 1-7-2　A/D 转换结果

模拟输入	输　出　数　字							
IN_0/V	D_7	D_6	D_5	D_4	D_3	D_2	D_1	D_0
2.5								
2.0								
1.5								
1.0								
0.5								
0.1								

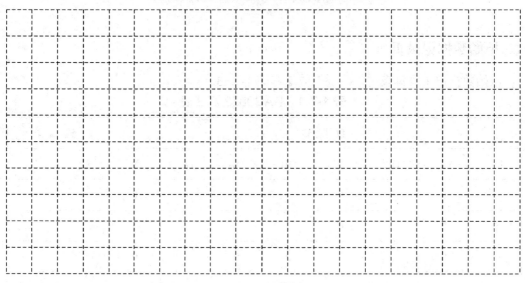

图 1-7-13　阶梯波信号

实验八 自动电梯控制器

一、实验目的

(1) 熟悉中规模集成电路的功能及应用。

(2) 掌握合理选择器件对简化电路的意义。

(3) 掌握较复杂数字电路的一般调试及故障分析的方法。

二、实验原理

根据课题要求，电梯的状态应是处于1～8层的任意层，可用三个触发器来表示其所处的楼层，又因其状态转换分为加法计数和减法计数，故用74LS192来完成。电梯运行的方向可用一个D触发器表示：1表示向上，0表示向下。电梯的运转状态可用1表示运转，0表示停止。电梯门同样用一位D触发器表示：1表示开门，0表示关门。

若无人使用电梯，且电梯门关闭，则电梯处于静止状态，此时不显示上下方向。

每一层楼的电梯内应有8个内请求信号和2个电梯外的外请求信号(上/下)，可用74LS74记忆电梯内外的所有请求信号，用3线-8线译码器经过处理后可发出8个有效信号，表示1～8层楼。

用四位D锁存器保存电梯内外的所有请求信号。运行期间，到达请求层时应发出停止信号，对于第1层，外请求仅有向上的请求；对于第8层，外请求仅有向下的请求；对于其余各层，外请求上/下应通过二选一输出有效信号，当内、外请求方向一致时，应优先考虑内请求。电梯控制器的结构方框图如图1-8-1所示。

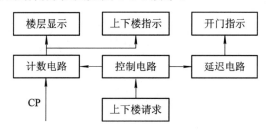

图 1-8-1　电梯控制器结构方框图

三、实验任务

设计一个8层自动电梯控制器电路，要求如下：

(1) 电梯初始状态为一层开门(停在一层)。

(2) 每层电梯入口处设有上下楼请求按钮，电梯内设有乘客到达层的停站请求开关。

(3) 电梯运行规则：电梯上升时，当有人按上楼请求按钮时判断电梯轿厢是否已过请求的楼层，若已过，则电梯继续上升；若未过，则电梯停下开门。电梯上升时不响应下楼请求，电梯下降时，也不响应上楼请求。

(4) 电梯运行速度为 2 s 一层。当电梯轿厢门打开时，开门指示灯亮；当轿厢门关闭时，指示灯灭。开门时间为 6 s。

(5) 用数字显示楼层，分别用不同的符号显示电梯的运行状态(所处位置、正在上升或下降)。

(6) 记忆电梯内外的请求信号，并按照电梯的运行规则按顺序响应，每个请求信号保留至执行后消除。

(7) 考虑电梯运行过程中可能出现故障，需增加一些紧急补救措施电路(如报警电路等)。

四、实验报告要求

(1) 分析任务，介绍总体设计方案。

(2) 详细介绍各个子模块的设计过程并画出各个子模块的详细逻辑电路图。

(3) 画出实验系统总体的硬件电路连接图。

(4) 归纳总结实验中遇到的主要问题与解决方法。

(5) 改进与完善系统方案。

(6) 写出设计体会与建议。

实验九 简易数字频率计

一、实验目的

(1) 学习数字频率计的工作原理，熟悉可编程器件的应用。

(2) 掌握 Verilog HDL 语言编程。

(3) 掌握较复杂数字电路的一般调试及故障分析的方法。

二、实验原理

周期性信号在单位时间(秒)内变化的次数称为频率。测量频率的方法一般有三种：测频法、测周法和等精度测量法。

1. 测频法

测频法是在一定的时间间隔 T 内，统计周期性信号的重复变化次数 cnt，测量原理图及仿真结果如图 1-9-1 所示。

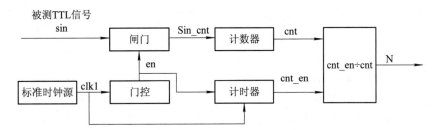

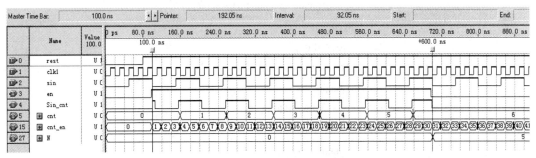

图 1-9-1 测频法原理图及仿真结果

在 FPGA 内部，通过对外部高频晶振进行分频，产生标准时钟源输出信号 clk1。计数器对该 clk1 计数 cnt_en 个周期后得到测频法的时间间隔 T(即闸门时间)。在门控信号 en 有效期内，闸门打开，对被测 TTL 信号 sin 使能输出得到 Sin_cnt 信号，并通过计数器计数得到该使能期内 Sin_cnt 的周期个数 cnt，倍频数 $N = $ cnt_en $\div$ cnt。

对于图 1-9-1 所示的系统，最终测量得到的频率为

$$f = \frac{f_{clk1}}{N} \tag{1-9-1}$$

其中，f_{clk} 为标准时钟源的频率。测频法的 Verilog 语言参考程序如下：

```verilog
module b1(clk1，sin，rest，N，cnt，cnt_en，en，Sin_cnt); //模块开始
    input clk1，sin，rest;                        //声明 1 位位宽的输入信号
    output en，Sin_cnt;                          //声明 1 位位宽的输出信号
    output [8:0] cnt;                            //声明 9 位位宽的输出信号
    output [10:0] cnt_en;
    output [10:0] N;
    reg [8:0] cnt;                              //定义内存空间用于计算
    reg [10:0] cnt_en;
    reg [10:0] N;
    reg en，flag_cal，flag_T;


    always @(posedge clk1 or negedge rest)       //并行计算体 1，产生测频使能信号
        if(!rest)//初始化寄存器
            begin
                cnt_en<=11'd0;
                en<=1'd0;
                flag_cal<=0;
                flag_T<=0;
            end
        else if(clk1)
            begin
                if(!flag_T)
                    cnt_en<=cnt_en+1'd1;
                if(cnt_en==11'd0)
                  en<=1'd1;
                else if(cnt_en==11'd30)
                  begin
                      en<=1'd0;
                      flag_cal<=1;
                  end
                else if(cnt_en>11'd40)
                    flag_T=1;
            end


    always @(posedge flag_cal or negedge rest)   //并行计算体 2，计算倍频数 N
        if(!rest)
            N<=0;
        else
```

```
        N<=cnt_en/cnt;

        always @(posedge sin or negedge rest)        //并行计算体 3，计算测频期内的信号周期 cnt
            if(!rest)
                cnt<=8'd0;
            else if(en)
                cnt<=cnt+1'd1;

        assign Sin_cnt=en&sin;                       //并行计算体 4，产生测频期内的输入信号
    endmodule//模块结束
```

2. 测周法

测周法即用被测信号作为门控信号，统计在被测信号周期内标准时钟源的时钟个数 N，测量原理图及仿真结果如图 1-9-2 所示。最终测量得到的频率也可由式(1-9-1)计算。

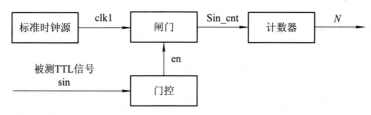

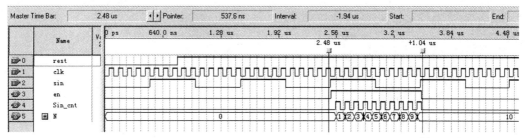

图 1-9-2　测周法原理图及仿真结果

测频法的 Verilog 语言参考程序如下：

```
    module b2(clk，sin，rest，N，en，Sin_cnt);      //模块开始
        input clk，sin，rest;                         //声明 1 位位宽的输入信号
        output en，Sin_cnt;                           //声明 1 位位宽的输出信号
        output [10:0] N;                             //声明 11 位位宽的输出信号
        reg [10:0] N;                                //定义内存空间用于计算
        reg [10:0] en_cnt;
        reg en，flag_T;

        assign Sin_cnt=en&clk;
        always @(posedge Sin_cnt or negedge rest)
            if(!rest)//初始化寄存器
```

```
            begin
                N<=11'd0;
            end
        else
            N<=N+1'd1;


    always @(posedge sin or negedge rest)
        if(!rest)//初始化寄存器
            begin
                en<=1'd0;
                en_cnt<=1'd0;
                flag_T<=0;
            end
        else
            begin
                if(!flag_T)
                    en_cnt<=en_cnt+1'd1;
                if(en_cnt==1)
                    en=1;
                else if(en_cnt==2)
                    en=0;
                else  if(en_cnt==3)
                    flag_T<=1;
            end
    endmodule//模块结束
```

3．等精度测量法

等精度测量法的核心思想是通过闸门信号与被测信号同步，将闸门时间控制为被测信号周期长度的整数倍。测量时，先打开预置闸门，当检测到被测信号脉冲沿到达时，标准信号时钟开始计数。预置闸门关闭时，标准信号并不立即停止计数，而是等检测到被测信号脉冲沿到达时才停止，完成被测信号整数个周期的测量。测量的实际闸门时间可能会与预置闸门时间不完全相同，但其最大差值不会超过被测信号的一个周期。在等精度测量法中，相对误差与被测信号本身的频率特性无关，即对整个测量域而言，其测量精度相等，因而称为等精度测量。

本实验采用 LED 数码管显示测得的频率。根据设计要求，最多需要 8 位数码管来显示。测周法得到的频率显示格式可为 xxxx.xxxx Hz，测频法得到的频率显示格式可为 xxxxxxxx Hz。我们选用两个 4 位数码管组成 8 位数字显示，其电路图如图 1-9-3 所示。图中选用的 LED 为共阳 LED，当其中一个 cs 为高，其他 cs 为低时，送出的数据 $D_0 \sim D_7$ 对该 cs 连接的 LED 管进行点亮。由于人眼存在视觉暂留效应，当每个 LED 刷新时间小于 20 ms 时，可看到 8

个 LED 同时点亮的效果。为增加 LED 显示亮度，保护可编程器件的输出，该电路图中采用 $V_1 \sim V_8$ 增加电流驱动能力。

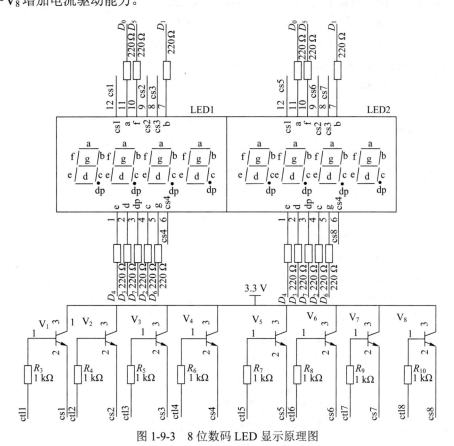

图 1-9-3 8 位数码 LED 显示原理图

在可编程器件中，需要编写测量频率到 LED 显示驱动的模块。我们可采用图 1-9-4 所示的方式编写 LED 显示模块及仿真结果。

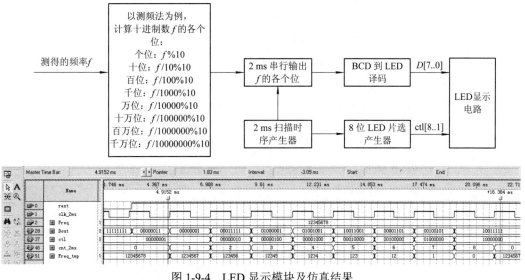

图 1-9-4 LED 显示模块及仿真结果

等精度测量法的 Verilog 语言参考程序如下：

```verilog
module led(clk_2ms, Freq，rest, ctl, Dout, Freq_tmp);      //模块开始
    input clk_2ms，rest;              //输入信号声明
    input [24:0] Freq;               //输入待显信号频率
    output[24:0] Freq_tmp;           //频率显示运算的中间值
    output[7:0] ctl，Dout;

    reg[24:0] Freq_tmp;
    reg[7:0] ctl，Dout;              //Dout 为驱动共阳 LED 数据引脚的信号
    reg[3:0] cnt_2ms;               //2 ms 计数器
    reg[3:0] BCD;                   //每 2 ms 输出的 1 位待显 BCD 码

    always @(BCD or rest)          //并行计算体 1
        if(!rest)
            Dout<=8'b11111111;
        else                        //得到当前显示的 LED 驱动信号
            begin
                case(BCD)
                4'd0: Dout<=8'b00000011;
                4'd1: Dout<=8'b10011111;
                4'd2: Dout<=8'b00100101;
                4'd3: Dout<=8'b00001101;
                4'd4: Dout<=8'b10011001;
                4'd5: Dout<=8'b01001001;
                4'd6: Dout<=8'b01000001;
                4'd7: Dout<=8'b00011111;
                4'd8: Dout<=8'b00000001;
                4'd9: Dout<=8'b00001001;
                default:Dout<=8'b11111111;       //LED 全灭
                endcase
            end

    always @(posedge clk_2ms or negedge rest)        //并行计算体 2
        if(!rest)//初始化寄存器
                begin
                    ctl<=8'd1;
                    cnt_2ms<=4'd0;
                    BCD<=4'd0;
```

```
                Freq_tmp<=Freq;              //初始化读入的待显频率
        end
else                              //得到当前显示的 BCD 码和 LED 控制信号
    begin
        case(cnt_2ms)
        4'd0:
          begin
                BCD<=Freq_tmp%10;
                Freq_tmp<=Freq_tmp/10;
                ctl<=8'b00000001;
                cnt_2ms<=cnt_2ms+1'd1;
          end
        4'd1:
            begin
                if(Freq_tmp==0)
                        BCD<=4'd10;
                  else
                        BCD<=Freq_tmp%10;
                Freq_tmp<=Freq_tmp/10;
                ctl<=8'b00000010;
                cnt_2ms<=cnt_2ms+1'd1;
            end
        4'd2:
            begin
                if(Freq_tmp==0)
                        BCD<=4'd10;
                  else
                        BCD<=Freq_tmp%10;
                Freq_tmp<=Freq_tmp/10;
                ctl<=8'b00000100;
                cnt_2ms<=cnt_2ms+1'd1;
            end
        4'd3:
            begin
                if(Freq_tmp==0)
                        BCD<=4'd10;
                    else
                        BCD<=Freq_tmp%10;
```

```
                                Freq_tmp<=Freq_tmp/10;
                                ctl<=8'b00001000;
                                cnt_2ms<=cnt_2ms+1'd1;
                        end
                4'd4:
                    begin
                        if(Freq_tmp==0)
                            BCD<=4'd10;
                        else
                            BCD<=Freq_tmp%10;
                        Freq_tmp<=Freq_tmp/10;
                        ctl<=8'b00010000;
                        cnt_2ms<=cnt_2ms+1'd1;
                    end
                4'd5:
                    begin
                        if(Freq_tmp==0)
                            BCD<=4'd10;
                        else
                            BCD<=Freq_tmp%10;
                        Freq_tmp<=Freq_tmp/10;
                        ctl<=8'b00100000;
                        cnt_2ms<=cnt_2ms+1'd1;
                    end
            4'd6:
                begin
                    if(Freq_tmp==0)
                    BCD<=4'd10;
                     else
                    BCD<=Freq_tmp%10;
                    Freq_tmp<=Freq_tmp/10;
                    ctl<=8'b01000000;
                    cnt_2ms<=cnt_2ms+1'd1;
                end
            4'd7:
                begin
                    if(Freq_tmp==0)
                        BCD<=4'd10;
```

```
        else
            BCD<=Freq_tmp%10;
        Freq_tmp<=Freq_tmp/10;
        ctl<=8'b10000000;
        cnt_2ms<=cnt_2ms+1'd1;
    end
default:
    begin
    Freq_tmp<=Freq;//读入待显频率值
     cnt_2ms<=4'd0;
    end
    endcase
end
endmodule//模块结束
```

三、实验任务

设计并制作一个简易数字频率计，其框图如图1-9-5所示。

图 1-9-5　系统框图

被测信号是 TTL 方波，其分为 1 Hz～1 kHz 以及 1 kHz～20 MHz 两个频段，不同频段采用不同的频率测量方法，可通过开关进行选择，具体要求如下：

(1) 输入 1 Hz～1 kHz 时，采用测周法，显示单位为 Hz，测量分辨率不大于 0.001 Hz；输入 1 kHz～20 MHz 时，采用测频法，显示单位为 Hz，测量分辨率不大于 1 Hz。

(2) 测量误差不超过输入频率的 1%。

(3) 测量结果采用 8 位数码管显示。

四、实验报告要求

(1) 分析任务，介绍总体设计方案。

(2) 详细介绍各个子模块的设计过程并画出各个子模块的详细逻辑电路图或给出各子模块的程序。

(3) 画出实验系统总体的硬件电路连接图。

(4) 归纳总结实验中遇到的主要问题与解决方法。

(5) 改进与完善系统方案。

(6) 写出设计体会与建议。

五、思考题

(1) 为保证频率测量的精度，示例代码中的 cnt_en、Sin_cnt、N 该用多少位位宽存储？

(2) 如何减小测周法和测频法的误差?

(3) 如何实现等精度测量方法?

第二部分 低频电子线路实验

电子线路数字化是近代电子线路发展的趋势，但我们所处的世界本身是模拟的。自然界中的绝大多数信号是模拟信号，它们有连续的幅度值，比如说话时的声音信号。模拟电路可以对这样的信号直接进行处理，具有电路简洁、响应速度快的优点。即使是数字电路，其底层原理也是基于模拟电路的，模拟电路的重要性不言而喻。本部分介绍的是低频模拟电子线路实验，沿着从分立元件到集成电路的主线，依次安排了各个实验。通过学习每个实验，学生可以加深对低频电子线路理论的理解，提高模拟电子线路实验的技能，学会常用仪器仪表的原理和使用，掌握常用低频电子线路的组装、调整和测试方法，并初步具备模拟电子线路的设计和工程实践能力。

实验一　RC 耦合单管放大器

一、实验目的

(1) 掌握晶体管静态工作点的调整和测试方法。

(2) 掌握交流放大倍数的测量方法。

(3) 加深理解放大器静态工作点的意义和电路主要元件对静态工作点的影响。

二、实验设备与器材

本实验所用设备与器材有低频信号发生器，交流毫伏表，双踪示波器，直流稳压电源，万用表。

三、实验原理

图 2-1-1 为 RC 耦合单管放大器电路，R_{b1}(即 $R_w + R_2$)、R_{b2}(即 R_4)为放大器的偏置电阻，R_{b1} 由固定电阻与可变电阻串联组成，其主要目的是调整放大器的静态工作点。

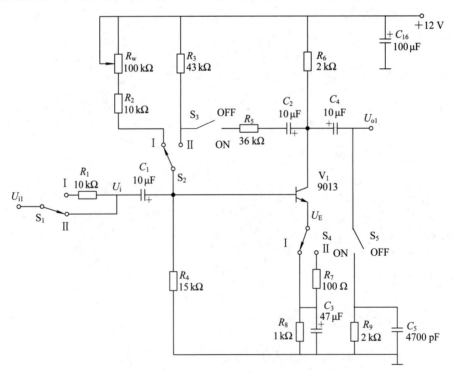

图 2-1-1　RC 耦合单管放大器电路

静态工作点是指放大器在不加输入信号的情况下，放大器的直流电流 I_{BQ}、I_{CQ} 以及直流电压 U_{BQ}、U_{CEQ}。由于晶体管是非线性元件，因此工作点选择不当时会引起输出失真。

影响放大器直流静态工作点的因素很多，其中主要是晶体管的特性。当晶体管确定之后，电源电压 U_{CC}、偏置电阻 R_{b1}(即 $R_w + R_2$)、R_{b2}(即 R_4)、集电极电阻 R_c(即 R_6)等都会影响放大器的静态工作点。本实验只研究 R_{b1}(即 $R_w + R_2$)、U_{CC} 的改变对静态工作点的影响。

图 2-1-2 是某晶体管的一簇输出特性曲线，它与直流负载线相交于静态工作点 Q，此时基极电流为 I_{BQ}，对应集电极电流为 I_{CQ}，集电极电压为 U_{CEQ}。

当 R_{b1}(即 $R_w + R_2$)增加时，$U_{BQ} \downarrow \Rightarrow I_{BQ} \downarrow \Rightarrow I_{CQ} \downarrow \Rightarrow U_{CEQ} = \left[U_{CC} - I_{CQ}(R_c + R_e) \right] \uparrow$，工作点沿着直流负载线往下移至 Q_1。

当 R_{b1}(即 $R_w + R_2$)减小时，$U_{BQ} \uparrow \Rightarrow I_{BQ} \uparrow \Rightarrow I_{CQ} \uparrow \Rightarrow U_{CEQ} \downarrow$，工作点沿着直流负载线往上移到 Q_2。由此可以看出，对于一个放大器来说，工作点的选择是很重要的。工作点选择合适，输入信号就可以加大一些，输出也就相对增大而不失真(见图 2-1-3)；反之，若工作点选择不合适，加同样大的信号，输出就可能产生截止失真或饱和失真。

所谓选择最佳 Q 点，即调整 R_{b1}(或 R_{b2})以找出最佳的 I_{BQ}。如果忽略三极管饱和压降，则一般最佳工作点接近交流负载线的中点。

测量 I_{CQ} 主要用间接测量法，即用电压表测出 R_e(或 R_c)两端的直流电压，然后除以该电阻即得出电流，该方法比较简单常用。

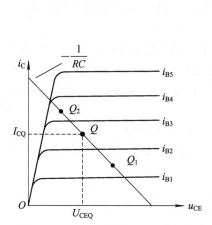

图 2-1-2 放大器的直流负载线与 Q 点

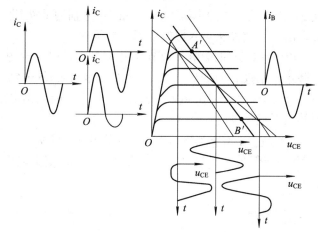

图 2-1-3 不同工作点的输出、输入波形图

四、实验任务

1. 实验前的准备

将电路原理图与实验板对照，找到相对应的元器件及开关，并说明它们的作用。

2. 静态工作点的研究

开关位置(进行如下(1)、(2)、(3)三项时)：S_1 置"Ⅱ"，S_2 置"Ⅰ"，S_3 置"OFF"，S_4 置"Ⅰ"，S_5 置"ON"。

(1) 调节和测试静态工作点。

调节 R_{b1}(即 $R_w + R_2$)，使 $U_E = 2\,\text{V}$(因为 $I_{CQ} \approx I_{EQ} = \dfrac{U_E}{R_e}$，$R_e = R_8 = 1\,\text{k}\Omega$，所以可算出

$I_{CQ} = 2\,\text{mA}$)，测量 U_{BQ}、U_{CEQ} 并填入原始数据记录页。

(2) 调整工作点(调 R_{b1})，观察并判断截止失真及饱和失真。

调节 R_{b1} 使 $U_{CEQ} = 1\,V$ 或 $9\,V$ 两种情况下，输入端 U_{i1} 加频率为 $1\,kHz$、有效值为 $5\,mV$ 的正弦信号，观察输出波形。逐渐加大输入信号的幅度，当波形出现失真时，分别画出失真波形并判断失真类型。同时测出直流电流 I_{CQ}，将数值填入原始数据记录页内。

(3) 改变 R_{b1} 找出最佳工作点，测量在最佳工作点状态下，最大不失真输出电压 U_{o1max} 值。

找最佳工作点的方法：逐渐加大 U_{i1}，若输出波形先出现饱和失真，则说明工作点偏高，此时应加大 R_{b1} 使工作点下降(I_C 减小)；反之若发现截止失真，则应减小 R_{b1}，使工作点提高(I_C 增加)。这样反复调节，直到输出波形同时出现饱和失真和截止失真，然后将 U_{i1} 减小，使波形刚好不失真，测量 U_{o1}，此时 U_{o1} 为最大不失真输出电压 U_{o1max}，断开 U_{i1}，测量此时的 I_{CQ} 和 U_{CEQ}，将数据填入原始数据记录页中。

(4) U_{CC} 对 Q 点的影响。

调节开关 S_2 置"Ⅱ"，此时上偏置电阻为 R_3，改变 U_{CC} 为 $9\,V$、$12\,V$、$15\,V$，分别测出不同 U_{CC} 时的 U_{CEQ} 及 I_{CQ}，填入原始数据记录页内。

3. 放大倍数 A_u 的研究

(1) R_L(即 R_9)对 A_u 的影响：输入端加频率为 $1\,kHz$ 的正弦信号，调节信号源输出幅度，使 R_1 与 C_1 连接处的电压 $U_i = 10\,mV$，分别测量 R_L(即 R_9)为 $2\,k\Omega$、∞ 时的输出电压 U_{o1}，并算出 A_u，将结果填入原始数据记录页内。

(2) I_E 对 A_u 的影响：调节开关 S_5 置"ON"。改变 R_{b1}，用万用表测 U_E(即 R_8 电阻上的压降)值，使 $U_E = 1.5\,V$、$2\,V$、$2.5\,V$，即 $I_E = 1.5\,mA$、$2\,mA$、$2.5\,mA$。输入端加 $1\,kHz$ 正弦信号，使 $U_i = 10\,mV$，测出不同 I_E 时的输出电压 U_{o1}，并计算出 A_u，将结果填入原始数据记录页内。

(3) U_{CC} 对 A_u 的影响：改变 U_{CC} 为 $9\,V$、$12\,V$、$15\,V$，调整 R_{b1} 使 $I_{CQ} = 2\,mA$。输入端加 $1\,kHz$ 正弦信号，使 $U_i = 10\,mV$，测量不同 U_{CC} 时的输出电压 U_{o1}，将结果填入原始数据记录页内。

五、思考题

(1) 试述单管共射放大电路的工作原理。

(2) 试述放大电路产生失真的原因。输入信号是正弦波，但放大器输出电压的波形如图 2-1-4 所示，试问是什么原因？解决的方法是什么？

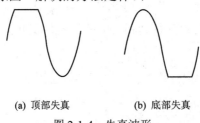

(a) 顶部失真　　　　　(b) 底部失真

图 2-1-4　失真波形

(3) 测电压放大倍数 A_u 时，输入信号电压为什么不能太大？在实验中改变 R_{b1} 来调整工作点时，为什么要求不加输入信号？

六、原始数据记录页

原始数据记录页见表 2-1-1～表 2-1-6。

表 2-1-1 静态工作点的测量

	U_{BQ}/V	U_{CEQ}/V
工程估算值		
实测值		

表 2-1-2 静态工作点的变化对工作状态的影响

状　态	U_{CEQ}/V	I_{CQ}/mA	画出失真波形并判断失真类型
工作点偏离正常工作状态	1		
	9		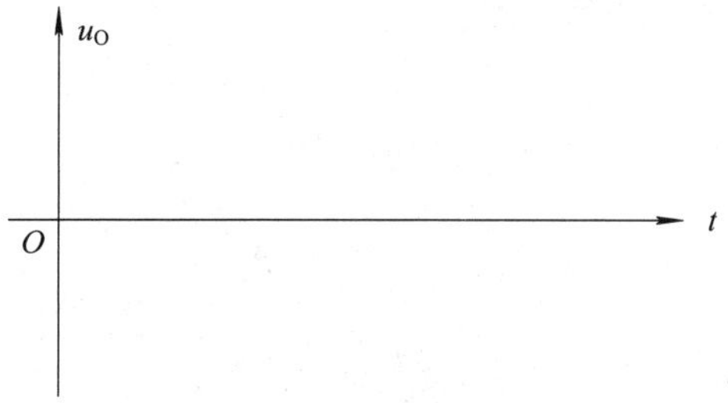
最佳工作状态			最大不失真输出电压 $U_{o1max} =$

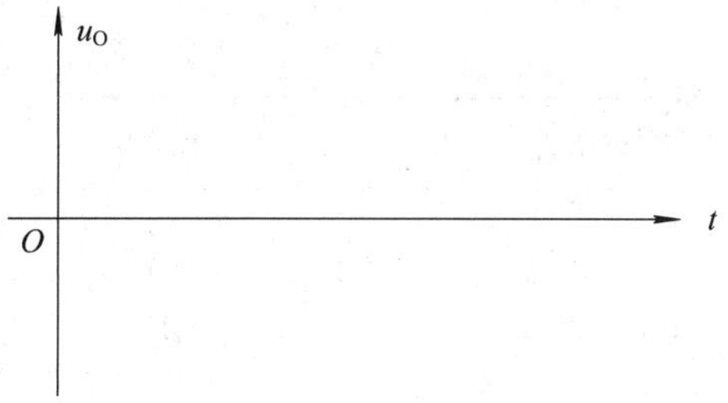

表 2-1-3 U_{CC} 对 Q 点的影响

测试条件	U_{CC}/V	I_{CQ}/mA	U_{CEQ}/V
$R_{b1} = 43\ k\Omega$	9		
$R_e = 1\ k\Omega$	12		
R_L 开路	15		

表 2-1-4　R_L 对 A_u 的影响

测试条件	R_L	U_{o1}/V	A_u
$U_{CC} = 12\ V$ $R_e = 1\ k\Omega$ $I_{CQ} = 2\ mA$	$2\ k\Omega$		
	∞		

表 2-1-5　I_E 对 A_u 的影响

测试条件	I_E/mA	U_{o1}/V	A_u
$U_{CC} = 12\ V$ $R_e = 1\ k\Omega$ $R_L = 2\ k\Omega$	1.5		
	2		
	2.5		

表 2-1-6　U_{CC} 对 A_u 的影响

测试条件	U_{CC}/V	U_{o1}/V	A_u
$I_E = 2\ mA$ $R_{b1} = 43\ k\Omega$ $R_L = 2\ k\Omega$	9		
	12		
	15		

实验二 场效应管实验

一、实验目的

(1) 了解结型场效应管转移特性与输出特性的测量方法。

(2) 学会共源放大器自生偏压的设计、调整和测试。

(3) 掌握输入电阻 R_i 和输出电阻 R_o 的测量方法，了解源极输出器和漏极放大器的特性。

二、实验设备与器材

本实验所用设备与器材有低频信号发生器、双踪示波器、交流毫伏表、数字万用表、直流稳压电源、晶体管特性图示仪。

三、实验原理

1. 场效应管的应用特点

在结构与特性上，场效应管与晶体三极管完全不同。它的三个电极分别为漏极 D、源极 S 和栅极 G。工作时，在漏极与源极之间加正向电压 $U_{DS} > 0$，使沟道中流过漏极电流 I_D。在栅极和源极之间加栅源极控制电压 $U_{GS} < 0$，改变 U_{GS} 便可以控制 I_D 的大小。由于场效应管工作时 GS 之间(PN 结)处于反偏，栅极电流为零，因此场效应管只能采用栅极电压控制方式。

2. 场效应管的特性曲线与测量方法

1) 场效应管的转移特性曲线

场效应管的转移特性曲线是指在一定的漏源极电压 u_{DS} 下，漏极电流 i_D 与栅源极电压 u_{GS} 之间的关系曲线，如图 2-2-1 所示。当 $u_{GS} = 0$ 时，i_D 为漏极饱和电流 I_{DSS}，随着 u_{GS} 的负值增大，i_D 减小，当到达 $u_{GS} = -U_P$(夹断电压)时，$i_D \approx 0$。(工程上通常把 $i_D = 10\ \mu A$ 时对应的 $U_{GS(off)}$ 定义为夹断电压。)

2) 场效应管的输出特性曲线

场效应管的输出特性曲线是以 u_{GS} 为参变量，漏极电流 i_D 与漏源极电压 u_{DS} 之间的关系曲线，如图 2-2-2 所示。它与晶体管的输出特性曲线相似，也是一簇曲线。当 u_{GS} 负值增大时，i_D 减小，输出特性曲线靠近横轴，最上面的曲线为 $u_{GS} = 0$ 的状态下 i_D-u_{DS} 的关系曲线。

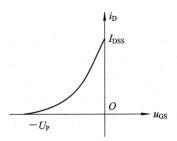

图 2-2-1 场效应管转移特性曲线

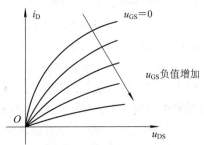

图 2-2-2 场效应管输出特性曲线

3) 转移特性曲线与输出特性曲线的测量方法

用晶体管特性图示仪测量场效应管的特性曲线时，首先要搞清引脚位置和接法。场效应管(以国产 N 沟道结型场效应管 3DJ6 为例)引脚底视图及与图示仪插座的连接方式如图 2-2-3 所示。测量时可单独取几只管子进行，以便于掌握测试方法。

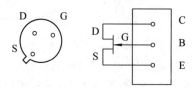

图 2-2-3　引脚底视图及与图示仪插座的连接方式

测量时应注意以下几点：

(1) 由于结型场效应管的漏极电压与栅极电压极性相反，因此对于 N 沟道结型场效应管 3DJ6，漏极电压为"＋"，栅极电压为"－"，测试时应将集电极扫描电压"极性"旋钮置"＋"，基极阶梯"极性"旋钮置"－"。同时注意"阶梯选择"应置阶梯电压"0.2 V/级"，而不能用阶梯电流。

(2) 测量输出特性时，将"Y 轴作用"置"集电极电流"，"X 轴作用"置"集电极电压"相应的挡级。将集电极扫描"峰值电压"置"0～20 V"范围，微调旋钮从小调大，则荧光屏上可显示出输出特性曲线。

(3) 观测场效应管的转移特性曲线时，只要将"X 轴作用"旋至"基极电压"相应的挡级即可。

3. 共源放大器自生偏压的设计、调整与测试

在共源放大器中，栅极自生偏压 U_{GS} 是利用源极电流 I_S 在源极电阻 R_S(即 $R_{13} + R_{w1}$)上产生压降 $U_S = I_S \cdot R_S$，并通过栅极电阻 R_G 加到栅极得到的。其中，由于 $I_G \approx 0$，因此 $U_G \approx 0$。由于 $I_S = I_D$，因此 $U_{GS} = 0 - I_D \cdot R_S = -I_D \cdot R_S$。

R_S 的确定与放大器的工作状态有关，为了确定合适的工作状态，必须正确选择 R_S 的大小。选取 R_S 的方法，一般是在转移特性曲线上做输入回路的负载线，如图 2-2-4 所示。

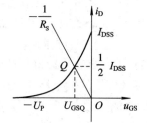

画输入回路负载线的具体做法为：过 $I_{DSS}/2$ 做一条平行于 u_{GS} 的直线，与转移特性曲线相交于 Q 点，连接 Q 点与坐标原点的直线即为输入回路的负载线，该负载线斜率的倒数就是源极电阻，$R_S = |U_{GSQ}|/I_{DQ}$。

图 2-2-4　转移特性曲线上求解 R_S

自生偏压的调整与测试方法为：实验板中，R_S 是由 220 Ω 的电阻和 560 Ω 的电位器串联组成的。因此只要改变电位器的阻值，即可实现场效应管共源放大器自生偏压的调整。调整时，在实验电路输入端加入频率为 1 kHz 的正弦波信号，由源极输出器的输出端观测波形，边调整边观测，直到观测到最大不失真输出波形，即找到最佳静态工作点 Q。

测试 U_{GS} 的方法为：用数字万用表分别测量栅极 G 和源极 S 对地的直流电压 U_G 和 U_S，再计算 $U_{GS} = U_G - U_S$。通常由于测得的 U_G 数值很小，因此 $U_{GS} \approx -U_S$。

4. 输入电阻 R_i 和输出电阻 R_o 的测试

根据测试等效电路图 2-2-5 和图 2-2-6 推导出 R_i 和 R_o 的关系式。

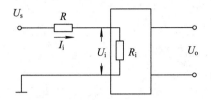 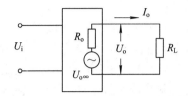

图 2-2-5　测试输入阻抗的等效电路图　　　　图 2-2-6　测试输出阻抗的等效电路图

R_i 关系推导式：

$$I_i = \frac{U_s - U_i}{R}, \quad R_i = \frac{U_i}{I_i} = \frac{U_i}{\dfrac{U_s - U_i}{R}} = \frac{R}{\dfrac{U_s}{U_i} - 1}$$

R_o 关系推导式：

$$I_o = \frac{U_o}{R_L}, \quad R_o = \frac{U_{o\infty} - U_o}{I_o} = \left(\frac{U_{o\infty}}{U_o} - 1 \right) \cdot R_L$$

注：$U_{o\infty}$ 为负载开路时测得的输出电压。要计算 R_i 和 R_o，则需要测量 U_i、U_o、$U_{o\infty}$ 和信号源输出 U_s。

5. 实验电路

场效应管应用电路如图 2-2-7 所示。

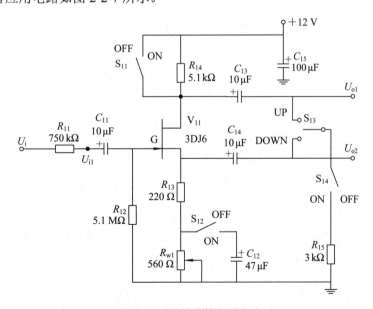

图 2-2-7　场效应管应用电路

当 S_{11} 置 "ON"，S_{12} 置 "OFF"，S_{13} 置 "DOWN" 时，实验电路为 "场效应管源极输出器"；当 S_{11} 置 "OFF"，S_{12} 置 "ON"，S_{13} 置 "UP" 时，实验电路为 "漏极输出放大器"。

S_{14} 是控制负载的接入和断开的，通常 S_{14} 置"ON"位置时，负载电阻接入。

四、实验任务

(1) 将电路原理图与实验板对照，找到相对应的元器件及开关，并说明它们的作用。

(2) 使用晶体管特性图示仪测试并画出 3DJ6 的转移特性曲线，测量时应注意正确识别引脚，以防插错。将所得曲线填入原始数据记录页中。

(3) 在转移特性曲线上做出输入回路的负载线，计算出源极电阻 R_S，将结果填入原始数据记录页中。

(4) 将实验电路接成源极输出器形式，实验板不加 +12 V 直流电压，用万用表欧姆挡测 V_{11} 的 S 极对地电阻($R_{13} + R_{w1}$)，调节 R_{w1} 使之等于实验内容(3)中计算所得的源极电阻 R_S。实验板上加 +12 V 电压，测量源极输出器的下列指标：

① 源极输出器的直流工作状态。测试 U_S、U_G，并算出 $U_{GS} = U_G - U_S$，$I_D = U_S/R_S$，将数据填入原始数据记录页中。

② 电压传输系数 $K = U_o/U_{i1}$。输入端加 U_i 信号，频率为 1 kHz，用交流毫伏表测量 R_{11} 与 C_{11} 相接处的电压 U_{i1}，调节 U_i 使 $U_{i1} = 500$ mV，再测量 U_{o2}，算出传输系数 K，并用示波器观测 U_{o2} 的波形，如波形出现失真，则说明 R_S 选取不合适，应重新选取和调节 R_S，将数据填入原始数据记录页中。

③ 输入电阻 R_i。由输入端加 U_i 信号，使 $U_{i1} = 500$ mV。用交流毫伏表测出 U_i，按下式计算输入电阻 R_i：

$$R_i = \frac{R_{11}}{U_i / U_{i1} - 1}$$

已知 $R_{11} = 750$ kΩ，将数据填入原始数据记录页中。

④ 输出电阻 R_o。由输入端加 U_i 信号，使 $U_{i1} = 500$ mV。测量 R_{15} 接入(S_{14} 置"ON")时的 U_{o2} 和 R_{15} 断开(S_{14} 置"OFF")时的 $U_{o2\infty}$，再按下式计算 R_o：

$$R_o = \left(\frac{U_{o2\infty}}{U_{o2}} - 1 \right) R_{15}$$

已知 $R_{15} = 3$ kΩ，将数据填入原始数据记录页中。

(5) 将实验电路改成场效应管漏极输出放大器形式，并测试下列内容：

① 在输入 U_i 端加入 1 kHz 的正弦信号，用示波器观测 U_{o1} 波形，调节输入电压 U_i 和 R_S，找到并测量最大不失真输出电压。

② 在输出最大不失真电压的条件下，测量 U_{o1} 和 U_{i1} 并计算电压放大倍数 $A_u(A_u = U_{o1}/U_{i1})$，将数据填入原始数据记录页中。

五、思考题

(1) 为什么本实验测量 R_S 时实验板不能加电？

(2) 为什么本实验测量 U_{GS} 时，采用间接法测量 U_G 和 U_S 而不直接使用万用表测量 U_{GS}？

六、原始数据记录页

原始数据记录页见表 2-2-1～表 2-2-6。

表 2-2-1 转移特性曲线上求解 R_S

R_S 测量	转移特性曲线
$I_{DSS}=$ $U_{GSQ}=$ $R_S=$	i_D 纵轴，u_{GS} 横轴，原点 O

表 2-2-2 直流工作状态的测量

U_S	U_G	U_{GS}	I_D

表 2-2-3 电压传输系数的测量

	U_{o2}	K
$U_{i1} = 500\ \text{mV}$		

表 2-2-4 输入电阻 R_i 的测量

	U_i	R_i
$U_{i1} = 500\ \text{mV}$ $R_{11} = 750\ \text{k}\Omega$		

表 2-2-5　输出电阻 R_o 的测量

$U_{i1} = 500$ mV $R_L = 3$ kΩ	U_{o2}	$U_{o2\infty}$	R_o

表 2-2-6　电压放大倍数的测量

U_{i1}	U_{o1}	A_u

实验三 差动放大器

一、实验目的

(1) 加深对差动放大器性能特点的理解。

(2) 掌握差动放大器零点的调整方法。

(3) 熟悉差动放大器的类型及其性能指标的测试。

二、实验设备与器材

本实验所用设备与器材有低频信号发生器、双踪示波器、交流毫伏表、万用表、直流稳压电源(双路)。

三、实验原理

1. 差动放大器的构成及特点

差动放大器是由两个性能相同的晶体三极管构成的一对直接耦合放大器。它在理想情况下只放大差动信号，具有差模增益，但对输入信号中的相同成分(包括干扰或漂移)不放大，即共模增益为零。因此，差动放大器对零点漂移和干扰信号具有良好的抑制作用。

所谓"模"，即信号变化的模式。信号不同的部分即为"差模"，信号相同的部分即为"共模"。

差模增益 A_d、共模增益 A_c 及共模抑制比(Common Mode Rejection Ratio)k_{CMR} 等是差动放大器的主要技术指标。其中，共模抑制比为

$$k_{CMR} = \left| \frac{A_d}{A_c} \right| \quad (\text{理想时为} \infty)$$

2. 实验电路

实验电路如图 2-3-1 所示。它是由两个特性相同的三极管 9013(V_{21}、V_{22})作为差分对管、由 V_{23} 构成恒流源的差动放大器。当开关 S_{22} 置"Ⅰ"时，构成简单的长尾式差动放大器；当 S_{22} 置"Ⅱ"时，构成带有恒流源的差动放大器，由恒流源代替长尾电阻 R_e(即 R_{26})，可进一步提高电路的性能，使 k_{CMR} 增大。

R_e(即 R_{26})为射极长尾反馈电阻。对差模信号而言，因流过 R_e 的电流 ΔI_e 大小相等，方向相反，相互抵消，故无信号电压；而对共模信号而言，因 ΔI_e 对两个管子都构成电流负反馈，故形成较强的抑制作用。

3. 差动放大器的主要性能指标

1) 差模电压增益 A_{ud}

将两个差分管的射极分别接在调零电位器 R_{w2} 的两个定臂上，如图 2-3-1 所示，由于两个完全对称的放大器特性一致，静态工作点相同，因此其差模电压增益相同，双端输出是

单端输出的两倍。

$$A_{ud}(双) = -\frac{h_{fe} \cdot R_L}{h_{ie} + \frac{1}{2}(1 + h_{fe})R_w}$$

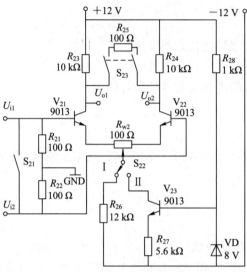

图 2-3-1　差动放大器电路

2) 共模电压增益 A_{uc}

差动放大器共模输入的两个电压信号幅度相等且极性相同，在理想情况下，$A_{uc}(双) = 0$。而对于单端输出，则有

$$A_{uc}(单) = -\frac{h_{fe} \cdot R_L}{h_{ie} + 2(1 + h_{fe})R_e} \approx -\frac{R_L}{2R_e}$$

3) 共模抑制比

共模抑制比：

$$k_{CMR} = \left| \frac{A_{ud}}{A_{uc}} \right|$$

理想情况下，$A_{uc} \approx 0$，$k_{CMR} \to \infty$，但实际上 k_{CMR} 不可能为无穷大，若要增大 k_{CMR}，则应尽可能增大 R_e，但增加 R_e 受到发射极电源电压的限制。为此，应寻找这样一个电阻：它对直流呈现很小的阻值，而对交流信号呈现很大的阻值，这种电阻可用恒流源实现。实际上，射极接恒流源要比接固定电阻 R_e 的 k_{CMR} 更大一些。

4) 差动放大器的传输特性

如图 2-3-2 所示，差动放大器的传输特性是指输出信号(电压或电流)与输入信号的变化关系(此时主要考虑信号在动态范围较大的情况下，输出量与输入量之间的函数关系)。

对于差模输入 u_{Id}，其两管集电极电流之和恒等于 I_O。

(1) 当 $u_{Id} = 0$ 时，差动放大器处于平衡状态，在静态工作点 Q 上。此时 $I_{CQ1} = I_{CQ2} \approx I_O/2$，见图 2-3-2(a)。

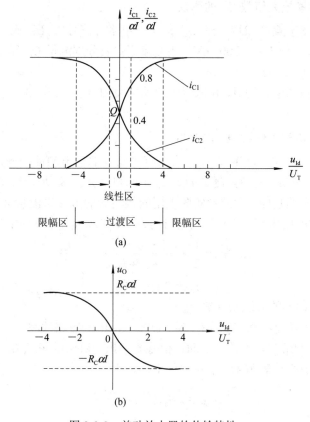

图 2-3-2 差动放大器的传输特性

(2) 在平衡状态的工作点附近 $\pm U_T \approx \pm 26$ mV 范围之内，u_O 与 u_{Id} 呈线性关系，这一范围就是差动放大器小信号线性工作区域，见图 2-3-2(b)。两个 I_{CQ} 一个增加一个减小，但和为 I_O。当 u_{Id} 超过 ± 26 mV 时，u_O 非线性失真逐步增大。

(3) 当 u_{Id} 超过 $\pm 4U_T$(即大约 ± 100 mV)时，传输特性曲线开始弯曲，而后趋于水平，u_O 基本不变。这说明差动放大器对大信号输入具有良好的限幅特性，而且此时是一只管子截止，另一只管子饱和。

对于共模输入 u_{Ic}：

(1) R_e 越大，负反馈作用越强，共模传输特性越接近水平，共模抑制比 k_{CMRR} 越高。

(2) 采用恒流源代替 R_e 时，因动态内阻很高，故传输特性中间有一段很长的水平线。

四、实验任务

1. 实验前的准备

将电路原理图与实验板对照，找到相对应的元器件及开关，并说明它们的作用。

2. 直流工作点的测试

电路置恒流源位置(S_{22} 置"Ⅱ"，S_{23} 置"OFF")，用万用表测量 U_{O1} 与 U_{O2} 两端间的电压 U_O，$U_O = U_{O1} - U_{O2}$，调 R_{w2} 使 $|U_O| < 100$ mV。用万用表测试各管子的静态工作点，将结果填入原始数据记录页内。

3. 双端输出共模放大倍数 A_{uc} 的测试

将输入端开关 S_{21} 置"ON"，使 U_{i1} 和 U_{i2} 短路，信号由 U_{i1} 输入，调节输入信号为 $f = 1$ kHz 的正弦波，使 $U_{i1} = 300$ mV。用交流毫伏表分别测量 U_{o1} 和 U_{o2} 的大小，则 $U_o = U_{o1} - U_{o2}$，$A_{uc} = U_o/U_{i1}$。

分别测试简单差动电路的 A_{uc} 和恒流源差动电路的 A_{uc}，将测量结果填入原始数据记录页中。

4. 双端输出差模放大倍数 A_{ud} 的测试

将输入端开关 S_{21} 置"OFF"，如果采用有平衡双端输出的信号源，则信号源的 U_+ 和 U_- 分别接"U_{i1}"和"U_{i2}"两点，测量 U_i、U_o 即可测出 A_{ud}。但是一般实验室配备的信号源不具备双端平衡输出的功能，因此本实验采用间接测量的方法来测量 A_{ud}。差动放大器有四种不同的接法，这里采用单端输入单端输出的方式，当 k_{CMRR} 较大时：

$$A_{ud}(单) = \frac{1}{2} \cdot \frac{-h_{fe} \cdot R_e}{h_{ie} + (1 + h_{fe})R_w} = \frac{A_{ud}}{2}$$

即

$$A_{ud} = 2A_{ud} \ (单)$$

因此，可采用测 A_{ud}(单)的方法来计算 A_{ud}。

A_{ud}(单)的测量方法是：将 S_{21}、S_{23} 置"OFF"，用一短路线将"U_{i2}"与"地"短接，将信号源输出接在"U_{i1}"与"地"之间，信号源输出 1 kHz 的正弦波，调节信号源输出使 $U_{i1} = 20$ mV，用交流毫伏表测量 U_{o1} 对地的电压，则

$$A_{ud} = 2A_{ud}(单) = \frac{2U_{o1}}{U_{i1}}$$

分别测试简单差动电路的 A_{ud} 和恒流源差动电路的 A_{ud}，将测量结果填入原始数据记录页中。

5. 计算 k_{CMR}

根据上述测量结果分别计算简单差动电路和恒流源差动电路的 k_{CMR}，将计算结果填入原始数据记录页中。

6. 差模双端输出波形的观测

在实验内容 4 的测试条件下，用示波器的两个通道在相同通道增益下分别测试 U_{o1} 和 U_{o2}，然后利用示波器的通道相减(CH1–CH2)功能，实现观察 $U_{o1} - U_{o2}$ 的功能，将测量结果填入原始数据记录页中。

五、思考题

(1) 实验中怎样获得单端输入差模信号和共模输入信号？

(2) 调节差动放大器平衡状态时，使 $U_{O1} = U_{O2}$ 应该用什么表测量？

(3) 能否用交流毫伏表直接在"U_{o1}"和"U_{o2}"两点测双端输出 U_o？若不能又如何测量 U_o(双)？

(4) 使用双路稳压电源分别输出 +12 V 和 –12 V，电源输出端应如何连接？在实验板上接电源时应注意哪些问题？

六、原始数据记录页

原始数据记录页见表 2-3-1～表 2-3-3。

表 2-3-1　静态工作点的测量

各极对地电位	V_{21}	V_{22}	V_{23}
U_E/V			
U_B/V			
U_C/V			

表 2-3-2　双端输出共模放大倍数 A_{uc} 的测量

电　路	U_{o1}	U_{o2}	A_{uc}
简单差分电路			
恒流源差分电路			

表 2-3-3　双端输出差模放大倍数 A_{ud} 及 k_{CMR} 的测量

电　路	U_{o1}	A_{ud}	k_{CMR}
简单差分电路			
恒流源差分电路			

表 2-3-4　示波器观测差模双端输出时的波形

观测电压	波　形
U_{i1}	
U_{i2}	
U_{o1}	
U_{o2}	
$U_{o1}-U_{o2}$	

实验四 负反馈放大器

一、实验目的

(1) 理解不同反馈形式对放大器放大倍数、输入阻抗、输出阻抗和频率特性的影响。

(2) 掌握放大器频率特性的测量方法。

二、实验设备与器材

本实验所用设备与器材有低频信号发生器、交流毫伏表、双踪示波器、直流稳压电源、万用表。

三、实验原理

晶体管的参数会随着环境温度的变化而发生改变，导致放大器的工作点、放大倍数不够稳定，同时放大器还存在波形失真、内部噪声和干扰等问题。为改善放大器的这些性能，常常在放大器中加入负反馈环节。

根据输出端取样方式和输入端比较方式的不同，可以把负反馈放大器分成四种基本组态：电流串联负反馈、电压串联负反馈、电流并联负反馈、电压并联负反馈。

下面主要结合实验内容介绍负反馈对放大器性能的影响。

1. 降低放大器的增益

如图 2-4-1 所示，如果原放大器的输入电压为 U_s，加入负反馈后放大器的输入电压为 U_i，反馈电压为 U_f，则

$$U_i = U_s - U_f, \quad U_f = BU_o, \quad B = \frac{U_f}{U_o}$$

式中，B 为反馈网络增益。

若原放大器的增益 $A = U_o/U_i$，加入负反馈后的增益为 A_f，则

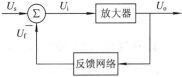

图 2-4-1　负反馈放大器原理分析图

$$A_f = \frac{U_o}{U_s} = \frac{U_o}{U_i + U_f} = \frac{U_o}{\dfrac{U_o}{A} + BU_o} = \frac{U_o}{U_o\left(\dfrac{1}{A} + B\right)} = \frac{A}{1 + BA}$$

式中，$1 + BA$ 为衡量反馈强弱的重要物理量，称为反馈深度，用 F 表示。

通过上面的分析可知，引入负反馈会使放大器的放大倍数降低，但却能改善放大器的其他性能，因此负反馈在放大器中仍获得了广泛的应用。

2. 提高放大器增益的稳定性

电源电压、负载电阻及晶体管参数的变化都会使放大器的增益发生变化，加入负反馈后可使这种变化相对变小，即负反馈可以提高放大器增益的稳定性，可解释为：如果

$AB \gg 1$，则 $A_f \approx 1/B$。由此可知，深度负反馈时，放大器的放大量是由反馈网络确定的，而与原放大器的放大量无关。为了说明放大器放大量随着外界变化的情况，通常用放大倍数的相对变化量来评价其稳定性。

对 $A_f = \dfrac{A}{1+AB}$ 进行微分，可得

$$\frac{\mathrm{d}A_f}{\mathrm{d}A} = \frac{1}{(1+AB)^2} = \frac{A}{(1+AB)} \cdot \frac{1}{A(1+AB)} = \frac{A_f}{A(1+AB)}$$

于是得

$$\frac{\mathrm{d}A_f}{A_f} = \frac{\mathrm{d}A}{A} \cdot \frac{1}{1+AB}$$

上式表示，负反馈使放大倍数的相对变化减小为无反馈时的 $\dfrac{1}{1+AB}$。因此，负反馈提高了放大器增益的稳定性，而且反馈深度越大，放大倍数的稳定性越好。

3. 展宽放大器的频带

阻容耦合放大器的幅频特性，在中频范围的放大倍数较高，在高、低频率两端的放大倍数较低，开环通频带为 B_0。引入负反馈后，放大倍数降低，但是高、低频两种频段的放大倍数降低的程度不同。

如图 2-4-2 所示，对于中频段，由于开环放大倍数较大，反馈到输入端的反馈电压也较大，因此闭环放大倍数很大。对于高、低频段，由于开环放大倍数较小，反馈到输入端的反馈电压也较小，因此闭环放大倍数减小得少。由此可知，负反馈的放大器整个幅频特性曲线都下降，但中频段降低较多，高、低频段降低较少，相当于通频带加宽了。

$$f_{Hf} = (1+AB)f_H, \quad f_{Lf} = \frac{f_L}{1+AB}$$

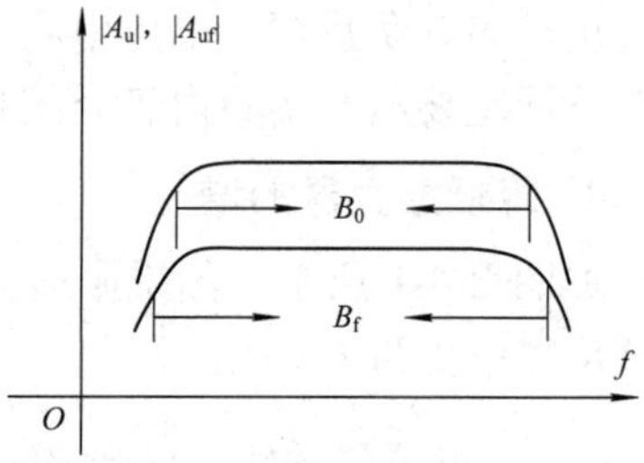

图 2-4-2　负反馈展宽了放大器的频带

4. 改变放大器的输入、输出阻抗

由于串联反馈是在原放大器的输入回路串接了一个反馈电压，因此提高了放大器的输入阻抗；而并联反馈是增加了原放大器的输入电流，因而降低了放大器的输入阻抗。电压反馈使放大器的输出阻抗降低，而电流反馈使放大器的输出阻抗变大。

此外，负反馈对输入电阻和输出电阻影响的程度与反馈深度有关，反馈深度越大，影响越大。

四、实验任务

实验板电路见图 2-1-1。该实验板要完成 RC、负反馈两个实验以及四种不同参数电路的测试。它们之间全靠开关转换，所以开关位置直接关系到电路的正确性。下面就各开关的作用及在负反馈电路中的位置予以介绍。

S_1：决定信号源内阻 R_1 接入与否。在测试 R_i 时必须接入 R_1 电阻，故在负反馈电路测试中 S_1 始终在 I 的位置（$S_1 \rightarrow$ "I"）。

S_2：决定电路的静态偏置形式。在负反馈电路中静态偏置要求固定偏置，故在负反馈电路测试中 R_2 始终在Ⅱ的位置($S_2\to$"Ⅱ")。

S_3：决定并联反馈网络接入与否。只有在并联电压负反馈时 S_3 开关才能合上($S_3\to$"ON")，其他电路形式均断开($S_3\to$"OFF")。

S_4：决定串联反馈电阻 R_7 接入与否。只有在串联电流负反馈时，R_7 接入($S_4\to$"Ⅱ")，其他电路时 S_4 在Ⅰ位置。

S_5：决定负载电阻 R_9 接入与否。接入时负载电阻为 2 kΩ，即 S_5 置于 ON 位置。断开时负载电阻为∞，即 S_5 置于 OFF 位置。在测量频率特性时，由于与负载电阻 R_9 并联了 4700 pF 的电容，使其有意压缩了放大器的上限频率，故在测试放大器频率特性时要将 S_5 合上($S_5\to$"ON")。S_5 断开比合上时所测得的放大器上限频率要高。

1. 测量单级无反馈放大器的 A_u、R_i、R_o

(1) 将电路连接成单级无反馈放大器，如图 2-4-3 所示。$S_1\to$"Ⅰ"，$S_2\to$"Ⅱ"，$S_3\to$"OFF"，$S_4\to$"Ⅰ"，$R_L=2$ kΩ 时 $S_5\to$"ON"，$R_L=\infty$ 时 $S_5\to$"OFF"。

(2) 测量直流工作状态下的 I_{CQ}、U_{CEQ}，将数据填入原始数据记录页内。

(3) 测量放大器的 A_u、R_i、R_o。在 U_{i1} 端加入正弦波信号，频率为 1 kHz，调节信号源的输出大小使 $U_i=10$ mV。当 $R_S=10$ kΩ、$R_L=2$ kΩ 和∞时，测量 U_{i1}、$U_{o1\infty}$、U_{o1}，并算出 A_u、R_i、R_o 的值填入原始数据记录页内。其中，$U_{o\infty}$ 为负载开路时的输出电压，U_o 为负载为 2 kΩ 时的输出电压。

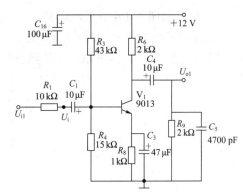

图 2-4-3　无反馈放大器电路

$$A_u=\frac{U_{o1}}{U_i},\qquad A_{us}=\frac{U_{o1}}{U_{i1}}$$

$$R_i=\frac{R_s}{\dfrac{U_{i1}}{U_i}-1},\qquad R_o=\left(\frac{U_{o1\infty}}{U_{o1}}-1\right)R_L$$

(4) 测量放大器的上限频率 f_H($S_5\to$"ON")。调节信号源输出大小，使 $U_{i1}=200$ mV。改变信号源频率，测出放大器输出电压 U_{o1}，再算出 A_{us} 值填入表内。然后在半对数坐标纸上画出其频率特性曲线，找出其上限频率 f_H(f_H 为 A_{us} 在高频端相对中频下降 0.707 处对应的频率)。

2. 测量串联电流负反馈放大器的 A_u、R_i、R_o

将电路连接成串联电流负反馈放大器，如图 2-4-4 所示。$S_1\to$"Ⅰ"，$S_2\to$"Ⅱ"，$S_3\to$"OFF"，$S_4\to$"Ⅱ"，$R_L=2$ kΩ 时 $S_5\to$"ON"，$R_L=\infty$ 时 $S_5\to$"OFF"。U_{i1}

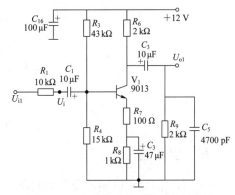

图 2-4-4　串联电流负反馈放大器电路

端加入频率为 1 kHz 的正弦波信号，调节信号幅度使 $U_i=10$ mV，当 $R_L=2$ kΩ 和∞时，测出 U_{i1}、$U_{o1\infty}$、U_{o1}，并算出 A_u、R_i、R_o 的值填入原始数据记录页内。

3. 测量并联电压负反馈放大器的 A_u、R_i、R_o、f_H

(1) 将电路连接成并联电压负反馈放大器电路，如图 2-4-5 所示。S_1→"Ⅰ"，S_2→"Ⅱ"，S_3→"ON"，S_4→"Ⅰ"，$R_L=2$ kΩ 时 S_5→"ON"、$R_L=\infty$ 时 S_5→"OFF"。输入端 U_{i1} 加频率为 1 kHz 的正弦信号，调节信号幅度使 $U_{i1}=200$ mV，当 $R_L=2$ kΩ 和∞时，测量 U_i、$U_{o1\infty}$、U_{o1}，并计算出 A_u、R_i 和 R_o 值填入原始数据记录页内。

(2) 测量放大器的上限频率 f_H(S_5→"ON")。调节信号源输出幅度大小使 $U_{i1}=200$ mV，按原始数据记录页的要求改变信号源频率，先测出放大器输出电压 U_{o1}，再计算出 A_{us} 的值填入表内，然后将其频率特性曲线与单级无反馈电路的频率特性曲线画在同一张半对数坐标纸(见原始数据记录页)上，比较两者的增益、带宽。

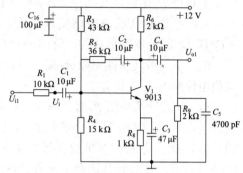

图 2-4-5　并联电压负反馈放大器电路

4. 测量双级串联电压负反馈放大器的 A_{us}、R_{if}

电路如图 2-4-6 所示，测 V_2、V_3 三极管的直流工作点为 I_{EQ}、U_{CEQ}。从 U_{i2} 加入频率为 1 kHz 的正弦波信号，调节信号源输出大小使 $U_i=5$ mV。在 $R_L=2$ kΩ 时测量 U_{i2}、U_{o2}，并计算 A_{us} 及 R_{if}，将结果填入原始数据记录页中。

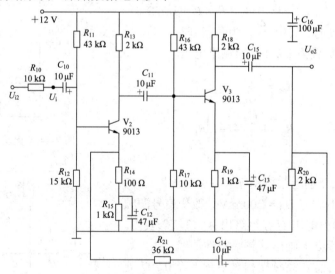

图 2-4-6　双级串联电压负反馈放大器

五、思考题

(1) 测量串联电流负反馈时能否将 S_3 开关合上，为什么？

(2) 在测量放大器上限频率时，负载电阻的接入与否对测试结果会产生什么影响，与负载电阻并联的 4700 pF 电容对放大器上限频率有何影响？

(3) 在测量并联电压负反馈时 $U_{i1}=200$ mV，当负载电阻分别为 2 kΩ 和∞时，为什么测得的 U_i 电压不同？

六、原始数据记录页

原始数据记录页见表 2-4-1～表 2-4-7 和图 2-4-7。

表 2-4-1　放大器直流工作状态的 I_{CQ}、U_{CEQ} 测试表

静态工作点	U_{EQ}(实测)	U_{EQ}(理论)	U_{CEQ}(实测)	U_{CEQ}(理论)	$I_{CQ} \approx I_E = \dfrac{U_E}{R_8}$
BG1					

表 2-4-2　无反馈放大器的 A_u、R_i、R_o 测试表

单级无反馈放大器	R_L	U_{i1}	U_i	U_{o1}	A_u	R_i	R_o
	2 kΩ		10 mV				
	∞						

表 2-4-3　无反馈放大器上限频率 f_H 测试表

信号频率		100 Hz	200 Hz	500 Hz	1 kHz	2 kHz	5 kHz	10 kHz	20 kHz	50 kHz	70 kHz	100 kHz
单级无反馈放大器	U_{o1}											
	A_{us}											

表 2-4-4　串联电流负反馈放大器的 A_u、R_i、R_o 测试表

单级串联电流负反馈放大器	R_L	U_{i1}	U_i	U_{o1}	A_u	R_i	R_o
	2 kΩ		10 mV				
	∞						

表 2-4-5　并联电压负反馈放大器的 A_u、R_i、R_o 测试表

单级并联电压负反馈放大器	R_L	U_{i1}	U_i	U_{o1}	A_u	R_i	R_o
	2 kΩ	200 mV					
	∞					—	

表 2-4-6   并联电压负反馈放大器上限频率 f_H

信号频率		100 Hz	200 Hz	500 Hz	1 kHz	10 kHz	50 kHz	70 kHz	80 kHz	100 kHz	150 kHz	200 kHz
单级并联电压负反馈放大器	U_{o1}											
	A_{us}											

表 2-4-7   双级串联电压负反馈放大器指标测试

双级串联电压负反馈放大器	三极管	I_{EQ}	U_{CEQ}	R_L	U_{i2}	U_i	U_{o2}	$A_{us} \approx \dfrac{U_{o2}}{U_i}$	R_{if}
	V_2								
	V_3			2 kΩ		5 mV			

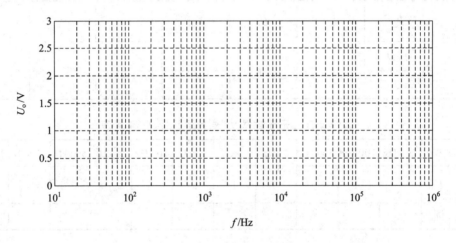

图 2-4-7   单级无反馈、并联电压负反馈频率特性曲线

实验五 音频功率放大器

一、实验目的

(1) 了解集成音频功率放大器与分立器件构成的功率放大器的区别。

(2) 了解音频功率放大器的组成及特点。

(3) 掌握音频功率放大器的主要性能指标及其测试方法。

二、实验设备与器材

本实验所用设备与器材有低频信号发生器、交流毫伏表、双踪示波器、直流稳压电源、万用表。

三、实验原理

本实验采用 HA1392 集成芯片组成双通道集成音频功率放大器电路。HA1392 的外形见图 2-5-1。

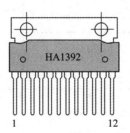

图 2-5-1 HA1392 外形图

HA1392 是带静噪功能的双通道音频功率放大器，在 15 V 电源电压和 4 Ω 负载时单通道输出功率可达 6.8 W。其静态电流小，交越失真小，电压增益可通过外接电阻加以调节。单片 HA1392 既可组成双通道 OTL 电路，又可组成单通道 BTL 电路。HA1392 的极限参数、电特性参数如表 2-5-1、表 2-5-2 所示。

表 2-5-1 HA1392 极限参数

参数名称	符 号	极 限 值	单 位
电源电压	U_{CC}	20	V
输出电流	I_O	4	A
允许功耗	P_T	15	W
工作温度	T_{opr}	$-20 \sim +70$	℃
存放温度	T_{stg}	$-50 \sim +125$	℃

表 2-5-2　HA1392 电特性参数

参数名称	符号	测试条件	参　数　值			单位
			最小	典型	最大	
静态电源电流	$I_{O\infty}$	$U_i = 0$		36	60	mA
输入偏置电流	I_B	$U_i = 0$			1.0	μA
电压增益	G_u	$U_i = -46$ dBm	44	46	48	dB
通道间增益差	ΔG_u	$U_i = -46$ dBm			±1.5	dB
单通道输出功率	P_o	THD = 10%　$U_{CC} = 12$ V		4.3		W
		$U_{CC} = 15$ V		6.8		W
谐波失真度	THD	$P_o = 0.5$ W		0.25	1	%
输出噪声电压	U_n	$R_w = 10$ kΩ　BW = 20～20 000 Hz		0.4	1.0	mV
电源纹波抑制比	S_n	$f = 100$ Hz　$U_{DD} = 0$ dB	40	44		dB
上限频率	f_H	$U_i = -46$ dBm　$G_u = -3$ dB	12	20	33	kHz
通道分离度	S_{rp}	$U_i = -46$ dBm		60		dB
静噪衰减	A_{TT}	$I_{mute} = 5$ mA　$U_i = -46$ dBm		60		dB

四、实验任务

1. 噪声电压 U_n

(1) 定义：输入信号为零时输出交流电压的有效值。

(2) 测试方法：将两个通道的输入端与地短路，用毫伏表分别测量两个通道输出端电压的有效值。

2. 最大不失真输出功率 P_{oM}

(1) 定义：

$$P_{\mathrm{oM}} = \frac{U_{\mathrm{oM}}^2}{R_{\mathrm{L}}}$$

式中，U_{oM} 为最大不失真输出电压(仅考虑限幅失真)。

(2) 测试方法：在输入端加 $f = 1$ kHz 的正弦波信号，输出端接示波器及毫伏表，音量电位器 R_{w1} 顺时针旋至最大，缓慢增加输入信号幅度，用示波器观察输出电压波形为最大不失真时(仅考虑限幅失真)，测量输出电压的有效值，通过 $P_{\mathrm{oM}} = U_{\mathrm{oM}}^2 / R_{\mathrm{L}}$ 计算出最大不失真输出功率。

HA1392 功率放大器电路如图 2-5-2 所示。

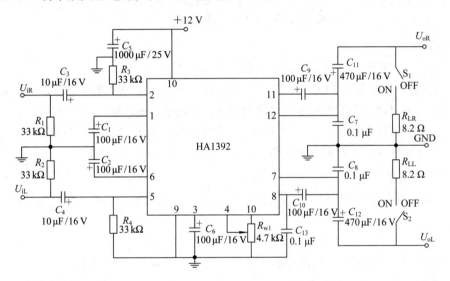

图 2-5-2　HA1392 功率放大电路图

3. 通道间功率增益差 ΔP_{o}

(1) 定义：

$$\Delta P_{\mathrm{o}} = 10\lg\frac{P_{\mathrm{LoM}}}{P_{\mathrm{RoM}}}$$

式中，P_{LoM}、P_{RoM} 分别为左、右通道的最大不失真输出功率。

(2) 测试方法：通过测量两个通道的 P_{oM} 来进行计算。

4. 输入灵敏度 S

(1) 定义：输出信号为最大不失真时输入电压的有效值。

(2) 测试方法：在输出为最大不失真时，用毫伏表测量其输入电压的有效值，即为输入灵敏度。

5. 电压增益 A_{u}

(1) 定义：在通频带的中心频率附近，输出电压与输入电压之比。

$$A_u = 20\lg \frac{U_{oM}}{S}$$

(2) 测试方法：电压增益可通过最大不失真输出电压 U_{oM} 与输入灵敏度 S 之比计算得到。

6. 输出电阻 R_o

(1) 定义：

$$R_o = \left(\frac{U_{o\infty}}{U_o} - 1 \right) R_L$$

(2) 测试方法：在输出不失真的情况下，在负载接入与断开时，分别用毫伏表测量 U_o 和 $U_{o\infty}$。通过已知负载电阻 $R_L (R_L = 8.2\ \Omega)$ 来计算出 R_o。

7. 频带宽度 B

(1) 定义：上限频率 f_H 和下限频率 f_L 的差，$B = f_H - f_L$。

(2) 测试方法：测量 f_L 和 f_H 时，首先选定一输入信号，其频率在通带中心频率 f_0 附近，如 $f = 1\ \text{kHz}$，并且该信号的电压不能使输出失真，则记录此输入电压与输出电压；然后调节信号源将频率向低端变化，保持输入电压不变，当输出电压为 $f = 1\ \text{kHz}$ 时的输出电压的 0.707 倍时，输入信号的频率就是下限频率 f_L；再将信号源频率升高，同理可测出上限频率 f_H。

8. 通道分离度 S_{rp}

(1) 定义：某通道的输出电压 E_1 与另一通道串到该通道的输出电压 ΔE_1 之比，即

$$S_{rp} = 20\lg \frac{E_1}{\Delta E_1}$$

(2) 测试方法：测量时，先将右通道输入短路，左通道加入 $f = 1\ \text{kHz}$ 的正弦波信号，测量左通道的输出电压 E_1；再将左通道输入短路，右通道加入 $f = 1\ \text{kHz}$ 的正弦波信号，然后测量左通道的输出电压 ΔE_1 (该电压是从右通道串入的)，根据公式算出左通道的 S_{rp}。

9. 加音乐信号试听

在输入端加入立体声音乐信号，将假负载断开，在输出端接上 8 Ω 的音箱，将音量电位器逆时针旋到底，然后开启电源并将音量电位器顺时针旋至适当位置(若负载开关在"ON"位置，即负载电阻与音箱并联，则会使音量下降；在输入端严禁用手触摸，这样会产生很大的噪声)。

五、思考题

(1) 功率放大器电路如图 2-5-2 所示，输出耦合电容 C_{11}、C_{12} 为 470 μF，该电容的大小将影响功率放大器的哪一指标？

(2) 如果一个功率放大器的输入灵敏度为 17 mV，要满足其最大不失真输出功率，则提供的音频信号输入电压应不大于多少毫伏？

(3) 为什么在加入音乐信号时要将实验板上的 8.2 Ω 负载断开？不断开将会产生什么样的后果？为什么？

六、原始数据记录页

原始数据记录页见表 2-5-3。

表 2-5-3　功率放大器实验数据

名　称	符号	测量条件及公式	左(L)通道	右(R)通道	单位
噪声电压	U_n	$U_i = 0$			mV
最大不失真输出电压	U_{oM}	$f = 1\ kHz$			V
最大不失真输出功率	P_{oM}	$P_{oM} = \dfrac{U_{oM}^2}{R_L}$ (只考虑限幅失真)			W
输入灵敏度	S	$f = 1\ kHz$ $P_o = P_{oM}$			mV
电压增益	A_u	$A_u = 20\lg\dfrac{U_{oM}}{S}$			dB
通道间功率增益差	ΔP_o	$\Delta P_o = 10\lg\dfrac{P_{LoM}}{P_{RoM}}$			dB
输出电阻	R_o	$R_o = \left(\dfrac{U_{o\infty}}{U_o} - 1\right)R_L$ $R_L = 8.2\ \Omega$	$U_{oL} =$ $U_{o\infty L} =$ $R_{oL} =$	$U_{oR} =$ $U_{o\infty R} =$ $R_{oR} =$	Ω
频带宽度	B	$B = f_H - f_L$	$f_{HL} =$ $f_{LL} =$ $B_L =$	$f_{HR} =$ $f_{LR} =$ $B_R =$	Hz
通道分离度	S_{rp}	$S_{rp} = 20\lg\dfrac{E_1}{\Delta E_1}$	$E_1 =$ $\Delta E_1 =$ $S_{rp} =$	—	dB

实验六　集成稳压电源和开关电源

一、实验目的

(1) 掌握稳压电源和开关电源各项指标的物理意义及其测量方法。

(2) 了解稳压电源和开关电源各部分的作用及其工作原理。

(3) 掌握三端集成稳压电源和开关稳压电源模块的原理及应用电路。

二、实验设备与器材

本实验所用设备与器材有三位半数字电压表(有 DC 200 mV 挡)、交流毫伏表、双踪示波器。

三、实验原理

1. 集成稳压电源

稳压电源在电子设备中占有较重要的地位，而集成稳压电源与一般分立元件的稳压电源相比较，具有性能优良、可靠性高、体积小、价格低廉的优点，因此得到了广泛的应用。本实验介绍两种最常用的集成稳压电源，实验电路如图 2-6-1 所示。

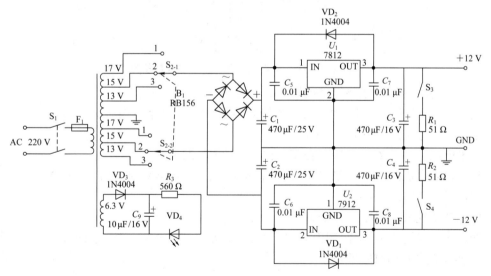

图 2-6-1　集成稳压电源实验电路图

本实验电路是一个 ±12 V 双路输出的电源电路，采用三端固定输出集成稳压芯片 LM7812 和 LM7912 作为核心器件。S_1 为电源总开关；S_2 为双刀三掷波段开关，用来改变变压器次级电压的输出；S_3、S_4 分别为 ±12 V 电源负载的接入开关。在实验板的上部设置了一个精度较高的可调电压基准源电路，调节电位器可使其输出电压 U_{REF} 在 +11～+13 V 之间，以供测量所需。下面介绍 78、79 系列三端固定输出电压集成稳压器。

78、79 系列集成稳压器是一种有广泛用途的三端集成稳压器，它有若干种输出电压和三种输出电流。该系列集成稳压器内部设置了过流、过热及调整管安全区保护电路，确保其使用安全可靠。典型情况下使用时仅需外加两只电容即可稳定工作。

该系列芯片型号字母的含义如下：

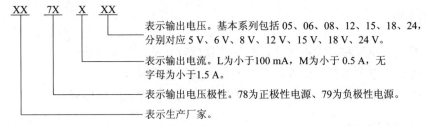

78、79 系列芯片正视及底视封装引脚如图 2-6-2 所示。注：79XX(TO92 封装)系列芯片的引脚排列并不标准，还有其他的排列顺序，使用时可根据器件的具体型号和生产厂家参考技术手册。

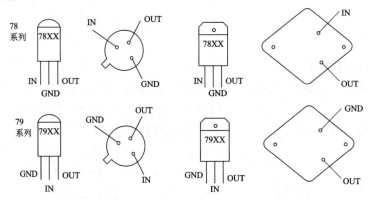

图 2-6-2　78、79 系列芯片正视及底视封装图

78、79 系列芯片的主要电参数如下：

输出电流：L 挡为小于 100 mA，M 挡为小于 0.5 A，无字母挡为小于 1.5 A。

输入输出电压差：不小于 2 V。

输出电压：5 V、6 V、8 V、12 V、15 V、18 V、24 V。

最大输入电压：$U_O = 5 \sim 20$ V 时，$U_{Imax} < 35$ V；$U_O = 24$ V 时，$U_{Imax} < 40$ V。

工作温度范围：0～70℃。

内部功率耗散：芯片内部限制。

78、79 系列芯片的典型应用电路如图 2-6-3 所示。当输入、输出引线较长时，必须将 C_1、C_2 接在距芯片引脚较近处。

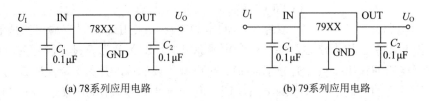

(a) 78系列应用电路　　　　　　　　　　(b) 79系列应用电路

图 2-6-3　典型应用电路

78 系列集成稳压电源的内部电路图见图 2-6-4。

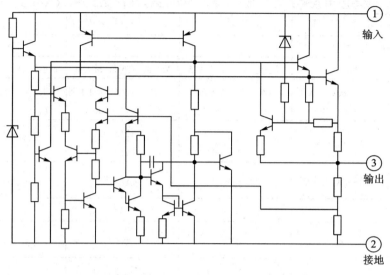

图 2-6-4　78 系列集成稳压电源的内部电路图

78、79 系列集成稳压电源的电参数特性表见表 2-6-1 和表 2-6-2。

表 2-6-1　78 系列集成稳压电源的电参数特性

(参考应用条件：$T_I = 25℃$，$I_O = 500$ mA，$C_I = 0.33$ μF，$C_O = 0.1$ μF)

输出电压			5	12	15	V
典型输入电压值			10	19	23	
参数名称	符号	测试条件	最小值　典型值　最大值	最小值　典型值　最大值	最小值　典型值　最大值	单位
输出电压	U_O	$I_O = 5$ mA～1 A $P_O ≤ 15$ W	4.75　5　5.25 $U_I = 8～20$ V	11.4　12　12.6 $U_I = 15～27$ V	14.4　15　15.6 $U_I = 18～30$ V	V
电压调整率	S_V	$I_O = 500$ mA	50 $U_I = 7～20$ V	120 $U_I = 14.5～25$ V	75 $U_I = 17.5～30$ V	mV
电流调整率	S_I	$I_O = 5$ mA～1.5 A	80	140	160	mV
静态电流	I_D		6	6	6	mA
静态电流变化	ΔI_D	$I_O = 5$ mA～1 A	0.5	0.5	0.5	mA
输出电压噪声	U_n	$f_N = 10$ Hz～100 kHz	0.04	0.08	0.09	mV
纹波抑制比	S_r	$f = 120$ Hz $I_O = 500$ mA	68 $U_I = 8～18$ V	61 $U_I = 15.5～25.5$ V	60 $U_I = 18.5～28.5$ V	dB
最小输入电压	U_I	$I_O = 1$ A	7.5	14.5	17.5	V

表 2-6-2　79 系列集成稳压电源的电参数特性

(参考应用条件: $T_I = 25℃$, $I_O = 500\ mA$, $C_I = 2.2\ μF$, $C_O = 1\ μF$)

参数名称	符号	测试条件	-5			-12			-15			单位
			typical -10			-19			-23			V
			最小值 典型值 最大值			最小值 典型值 最大值			最小值 典型值 最大值			单位
输出电压	U_O	$I_O = 5\ mA \sim 1\ A$ $P_O = 15\ W$	-5　-5.25　-4.75 $U_I = -7 \sim -20\ V$			-12　-12.6　-11.4 $U_I = -14.5 \sim -30\ V$			-15　-15.75　-14.25 $U_I = -17.5 \sim -30\ V$			V
电压调整率	S_V	$I_O = 500\ mA$	100 $U_I = -7 \sim -25\ V$			240 $U_I = -14.5 \sim -30\ V$			300 $U_I = -17.5 \sim -30\ V$			mV
电流调整率	S_I	$I_O = 5\ mA \sim 1.5\ A$	100			180			200			mV
静态电流	I_D		6			6			6			mA
静态电流变化	ΔI_D	$I_O = 5\ mA \sim 1\ A$	0.5			0.5			0.5			mA
输出电压噪声	U_n	$f_N = 10\ Hz \sim 100\ kHz$	0.1			0.2			0.25			mV
纹波抑制比	S_r	$f = 120\ Hz$ $I_O = 500\ mA$	54 $U_I = -8 \sim -18\ V$			54 $U_I = -15 \sim -25\ V$			54 $U_I = -18.5 \sim -28.5\ V$			dB
最小输入电压	U_I	$I_O = 1\ A$	-7			-14			-17			V

　　本实验板的基准源电路采用输出可调的三端集成稳压芯片 **LM317**，其典型应用电路见图 2-6-5。

$$U_O = \left(1 + \frac{R_2}{R_1}\right) \times 1.25\ \text{V}$$

　　由上式可知，改变 R_2 即可改变输出电压 U_O。

　　图 2-6-6 为 LM317 引脚正视图。其主要电特性如表 2-6-3 所示。

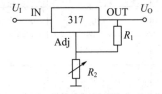

图 2-6-5　LM317 典型应用电路图

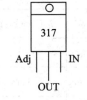

图 2-6-6　LM317 引脚正视图

　　本实验采用的整流器件是整流桥堆，它是将 4 只整流二极管按桥式整流的方法封装在一起，其内部电路如图 2-6-7 所示。三端集成稳压器的性能指标较高，由于外界原因(如输入电压、负载变化等)引起的输出电压变化量 ΔU_O 很小，因此直接测量 ΔU_O 需要 5～6 位分辨力的数字电压表才能读出，然而这样的电压表价格昂贵。为了能使用普通的三位半数字电压表(带 DC 200 mV 挡)，本实验采取了一种特殊的测量方法——读差法。其测量基本电路如图 2-6-8 所示。

表 2-6-3　LM117L/LM217L/LM317L 电参数特性$(U_I - U_O = 5\text{ V},\ I_O = 40\text{ mA})$

参数名称	符号	测试条件		LM117L/LM217L			LM317L			单位
				最小值	典型值	最大值	最小值	典型值	最大值	
电压调整率	S_V	$3\text{ V}\leqslant U_I - U_O\leqslant 40\text{ V}$	$T_I = 25\text{℃}$		0.01	0.02		0.01	0.04	%/V
			$T_J = 0\sim 125\text{℃}$		0.02	0.05		0.02	0.07	
电流调整率	S_I	$5\text{ mA}\leqslant I_O\leqslant 100\text{ mA}$	$T_I = 25\text{℃}$		0.1	0.3		0.1	0.5	%
			$T_J = 0\sim 125\text{℃}$		0.3	1		0.3	1.5	
调整端电流	I_{Adj}				50	100		50	100	μA
调整端电流变化	$*\Delta I_{Adj}$	$2.5\text{ V}\leqslant U_I - U_O\leqslant 40\text{V}$ $5\text{ mA}\leqslant I_O\leqslant 100\text{ mA}$ $P_d\leqslant P_{max}$	$T_I = 25\text{℃}$		2	5		2	5	μA
基准电压	U_{REF}	同上	同上	1.20	1.25	1.30	1.20	1.25	1.30	V
最小负载电流	I_{Omin}	$U_I - U_O = 40\text{ V}$			3.5	5		3.5	5	mA
纹波抑制比	$*S_r$	$U_O = 10\text{ V}$ $f = 100\text{ Hz}$	$C_{Adj} = 0$		65			65		dB
			$C_{Adj} = 10\text{ μF}$	66	80		66	80		
输出电压温度变化率	$*S_T$				0.7			0.7		%/℃
最大输出电流	I_{Om}	$U_I - U_O\leqslant 14\text{ V}$	$T_I = 25\text{℃}$	0.1			0.1			A

注：① ＊为参考参数；② $T_I = 25\text{℃}$是采用脉冲测试法测试；③ 测试和使用时选择$(U_I - U_O)$均应满足 $(U_I - U_O)\,I_O\leqslant P_{max}$；④ 加足够散热片时，采用 B-3D 封装的芯片 $P_{max}\geqslant 0.5\text{ W}$。

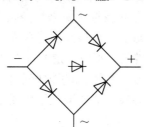

图 2-6-7　整流桥堆内部电路

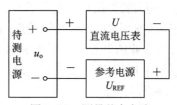

图 2-6-8　测量基本电路

本方法采用一个稳压精度较高的参考基准源 U_{REF} 接入测量电路，调节 U_{REF} 使 $U_O \approx U_{REF}$，这时电压表读数 $U_O - U_{REF}$ 就非常小，可以使用三位半数字电压表 DC 200 mV 挡测量，分辨力为 0.1 mV，记下此时电压表的读数 U_1。改变外界因素使 U_O 发生变化，变化量为$\pm\Delta U_O$，记下此时电压表的读数 U_2，那么

$$U_1 = U_O - U_{REF},\quad U_2 = U_O \pm \Delta U_O - U_{REF}$$
$$\pm\Delta U_O = U_2 - U_1$$

2. 开关电源

开关电源是一种高频化电能转换装置，其主要利用电力电子开关器件(如晶体管、MOS 管、可控晶闸管等)，通过控制电路使电子开关器件周期性地"接通"和"关断"，让电力电子开关器件对输入电压进行脉冲调制，从而实现电压变换以及输出电压可调和自动稳压的功能。由于其具有功耗低、效率高、体积小、重量轻、稳压范围宽等优点，在各类电子设备中得到广泛应用。

开关电源按照调制方式的不同可分为脉宽调制(PWM)和脉频调制(PFM)两种。目前，脉宽调制在开关电源中占据主导地位。按照管子的连接方式可将开关电源分为串联式开关电源、并联式开关电源和变压器式开关电源三大类。按照输出电压的不同可将开关电源分为降压式开关电源和升压式开关电源两种。按照是否有电气隔离可将开关电源分为隔离型开关电源和非隔离型开关电源两种。按照输入输出类型可将开关电源分为 AC-AC、DC-AC、AC-DC、DC-DC 四种，这里以 DC-DC 开关电源为例进行介绍。

DC-DC 开关电源是通过电压负反馈网络来实现输出电压稳定的。开关电源的完整系统包括输入滤波电路、控制电路、功率转换电路、变压器、电压取样电路、晶体管(MOS 管)调整电路、输出整流滤波电路等部分。DC-DC 开关电源电路原理框图如图 2-6-9 所示。

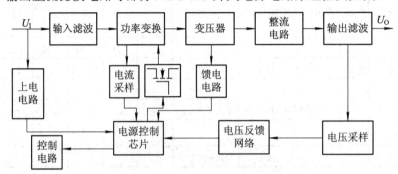

图 2-6-9　DC-DC 开关电源原理框图

电路正常工作的流程为：电源在输出电压没有建立起来时，通过上电电路为控制芯片(TL494、SG3525、UC3843 等)供电，当电源启动后，由电压负反馈电路来为控制芯片提供工作电压；电源控制芯片控制电子开关器件(如晶体管、MOS 管、可控晶闸管等)的占空比变化，通过隔离变压器向次级传输能量，经过输出端整流滤波电路，形成稳定的直流电压输出。

现阶段专业的电源生产厂家根据输入输出电压、输出功率等不同的要求设计生产了各种不同规格的 DC-DC 开关电源模块。单个 DC-DC 开关电源模块的典型应用如图 2-6-10 所示(以双路输出为例)。

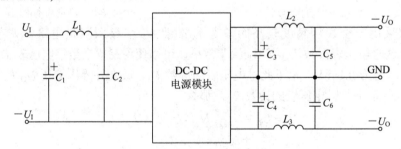

图 2-6-10　DC-DC 开关电源模块典型应用电路

四、实验任务

1. 集成稳压电源

1) 实验板各路输出电压的测量

将变压器次级电压置 15 V 挡($S_2 \rightarrow$ "2")，接入负载(S_3、$S_4 \rightarrow$ "ON")，接通电源($S_1 \rightarrow$

"ON")，此时指示灯 LED(VD$_4$)亮。用电压表测量 +12 V、−12 V 两个端子的输出电压并记录在原始数据记录页中。用电压表测量 U_{REF} 对地的电压，调节电位器，记录 U_{REF} 的变化范围 U_{REFmin} 和 U_{REFmax}。

注意：以下所有的测量均指测 +12 V 电源。

2) 稳压系数 S 的测量

稳压系数 S 的定义：

$$S = \left| \frac{\Delta U_O / U_O}{\Delta U_I / U_I} \right| \times 100\%$$

根据系数 S 的定义，实验用改变变压器次级抽头的方法模拟电网电压的变化(这样可以省去调压设备)。将 15 V 挡作为变压器次级设计电压，当电网电压变化为 $220 \times (1 \pm 10\%)$ V 时，对应变压器的次级电压变为 13 V 和 17 V(用 S$_2$ 转换)。S 的具体测量方法是：将变压器次级电压置 15 V 挡，接入负载，调节 U_{REF} 电位器，使 U_{REF} 近似等于 +12 V 端子的输出电压，此时对应的 U_I 从桥堆直流输出端对地测得，U_O 从 "+12 V" 端子对地测得。U_O 的读差值从"+12 V"端子与 U_{REF} 端子间读出(应尽可能用小量程)。保持 U_{REF} 不变，改变 S$_2$ 挡位，在 13 V、17 V 挡重复上述过程，将数据填入原始数据记录页中(U 为 U_O 端与 U_{REF} 端的电压差，应用数字万用表 200 mV 挡测量)。

3) 输出电阻 R_O 的测量

输出电阻：

$$R_O = \left| \frac{\Delta U_O}{\Delta I_L} \right|$$

根据 R_O 的定义要求 U_I 不变，变压器次级电压置于 15 V 挡不变，接入负载电阻，调节 U_{REF} 使之与此时的 U_O 尽可能相等，记录 $U_{ON} = U_O - U_{REF}$。打开 S$_3$ 使负载开路，此时 $I_O = 0$，记录 U_{OFF}，并计算 R_O 后填入原始数据记录页(由于整流器内阻的影响，此时 U_I 会有一定变化，因此本方法测量出的 R_O 与实际有一定误差)。

4) 纹波电压抑制比 S_n 的测量

纹波电压抑制比：

$$S_n = 20 \lg \frac{U_i}{U_o}$$

S_n 反映了稳压器对输入端引入的交流纹波电压的抑制能力。它的具体测量方法为：变压器次级电压置于 15 V 挡，接入负载电阻，用交流毫伏表测量稳压器输入端(即桥堆输出端)的纹波电压 U_i，再用毫伏表测量输出端的交流输出纹波电压 U_o，即可求得 S_n，最后将数据填入原始数据记录页中。

2. DC-DC 开关电源

衡量一个 DC-DC 开关电源模块好坏的参数有很多，根据使用环境和系统要求的不同，会对相应的参数提出特别的要求。下面我们以输入电压+12 V、输出电压±5 V、电流各 500 mA 的双路输出电源模块为例(该电源模块在后续的高频实验中有应用)，对一些主要的参数进行测量。

1) 输出电压精度

在标称的输入电压(+12 V)和额定负载(电流各 500 mA)情况下，用万用表来测量直流输

出电压 U_O。测量值 U_O 与标称值 $U(\pm5\ \text{V})$ 之间的差值，即 $|U_O - U|$ 与标称值 U 的比值以百分比来表示，就是输出电压精度。其计算公式为

$$\text{电压精度} = \frac{|U_O - U|}{U} \times 100\%$$

其中，U 为标称值，U_O 为测量值。

2) 电压调整率

随着输入电压的变化，输出电压会出现一定的变化。输出电压随着输入电压变化而变化的百分比就是电压调整率。

在额定负载(流过的电流各为 500 mA)情况下，分别在标称输入电压(+12 V)、高输入电压(+16 V)、低输入电压(+8 V)情况下，用万用表来测量输出电压 U_O、U_{HO} 和 U_{LO}，取最大偏差电压，即取 $|U_{HO} - U_O|$ 和 $|U_{LO} - U_O|$ 中的最大值与标称输入电压下的输出电压 U_O 相比，以百分比来表示就是电压调整率。

3) 负载调整率

随着电源负载的变化，输出电压也会出现一定的变化。输出电压随着负载变化而变化的百分比就是负载调整率。

在标称输入电压(+12 V)情况下，分别用万用表测量额定负载(流过的电流各为 500 mA)下的输出电压 U_O 和空载或最小负载下的输出电压 U_{MLO}，两次测量值的差值 $|U_O - U_{MLO}|$ 与 U_O 相比，以百分比来表示，就是负载调整率。

4) 输出纹波和噪声

纹波和噪声是叠加在直流输出电压上的交流成分。对纹波和噪声的测量在额定负载和标称电压下进行。对于开关型的 DC-DC 电源而言，输出纹波为一组系统的带有高频分量的小脉冲，因此通常测量峰峰值而不是有效值(RMS)，即测量值用峰峰值(U_{pp})表示。

因为所测量的纹波中含有高频分量，所以必须使用特殊的测量技术才能获得正确的测量结果。首先，为了测出纹波中的所有高频谐波，一般要用 20 MHz 带宽的示波器；其次，在进行纹波测量时必须非常注意防止将错误信号引入测试设备中，测量时示波器探头地线尽可能短。也可使用带有接地环的探头，采用靠测法来消除干扰。

5) 效率

效率是指电源模块输出直流功率的总和与输入功率的比值。通常 DC-DC 开关电源模块的效率为 60%～90%。

五、思考题

(1) 能否用万用表检查整流桥堆的好坏，如何判断？

(2) 本实验板采用一个桥堆，整流输出正、负两组电源，分别对正或负一组而言，采用的是哪种整流电路？

(3) 能否用 7812 芯片组成负电源？试画出电路。

(4) 若 7812 芯片的输出电压比标称值低 0.2 V 或 0.7 V，可用什么办法使其输出接近标称值？试画出电路。

(5) 画出用"读差法"测量−12 V 一路性能时的基本电路。

六、原始数据记录页

原始数据记录页见表 2-6-4～表 2-6-7。

表 2-6-4 各路输出电压的测量

端口名称	+12 V	−12 V	U_{REF}	
输出电压/V			$U_{REFmin} = \qquad$ V;	$U_{REFmax} = \qquad$ V

表 2-6-5 稳压系数 S 的测量

变压器次级电压	U_I	$\Delta U_I = U_{I(15\,V)} - U_I$	U_O	$U = U_O - U_{REF}$	$\Delta U_O = U_{(15\,V)} - U$	S
13 V			—			
15 V		—			—	—
17 V			—			

表 2-6-6 输出电阻 R_O 的测量

S_3 位置	U_O	$I_L = \dfrac{U_O}{51\,\Omega}$	$U = U_O - U_{REF}$	$\Delta U = U_{ON} - U_{OFF}$	$R_O = \dfrac{|\Delta U|}{I_L}$
ON					
OFF	—	0			

表 2-6-7 纹波电压抑制比 S_n 的测量

变压器次级电压	U_o	U_i	$S_n = 20\lg\dfrac{U_i}{U_o}$ /dB
15 V			

实验七　集成运算放大器的应用

一、实验目的

(1) 加深对集成运算放大器基本组成、性能参数的理解。

(2) 了解集成运算放大器的特点及其正确使用方法。

(3) 掌握集成运算放大器的基本应用电路。

二、实验设备与器材

本实验所用设备与器材有双路直流稳压电源、双踪示波器、万用表、低频信号发生器。

三、实验原理

集成运算放大器(简称运放)是目前产量最大的线性集成电路之一。在它的输出与输入端之间加上不同的反馈网络，就可以实现多种不同的电路功能。近年来，集成运算放大器的应用范围不断拓宽，它可以完成放大、振荡、调制和解调，模拟信号的相乘、相除、相减和相比较等功能，而且还广泛地用于脉冲电路。本实验仅简要分析其基本应用。

实验所用运放采用 UA741 型通用集成运放。UA741 是单片型通用运算放大器，具有较宽的共模电压范围，可实现积分器、求和放大器及普通反馈放大器等电路。该器件的主要特点是：不需要外部频率补偿，具有短路保护功能，较小的失调电压以及较宽的共模和差模电压范围，功耗低。

实验所用运放采用 8 引脚双列直插(DIP)封装，顶视如图 2-7-1 所示。

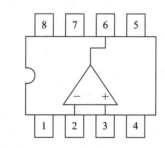

1、5—调零端；2—IN$_-$；3—IN$_+$；
4——U_{CC}；6—输出；7—+U_{CC}；8—空脚。

图 2-7-1　UA741 引脚图

该器件的主要极限参数如下：

电源电压：±18 V；

差模输入电压：±30 V；

共模输入电压：±15 V。

其他性能参数见表 2-7-1。

表 2-7-1　UA741 的电特性参数(电源 $U_{CC} = \pm 15$ V，T_{amb}(环境温度) $= 25$℃)

名　称	符号	参　数		最小值	典型值	最大值	单位
输入失调电压 $R_S \leqslant 10$ kΩ	U_{IO}	$T_{amb} = +25$℃		—	1	5	mV
		$T_{min} \leqslant T_{amb} \leqslant T_{max}$		—	—	6	
输入失调电流	I_{IO}	$T_{amb} = +25$℃		—	2	30	nA
		$T_{min} \leqslant T_{amb} \leqslant T_{max}$		—	—	70	
输入偏置电流	I_{IB}	$T_{amb} = +25$℃		—	10	100	nA
		$T_{min} \leqslant T_{amb} \leqslant T_{max}$		—	—	200	
大信号电压增益 ($U_O = \pm 10$ V，$R_L = 2$ kΩ)	A_{ud}	$T_{amb} = +25$℃		50	200	—	V/mV
		$T_{min} \leqslant T_{amb} \leqslant T_{max}$		25	—		
电源电压抑制比 ($R_S \leqslant 10$ kΩ)	SVR	$T_{amb} = +25$℃		77	90	—	dB
		$T_{min} \leqslant T_{amb} \leqslant T_{max}$		77			
电源电流(空载)	I_{CC}	$T_{amb} = +25$℃		—	1.7	2.8	mA
		$T_{min} \leqslant T_{amb} \leqslant T_{max}$				3.3	
输入共模电压范围	U_{ICM}	$T_{amb} = +25$℃		± 12	—	—	V
		$T_{min} \leqslant T_{amb} \leqslant T_{max}$		± 12			
共模抑制比 ($R_S \leqslant 10$ kΩ)	k_{CMR}	$T_{amb} = +25$℃		70	90	—	dB
		$T_{min} \leqslant T_{amb} \leqslant T_{max}$		70			
输出短路电流	I_{OS}			10	25	40	mA
输出电压摆幅	$\pm U_{Opp}$	$T_{amb} = +25$℃	$R_L = 10$ kΩ	12	14	—	V
			$R_L = 2$ kΩ	10	13	—	
		$T_{min} \leqslant T_{amb} \leqslant T_{max}$	$R_L = 10$ kΩ	12	—	—	
			$R_L = 2$ kΩ	10	—	—	
转换率(单位增益) ($U_I = \pm 10$ V，$R_L = 2$ kΩ， $C_L = 100$ pF)	S_r			0.25	0.5	—	V/μs
上升时间($U_I = \pm 20$ mV， $R_L = 2$ kΩ，$C_L = 100$ pF)	t_r			—	0.3	—	μs
输入阻抗	R_i			0.3	2	—	MΩ
单位增益带宽($U_i = 10$ mV， $R_L = 2$ kΩ，$C_L = 100$ pF， $f = 100$ kHz)	GBP			0.7	1	—	MHz
总谐波失真($f = 1$ kHz，$A_u = $ 20 dB，$R_L = 2$ kΩ，$U_{Opp} = 2$V， $C_L = 100$ pF，$T_{amb} = +25$℃)	THD			—	0.06	—	%
相位裕度	ϕ_m				50		(°)

在分析实际电路前，首先回顾理想运放线性区的两个重要特性：① 理想运算放大器电路的两个输入端无电流；② 理想运算放大器电路的两个输入端 IN_-、IN_+ 的电压 U_-、U_+ 的差为 0，即"虚短路"。

下面分析本次实验的具体电路。

1. 反相比例放大器

图 2-7-2 所示的是反相比例放大器电路。

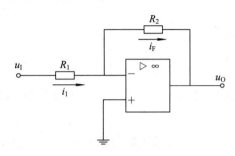

图 2-7-2　反相比例放大器电路

若 $i_I = 0$，则可得 $i_1 = i_F$。又因为 $U_- = U_+ = 0$，所以

$$\frac{u_F}{R_1} = i_1 = i_F = -\frac{u_O}{R_2}$$

最后可得 $u_O = -\dfrac{R_2}{R_1} u_I$，即在一定范围内输出电压与输入电压相位相反，其大小仅取决于反馈回路的电阻比。

在实际应用中，经常加入 R_3 来校正由输入偏流引起的输出电压失调，电路如图 2-7-3 所示。一般取 $R_3 = R_1 /\!/ R_2$，根据运放的特性①可知通过电阻 R_3 的电流很小，因此 R_3 两端的电压近似为 0，所以电路的输入与输出关系近似不变。

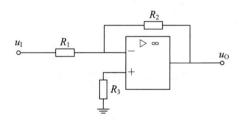

图 2-7-3　实际反相比例放大器电路

2. 同相比例放大器

同相比例放大器的基本电路如图 2-7-4 所示，根据运放的基本特性可以得到

$$u_O = \left[1 + \frac{R_2}{R_1} \right] u_I$$

如图 2-7-5 所示，在实验电路中加入 R_3、R_4 来校正由输入偏流引起的输出电压失调，一般取 $R_3 /\!/ R_4 = R_1 /\!/ R_2$。这时电路的输出电压与输入电压有如下关系：

$$u_O = \frac{R_2}{R_4}u_1$$

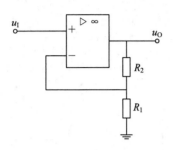

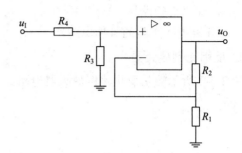

图 2-7-4　同相比例放大器基本电路　　　　　图 2-7-5　实际同相比例放大器电路

3. 全加器

全加器电路如图 2-7-6 所示。当运算放大器的开环增益足够大时，若 $R_1 /\!/ R_5 = R_2 /\!/ R_3 /\!/ R_4$，则根据运放的特性可以得到：

$$u_O = -\frac{R_5}{R_1}u_1 + \frac{R_5}{R_2}u_2 + \frac{R_5}{R_3}u_3$$

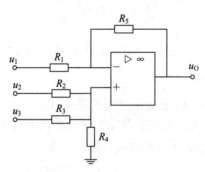

图 2-7-6　全加器电路

4. 微分器

微分器电路如图 2-7-7 所示。当运算放大器的开环增益足够大时，有

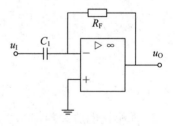

$$i_I(t) = C\frac{\mathrm{d}u_I(t)}{\mathrm{d}t}$$

$$i_F(t) = i_I(t)$$

$$u_O(t) = -R_F i_F(t) = -R_F C\frac{\mathrm{d}u_I(t)}{\mathrm{d}t}$$

图 2-7-7　微分器电路

此电路的一个问题是电容的容抗随频率的增加而降低，结果是微分器的输出电压随频率的增高而增大，从而使它对高频噪声很灵敏。因此，实际电路中常在 C 端串联一电阻 R_S，使高频增益降为 R_F/R_S，而当信号频率较低时 $u_O = -R_F C\dfrac{\mathrm{d}u_I}{\mathrm{d}t}$ 仍成立。

当输入信号频率低于 $f_c = \dfrac{1}{2\pi R_F C}$ 时，此电路才起微分作用。当输入信号频率高于上式

给出的频率时，此电路近似于一个反相放大器，它的电压增益满足 $\dfrac{u_O}{u_I} = -\dfrac{R_F}{R_S}$。

5. 积分器

积分器电路如图 2-7-8 所示。把微分器电路中电阻与电容的位置交换一下，就可得到一个积分器，其输出 u_O 为

$$u_O = -\frac{1}{RC}\int_0^t u_I \, \mathrm{d}t$$

实际电路中，通常在积分电容两端并联反馈电阻 R_F 用作直流反馈，目的是减小集成运放输出端的直流漂移，但 R_F 的存在将影响积分器的线性关系。为改善线性，R_F 不宜太小，但 R_F 太大又对抑制直流漂移不利，一般 R_F 大约取 R 的 10 倍。

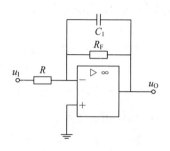

图 2-7-8 积分器电路

6. 迟滞比较器

图 2-7-9 所示的迟滞比较器是一种带有正反馈的运放电路。这种比较器又称为施密特触发器，常用于信号的整形电路。

当 u_I 负值比较大时，此时输出 u_O 为正向最大值 U_{Omax}，根据叠加原理，此时

$$U_+ = \frac{R_1 u_R}{R_1 + R_2} + \frac{R_2 U_{Omax}}{R_1 + R_2} = U_{IOFF}$$

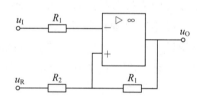

图 2-7-9 迟滞比较器电路

当 u_I 由负向正逐渐增大时，只要 u_I 小于 U_+，则 u_O 始终保持为正向最大值 U_{Omax}，但当 u_I 增大到 $u_I = U_+ = U_{IOFF}$ 时，u_O 将跳变到负向最大值 $-U_{Omax}$，此时有

$$U_+ = \frac{R_1 u_R}{R_1 + R_2} - \frac{R_2 U_{Omax}}{R_1 + R_2} = U_{ION}$$

此后若 u_I 继续增加，则输出 u_O 保持负向最大值 $-U_{Omax}$ 不变；若 u_I 开始减小，当 u_I 减小到 $u_I = U_- = U_{ION}$ 时，输出 u_O 又发生跳变，由负向最大值跳变到正向最大值 U_{Omax}。其传输特性如图 2-7-10 所示。

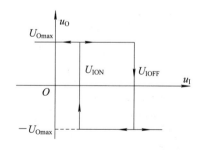

图 2-7-10 迟滞比较器传输特性

U_{IOFF} 称为上门限电压，U_{ION} 称为下门限电压，它们的差 ΔU_I 称为门限宽度或噪声容限。

$$\Delta U_I = U_{IOFF} - U_{ION} = \frac{2R_2}{R_1 + R_2} U_{Omax}$$

7. 方波发生器

方波发生器常用于脉冲和数字系统作为信号源，其电路如图 2-7-11 所示，也称张弛振荡器。

图 2-7-11 中的运算放大器以迟滞比较器方式工作，利用电容两端电压 $U_C (U_C = U_-)$ 和 U_+ 相比较，来决定输出 u_O 是正还是负。不难得到方波的周期：

$$T = 2RC \ln\left(\frac{2R_1}{R_2} + 1\right)$$

图 2-7-11 中两个稳压二极管起限幅作用。

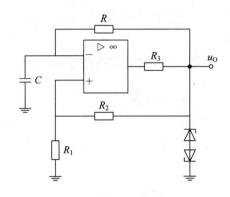

图 2-7-11　方波发生器电路

8. 正弦波发生器

图 2-7-12 是正弦波发生器的原理图，是一个文氏桥振荡器。

若 $R_1 = R_2 = R$，$C_1 = C_2 = C$，则当 $R_3 = 2R_4$ 时电路产生振荡，其频率 $f_0 = \dfrac{1}{2\pi RC}$。但因电路本身具有不稳定性，所以会引起电路放大倍数不稳定。当放大倍数大于 3 时，输出振幅递增；当放大倍数小于 3 时，输出振幅递减，因此产生严重失真或停振。为此在文氏桥振荡器中应接入幅度或增益自动调节电路。

图 2-7-13 是二极管稳幅文氏桥振荡器电路。在输出电压 u_O 的作用下，二极管正向导通，负反馈电压由 R_4 供给，限制正反馈急剧增加。利用二极管的非线性特性，当输出幅度增大时，二极管两端的电压也增大，通过二极管的电流增大，此时二极管的等效电阻减小，进而使运放的增益下降，输出电压减小，反之亦然。当电路工作在线性范围内时，恰当调节电位器 R_4，可得到失真小且工作稳定的输出波形。

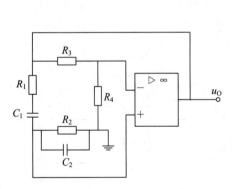

图 2-7-12　文氏桥振荡器电路

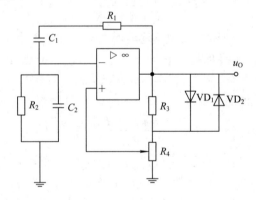

图 2-7-13　二极管稳幅文氏桥振荡器电路

四、实验任务

本实验电路是为完成低频电子线路中的运算放大器应用而设计的，实验电路见图 2-7-14，以五个 UA741 型运算放大器为核心，包含正弦波发生器、方波发生器、迟滞比较器、全加器、微(积)分电路五个主要部分以及电源和一个提供直流电压的电阻分压网络。

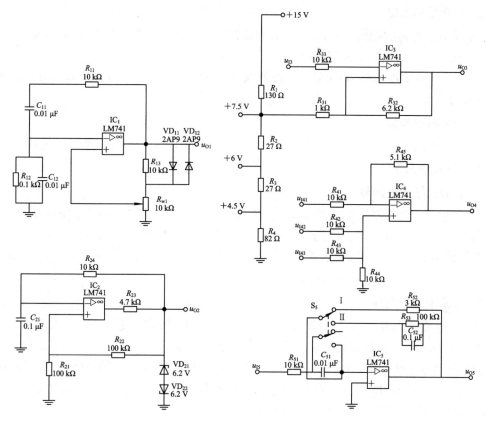

图 2-7-14　集成运算放大器应用实验电路图

1. 实验电路布局

实验电路布局如图 2-7-15 所示。

2. 文氏桥振荡器的测试

调节 R_{w1}，使 u_{O1} 输出不失真的正弦波，记录波形，测量输出信号的频率，填入原始数据记录页并与理论计算值进行比较，分析误差产生的原因。

3. 方波发生器的测量

测量 u_{O2} 输出的方波信号的频率，记录波形，填入原始数据记录页并与理论计算值进行比较，分析误差产生的原因。

4. 反向器的测量

(1) 将 u_{I42} 与 u_{I43} 接地，在 u_{I41} 上加入直流信号，电压分别为 7.5 V、6 V 和 4.5 V，测量 u_{O4} 的输出，填入原始数据记录页中。

(2) u_{I42} 与 u_{I43} 仍接地，将正弦发生器的输出信号 u_{O1} 加到 u_{I41}，记录并比较输入波形与输出 u_{O4} 的波形。

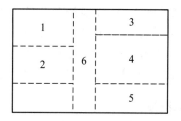

1—正弦波发生器；2—方波发生器；3—迟滞比较器；
4—全加器；5—微(积)分电路；6—电源及电阻分压网络。

图 2-7-15　实验电路布局

5. 同向器的测量

(1) 将 u_{I41} 与 u_{I43} 接地，在 u_{I42} 上加入直流信号，电压分别为 7.5 V、6 V 和 4.5 V，测量 u_{O4} 的输出，填入原始数据记录页中。

(2) u_{I41} 与 u_{I43} 仍接地，将正弦发生器的输出信号 u_{O1} 加到 u_{I42}，记录并比较输入波形与输出 u_{O4} 的波形。

6. 全加器的测量

根据电路图，计算当 R_{45} = 5.1 kΩ 时输出电压与输入电压的关系，测量 u_{O4} 的输出，填入原始数据记录页中。

7. 迟滞比较器的测量

调节 R_{w1}，使正弦波发生器的输出 u_{O1} 为最大不失真，然后将此正弦波加到输入端 u_{I3}，示波器 CH1(X轴)接正弦波发生器的输出端，示波器 CH2(Y轴)接迟滞比较器的输出端 u_{O3}，将示波器调至 X-Y 方式，观察迟滞比较器输出与输入的关系。测量迟滞比较器的上下门限电压，填入原始数据记录页并与理论值比较。

8. 微分电路的测量

(1) 将电路接为微分电路形式(S_5 置于"Ⅰ"位置)，将实验电路中的方波发生器产生的方波接至输入端，记录并比较输入波形与输出波形(u_{O5})。

(2) 在微分电路的输入端加正弦信号，其电压峰峰值为 4 V，频率分别为 100 Hz、500 Hz、1 kHz、10 kHz，同时观察输入波形和输出波形，测量输出波形的峰峰值、输出与输入信号的相位差，填入原始数据记录页中。

9. 积分电路的测量

(1) 将电路接为积分电路形式(S_5 置于"Ⅱ"位置)，将实验电路中的方波发生器产生的方波接至输入端，记录并比较输入波形与输出波形(u_{O5})。

(2) 在积分电路的输入端加正弦信号，其电压峰峰值为 4 V，频率分别为 100 Hz、500 Hz、1 kHz、10 kHz，同时观察输入波形和输出波形，测量输出波形的峰峰值、输出与输入信号的相位差，填入原始数据记录页中。

五、思考题

(1) 画出图 2-7-16 中正负双电源的正确连接方法。

(2) 什么是输出失调电压？图 2-7-3 所示的反相比例放大器中 R_3 的作用是什么？如何取值？

(3) 文氏桥振荡器电路中输出端的二极管的作用是什么？方波发生器中的二极管的作用又是什么？

(4) 为什么迟滞比较器的正弦波输入电压要调至最大？

直流稳压电源输出端

实验板

图 2-7-16　正负双电源

六、原始数据记录页

原始数据记录页见表 2-7-2～表 2-7-9。

表 2-7-2　文氏桥振荡器频率的测试

理论值	实测值	误差

文氏桥振荡器输出波形记录：

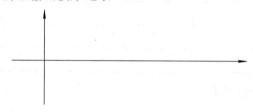

表 2-7-3　方波发生器频率的测试

理论值	实测值	误差

方波发生器输出波形记录：

表 2-7-4　反相器的测试　　　　　　　　　　单位：V

输入电压		输　出　电　压	
		U_{O4}(实测值)	U_{O4}(理论值)
U_{I41}	7.5		
	6		
	4.5		

表 2-7-5　同相器的测试　　　　　　　　　　单位：V

输入电压		输　出　电　压	
		U_{O4}(实测值)	U_{O4}(理论值)
U_{I42}	7.5		
	6		
	4.5		

表 2-7-6　　全加器的测试　　　　　　　　　　　　　　单位：V

输 入 电 压			输 出 电 压	
U_{I41}	U_{I42}	U_{I43}	U_{O4}(实测值)	U_{O4}(理论值)
7.5	6	4.5		
6	4.5	7.5		
4.5	7.5	6		

表 2-7-7　　迟滞比较器的测试　　　　　　　　　　　　单位：V

	U_{IOFF}	U_{ION}
实测值		
理论值		

迟滞比较器输入与输出关系波形记录：

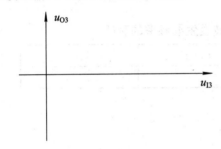

表 2-7-8　　微分电路的测量

频率	100 Hz	500 Hz	1 kHz	10 kHz
U_{Opp}/V				
相位差/度				

微分电路输入与输出波形记录：　　　　　积分电路输入与输出波形记录：

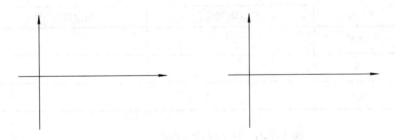

表 2-7-9　　积分电路的测量

频率	100 Hz	500 Hz	1 kHz	10 kHz
U_{Opp}/V				
相位差/度				

实验八 语音放大器实验

一、实验目的

(1) 掌握语音放大器的工作原理及其应用。

(2) 掌握有源滤波器的制作与调试方法。

(3) 掌握 LM386 的使用方法。

二、实验设备与器材

本实验所用设备与器材有示波器、双路直流稳压电源、万用表、低频信号发生器。

三、实验原理

1. 话筒

语音放大器的输入语音信号是通过驻极体话筒送入的。驻极体话筒是利用驻极体材料制成的一种特殊电容式"声-电"转换器件。图 2-8-1 为驻极体话筒的内部电路图,由驻极体和场效应管两部分组成。驻极体金属极板与场效应管的栅极 G 相接,场效应管的源极 S 和漏极 D 作为话筒的引出电极。这样,加上金属外壳,驻极体话筒一共有 3 个引出电极。将场效应管的源极 S(或漏极 D)与金属外壳接通,就使得话筒只剩下了 2 个引出电极。由于场效应管必须工作在合适的外加直流电压下,因此驻极体话筒属于有源器件,即在使用时必须给驻极体话筒加上合适的直流偏置电压,让内部的场效应管处于放大状态,才能保证它正常工作。

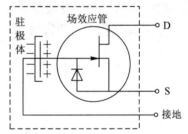

注:S脚与接地脚相连,即成2引脚话筒

图 2-8-1 驻极体话筒的内部电路图

2. 前置放大电路

前置放大电路主要放大前级输入电路送来的直流或低频信号。在典型情况下,有用信号的最大幅度可能仅有几毫伏,而共模噪声可能高达几伏,故放大器输入漂移和噪声等因素对于总的精度至关重要,放大器本身的共模抑制特性也是同等重要的问题。因此,前置放大电路应该是一个高输入阻抗、高共模抑制比、低漂移的小信号放大电路。

3. 有源滤波电路

有源滤波电路是有源器件与 *RC* 网络组成的滤波电路。有源滤波电路的种类很多,如按通带的性能划分,可分为低通(LPF)、高通(HPF)、带通(BPF)、带阻(BEF)滤波器,下面着重讨论典型的二阶有源滤波器。

1) 二阶有源低通滤波器

典型的二阶有源低通滤波器如图 2-8-2 所示，其传递函数的关系式为

$$A(\mathrm{j}\omega) = \frac{A_{\mathrm{uf}}}{1 - \left(\dfrac{\omega}{\omega_{\mathrm{n}}}\right)^2 - \mathrm{j}\dfrac{\omega}{Q\omega_{\mathrm{n}}}}$$

其中，$A_{\mathrm{uf}} = 1 + \dfrac{R_{\mathrm{b}}}{R_{\mathrm{a}}}$，为通带增益；$\omega_{\mathrm{n}} = \sqrt{\dfrac{1}{R_1 R_2 C_1 C_2}}$，为特征角频率；$Q = \dfrac{\sqrt{R_1 R_2 C_1 C_2}}{C_3(R_1 + R_2) + (1 - A_{\mathrm{uf}})R_1 C_1}$，是品质因数。

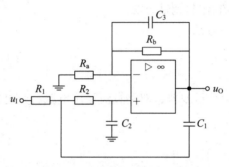

图 2-8-2　二阶有源低通滤波器

电容 C_3 用于抑制尖峰脉冲，C_3 的容量一般为 22～51 pF。该滤波器每节 RC 电路衰减 −6 dB/倍频程，每级滤波器衰减 −12 dB/倍频程。

在实际应用中，通常设 $R_1 = R_2 = R$，$C_1 = C_2 = C$，$R_{\mathrm{b}} < 2R_{\mathrm{a}}$，则

$$A_{\mathrm{uf}} = 3 - \frac{1}{Q}, \quad \omega_{\mathrm{n}} = \frac{1}{RC}$$

即

$$f_{\mathrm{n}} = \frac{1}{2\pi RC}$$

由此可知，f_{n}、Q 可分别由 R、C 值和运放增益 A_{uf} 的变化来单独调整，相互影响不大，因此该设计法对特性要求保持一定而 f_{n} 在较宽范围内变化的情况比较适用，但必须使用精度和稳定性均较高的元件。

2) 二阶有源高通滤波器

如图 2-8-3 所示，二阶有源高通滤波器与低通滤波器在结构上具有对偶性，因此其分析和设计方法与低通滤波器十分相似。

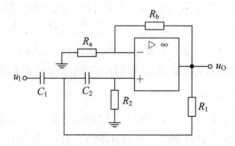

图 2-8-3　二阶有源高通滤波器

对照低通滤波器，可写出相应的高通滤波器传递函数：

$$A(j\omega) = \frac{A_{uf}}{1 - \left(\dfrac{\omega_n}{\omega}\right)^2 - j\dfrac{\omega_n}{Q\omega}}$$

类似于二阶有源低通滤波器的设计方法，设 $C_1 = C_2 = C$，$R_1 = R_2 = R$，根据所要求的 Q、ω_n，可得

$$A_{uf} = 3 - \frac{1}{Q}, \quad \omega_n = \frac{1}{RC}$$

即

$$f_n = \frac{1}{2\pi RC}$$

3) 带通滤波器

带通滤波器(BPF)只允许某一频带范围内的信号通过，而两个截止频率以外的信号则被衰减掉。这个频带范围就是电路的带宽 B_W。滤波器在中心频率 f_0 处的输出电压最大，而 f_0 和 B_W 的比值是电路的品质因数 Q。Q 值越高，BPF 的带宽越窄，选择性也越好。

BPF 的电路形式较多，下面这个方法构成的 BPF 的通带较宽，通带截止频率易于调整。在满足 LPF 的通带截止频率高于 HPF 的通带截止频率的条件下，把具有相同元件有源滤波器的 LPF 和 HPF 级联起来可以实现 Butterworth 通带响应。如图 2-8-4 所示，该滤波器通常用在电话通信中，带通频率范围为 300 Hz～3 kHz，通带增益为 8 dB，运算放大器为 LM741。

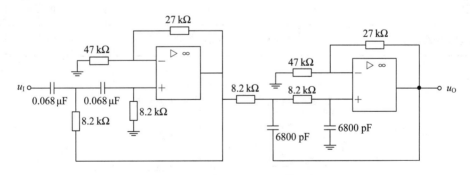

图 2-8-4　300 Hz～3 kHz 的 BPF

4. 功率放大器

功率放大器的主要作用是向负载提供功率，要求输出功率尽可能大，转换效率尽可能高，非线性失真尽可能小。在实验中采用 LM386 功率放大器集成电路。

LM386 的电气特性见表 2-8-1，它的内置增益为 20，通过 1 脚和 8 脚之间电容的搭配，增益最高可达 200。LM386 的输入电压范围为 4～12 V，静态电流仅为 4 mA，功耗低且失真低。LM386 引脚图见图 2-8-5。

表 2-8-1　LM386 的电气特性

参　数	测　试　条　件	最小值	典型值	最大值	单位
供电电压(U_{CC}) LM386N-1, -3, LM386M-1, LM386MM-1 LM386N-4		4 5		12 18	V V
静态工作电流 (I_Q)	$U_S = 6$ V，$U_I = 0$		4	8	mA
输出功率(P_O) LM386N-1, LM386M-1, LM386MM-1 LM386N-3 LM386N-4	 $U_S = 6$ V，$R_L = 8\ \Omega$，THD = 10% $U_S = 9$ V，$R_L = 8\ \Omega$，THD = 10% $U_S = 16$ V，$R_L = 32\ \Omega$，THD = 10%	 250 500 700	 325 700 1000		 mW mW mW
电压增益(A_u)	$U_S = 6$ V，$f = 1$ kHz 10 μF 从脚 1 到脚 8		26 46		dB dB
增益带宽积(BW)	$U_S = 6$ V，脚 1 和脚 8 开路		300		kHz
总谐波失真(THD)	$U_S = 6$ V，$R_L = 8\ \Omega$，$P_O = 125$ mW $f = 1$ kHz，脚 1 和脚 8 开路		0.2		%
电源抑制比(PSRR)	$U_S = 6$ V，$f = 1$ kHz，$C_{bypass} = 10$ μF 脚 1 和脚 8 开路		50		dB
输入阻抗(R_I)			50		kΩ
输入偏置电流(I_{BIAS})	$U_S = 6$ V，脚 2 和脚 3 开路		250		nA

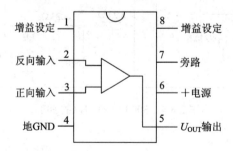

图 2-8-5　LM386 引脚图

　　图 2-8-6(a)所示的应用电路中，增益为 20，在脚 1 及脚 8 间加一个 10 μF 的电容即可使增益变成 200，如图 2-8-6(b)所示，图中 10 kΩ 的可变电阻用来调整扬声器的音量大小。

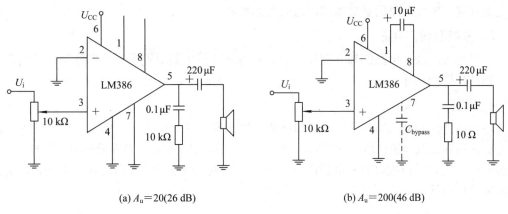

(a) $A_u = 20(26\ \text{dB})$　　　　　　　(b) $A_u = 200(46\ \text{dB})$

图 2-8-6　LM386 典型应用电路

四、实验任务

本实验用指定元器件设计并制作一个语音放大器。该放大器电路的原理框图如图 2-8-7 所示。

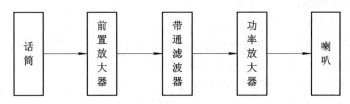

图 2-8-7　语音放大器的原理框图

本实验的技术指标如下：

(1) 前置放大器：输入信号电压 $U_i \leqslant 10\ \text{mV}$，输入阻抗 $R_i \geqslant 100\ \text{k}\Omega$。

(2) 有源带通滤波器：带通滤波器的频率范围为 400 Hz～4 kHz。

(3) 功率放大器：负载阻抗 $R_L = 4\ \Omega$ 时，最大不失真输出功率 $P_o \geqslant 0.3\ \text{W}$。

(4) 电源电压：±12 V。

(5) 其他：具有带音量调节功能，输出电压连续可调。当放大器输入短路时，其静态电源电流小于 20 mA，输出噪声小于 20 mV。

1. 电路设计

(1) 由电路设计要求得知，该放大器由三级组成，其总的电压放大倍数 $A_u = A_{u1} \cdot A_{u2} \cdot A_{u3}$。应根据放大器所要求的总放大倍数 A_u 来合理分配各级的电压放大倍数 $A_{u1} \sim A_{u3}$，同时还要考虑各级基本放大电路所能达到的放大倍数。

(2) 根据已分配的电压放大倍数和设计已知条件，分别确定前置级、有源滤波级与输出级的电路方案，并计算和选取各元件参数。

(3) 用电路仿真软件对设计电路进行仿真与验证，通过仿真结果再对电路参数进行调整。

2. 基本单元电路的调试

在实验电路板上组装所设计的电路，检查无误后接通电源，进行调试。在调试时要注意先进行基本单元电路的独立调试，然后再系统联调。

3．系统联调、测试

经过对各级放大电路的独立调试之后，可以逐步扩大到对整个系统的联调。系统正常后，测试其性能指标。

4．试听

各项性能指标测试完毕之后，可以模拟试听效果：去掉信号源，前置放大器输入端改接驻极体话筒或收音机(接收音机的耳机输出口即可)，用扬声器(4 Ω 的喇叭)代替 R_L，从扬声器即可传出说话声或收音机里播出音乐声，从试听效果来看，音质清楚、无杂音，电路稳定为最佳设计。

五、实验报告要求

(1) 设计原理电路内容包括：

① 原理图和单元电路的仿真结果。

② 每一级电压放大倍数的分配数和分配理由。

③ 每一级主要性能指标的计算。

④ 每一级主要参数的计算与元器件选择。

(2) 整理各项实验数据，并画出有源带通滤波器和前置输入级的幅频特性曲线，画出各级输入、输出电压的波形，分析实验结果，得出结论。

(3) 将实验测量值分别与理论计算值进行比较，分析误差原因。

(4) 整理调试结果和试听结果，分析是否满足设计要求。

(5) 整理在整个调试过程中和试听中所遇到的问题以及解决的方法。

(6) 整理实验中的收获体会。

第三部分　高频电子线路实验

　　高频电子线路的工作频率为兆赫至百兆赫量级，其被广泛应用于非线性元件，可实现调制、解调、频率变换等功能。其频率高，波长短，电路分布参数对电路性能的影响较大，因此高频电子线路实验对实验设备、器材和实验人员素质的要求更高。通常其实验电路采用专用的印制电路板，不能采用插接面包板。线路布局应充分考虑输入、输出的隔离和级间的屏蔽。其线路板间的连接要考虑输入、输出阻抗匹配，并采用射频电缆和相适应的连接器来实现。采用仪器对其测量时，除考虑使用仪器的输入电阻外，还应充分考虑仪器的接入电容和引线电感所产生的影响。此外，应尽可能采用高频专用装置(如示波器高频探头等)，减小输入电容和连接导线(包括地线)的长度，以降低实验的系统误差。

实验一　高频谐振功率放大器

一、实验目的

(1) 熟悉谐振功率放大器的工作原理，了解负载阻抗、输入激励电压和集电极电源电压对工作状态的影响。

(2) 掌握谐振功率放大器的调谐、调整和测量方法。

二、实验设备与器材

本实验所用设备与器材有直流稳压电源、万用表、示波器。

三、实验原理

实验板方框图见图 3-1-1。

图 3-1-1　实验板方框图

实验电路见图 3-1-2。

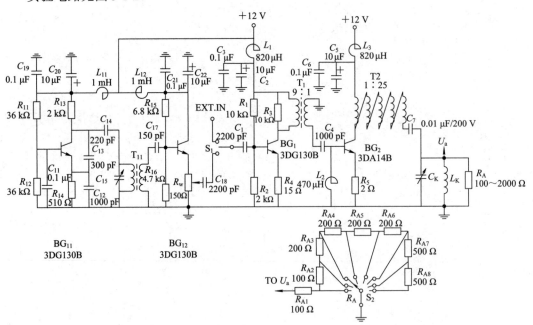

图 3-1-2　高频谐振功率放大器电路图

本实验电路前三级组成高频功率放大器的激励器，其中第一级为改进型电容反馈式振荡器，产生 6 MHz 的高频信号(频率可通过微调电容调整)；第二级为射随器，起隔离作用，并借助与射极连接的电位器 R_w 改变输出，控制末级激励的强弱；第三级是宽带放大器，为了与功率放大器匹配，集电极采用了阻抗变换比为 9∶1 的降压变压器。前三级电源电压为 12 V，加载时可提供功放级激励电压 $U_{bmax} > 2.5$ V(有效值)。

放大器为功率放大器。该级选用 3DA14 高频大功率晶体管，集电极电压为 12 V(也可适当提高)。射极电阻 R_5 为 2 Ω，起负反馈作用，可以使该级稳定工作。放大器工作于丙类。在集电极供电端与稳压电源之间串入一只直流电流表，用来测量集电极供电电流 I_{C0}。因为晶体管放大器的输出阻抗较低，放大器的负载由 L_K、C_K、R_A 并联回路组成(通过改变 R_A 可改变负载电阻的大小)，谐振时其阻抗较高，必须采用阻抗变换电路进行匹配，故集电极通过一阻抗变换比为 1∶25 的宽带变压器与其耦合。通过开关 S_2 可选择不同的负载电阻 R_A 与回路并联。

1. 调谐特性

调谐特性是指谐振功率放大器集电极回路在调谐过程中，集电极平均电流 I_{C0} 及回路电压 U_a 的变化特性，如图 3-1-3 所示。

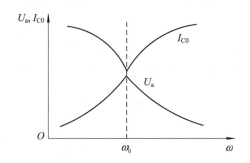

图 3-1-3　调谐特性

由图 3-1-3 可见，当回路自然谐振频率 ω_0 与激励信号源频率恰好一致时，称为谐振。此时 I_{C0} 最小，U_a 最大，故以此作为谐振指示。理论分析 I_{C0} 最小与 U_a 最大应同时出现，而实际放大器由于存在内部电容 C_{bc} 反馈，因此 U_a 最大与 I_{C0} 最小往往不同时出现。

在什么状态下进行调谐最好呢？由理论分析得知：放大器工作于欠压状态时，集电极电流是尖顶脉冲，且变化不大；而在过压状态时，集电极电流是凹顶脉冲，变化很明显。为使调谐明显，可在过压状态下进行。当然也要防止在强过压状态下工作，避免晶体管被击穿。经过上面的分析，可得出以下两条结论：

(1) 集电极的调谐指示以 I_{C0} 最小为准。

(2) 在过压状态下测量集电极调谐特性。由调谐曲线可知，失谐时 I_{C0} 电流很大，晶体管功耗激增，因此调谐动作要快，失谐时间不要太长。本实验板上采用的功放管是 3DA14，$U_{CC} = 12$ V 时，要求失谐时最大电流 $I_{C0max} \leqslant 250$ mA，否则要减小激励电压 U_b 的值。

2．负载特性

谐振功率放大器的调整是指负载特性的调整。放大器的并联谐振电路如图 3-1-4(a)所示，其等效电路如图 3-1-4(b)、(c)所示。

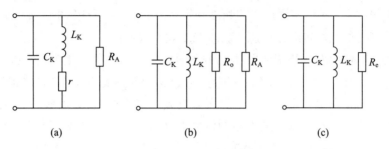

(a)　　　　　　　　　　(b)　　　　　　　　　　(c)

图 3-1-4　放大器的并联谐振电路

图中，R_A 为假负载电阻，r 为 L_K 中的损耗电阻，R_o 为回路等效电阻，R_e 为输出等效电阻，$R_e = R_o /\!/ R_A$。

由图 3-1-4 可知，当负载电阻 R_A 由小增大时，等效的谐振阻抗 R_e 也将由小增大，相应地，集电极电流 i_c 的波形也将由尖顶脉冲变为凹顶脉冲(在高频电子线路理论课程的谐振功率放大器工作状态中已经分析过)，因此，放大器的工作状态将由欠压通过临界进入过压。

由于在不同的 R_A 下，集电极电流波形亦不相同，因此相应的各电量值也就不同，而描写 R_A 变化时，各个电量变化的特性称为放大器的负载特性，其曲线如图 3-1-5 所示。

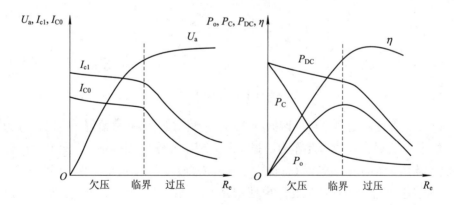

图 3-1-5　负载特性

图中，I_{c1} 为集电极电流基波分量有效值，I_{C0} 为集电极电流直流分量，P_{DC} 为集电极电源供给直流功率，P_C 为集电极损耗功率，P_o 为集电极高频输出功率，η 为集电极效率，U_a 为基波电流在回路上产生的高频电压。

说明：理论分析负载特性时，是在回路保持谐振和 U_{CC}、U_b 保持不变的条件下进行的。在测量负载特性实验时，为了操作简便，往往没有保持上述两个条件不变，尽管如此，曲线变化的规律仍相差不大。

3. 电源电压 U_{CC} 及激励电压 U_b 变化时对工作状态的影响

由理论分析知道，当 U_{CC} 由大变小时，放大器的工作状态由欠压通过临界进入过压。当激励电压幅度 U_b 由小变大时，放大器的工作状态由欠压通过临界进入过压。当然 U_{CC}、U_b 变化时，P_O 也随之变化。

四、实验任务

(1) 将原理图与实验板对照，找到功放相对应的元器件及开关，说明它们的作用。

(2) 研究调谐特性，即做出 I_{C0}、$U_a \sim C_K$ 的调谐曲线。

① 调节直流稳压电源的输出电压，使其为 12 V。顺时针调节直流稳压电源的输出电流旋钮，使其最大输出电流大于 1 A，实验板电位器 R_w 放到适中位置，R_A 置 2 kΩ，激励开关 S_1 置"内激励"。

② 在功放级电源输入端与电源之间串接万用表，万用表置直流电流挡测量 I_{C0}，万用表直流电流挡应选择 2 A 以上。如图 3-1-6 所示，连接好电源线，接通电源，将 C_K 置 180° 或 0°，若此时 180 mA ≤ I_{C0} ≤ 250 mA，则可进行测量，否则需要调节激励电位器 R_w。

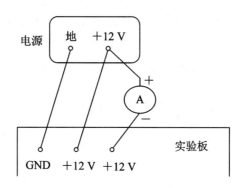

图 3-1-6　电源连接图

③ 改变电容 C_K，测出 I_{C0} 和 U_a 的值并记录于原始数据记录页中，同时用示波器观察输出波形。为了减小示波器接入对电路的影响，应使用 10∶1 的探头测量 U_a。

④ 当 R_A 置 100 Ω 时，调节 C_K 来定性观察调谐现象是否明显，并分析原因。

(3) 研究负载阻抗变化对工作状态的影响。要求测出 I_{C0}、$U_a \sim R_A$ 的值，计算出 P_{DC}、P_A、$\eta_\Sigma \sim R_A$ 的对应数值并画出曲线。其中，$P_{DC} = U_{CC} \cdot I_{C0}$ 为直流输入功率，$P_A = U_a^2 / R_A$ 为负载上的输出功率(U_a 为有效值)，$\eta_\Sigma = P_A / P_{DC}$ 为总效率。

注：$\eta_\Sigma = \eta_C \cdot \eta_k = (P_o / P_{DC}) \cdot (P_A / P_o)$，其中 η_C 为集电极效率，η_k 为谐振回路及其他中介电路效率。

① 使直流稳压电源的输出电压为 12 V，输出电流应大于 1 A，电位器 R_w 放到适中位置，R_A 置 2 kΩ，激励开关 S_1 置"内激励"。

② 将功放级电源串接直流电流表，接通电源，立即转动 C_K 使回路谐振，然后将

R_A 置 100 Ω，若 180 mA ≤ I_{C0} < 250 mA，则可进行下一步测量，否则需要调节激励电位器 R_w。

③ 改变负载电阻 R_A，测量 I_{C0} 和 U_a 的值并记录于原始数据记录页中，同时用示波器观察输出波形，计算出 P_{DC}、P_A、η_Σ 的值。

④ 将测量值与计算值进行分析，若不合理则应找出原因。

⑤ 画出 U_a、I_{C0}、P_{DC}、P_A、$\eta_\Sigma \sim R_A$ 曲线，P_A 最大点对应处即为谐振功率放大器的临界状态。

(4) 研究电源电压变化对工作状态的影响。

① 用双路或两部单路稳压电源分别对激励和功放级供电，电压均为 12 V。

② 保持临界状态时的 C_K、R_A 和 U_b 值。

③ 单独改变功放电源电压 U_{CC} 的值，从大到小选若干点，测出对应的 I_{C0} 和 U_a 值，用示波器观察并在原始数据记录页中记录所测数据，算出 P_A，画出 I_{C0}、U_a、$P_A \sim U_{CC}$ 曲线。

④ 解释曲线变化规律，指出其特点。

(5) 研究激励电压 U_b 变化对工作状态的影响。

① 接入电源电压 12 V，保持临界状态时的 C_K、R_A 和 U_b 值。

② 调节 R_w，将 U_b 从小到大选若干点，测出对应的 I_{C0} 和 U_a 值，用示波器观察输出波形，并在原始数据记录页中记录所测数据，计算 P_A，画出 I_{C0}、U_a、$P_A \sim U_b$ 曲线，并说明变化规律。

在上述过程中，U_{CC}、U_b 变化时必须保证 I_{C0max} ≤ 250 mA。

研究 U_{CC} 和 U_b 变化对放大器工作状态的影响是为了解决放大器作为调制器(集电极振幅调制)和已调波(振幅)放大器时，工作状态应如何选择的问题。

五、实验报告要求

(1) 整理数据列表，用坐标纸画出它们的曲线，并进行分析、讨论。

(2) 试比较三组曲线的变化规律及其特点。

(3) 谈谈对本实验的心得体会及建议。

六、思考题

(1) 复习谐振功率放大器的工作原理和分析方法，理解本实验的原理。

(2) 什么是高频功放的调谐和调整？在调谐和调整时应注意什么问题？

(3) 测试调谐特性时，发现 I_{C0} 的最小值与 U_a 的最大值往往不同时出现，为什么？

(4) 如何验证功放电路工作于丙类？

(5) 用示波器监视输出波形时，发现负载电阻 R_A 越大，波形越好，而 R_A 越小则波形越差(失真)，为什么？

七、原始数据记录页

原始数据记录页见表 3-1-1～表 3-1-4。

表 3-1-1　调谐特性测试

$C_K/(°)$	0	30	60	90	120	150	180	谐振点
I_{C0}/mA								
U_a/V								

表 3-1-2　负载特性测试

R_A	100 Ω	200 Ω	400 Ω	600 Ω	800 Ω	1 kΩ	1.5 kΩ	2 kΩ
I_{C0}/mA								
U_a/V								
P_{DC}/W								
P_A/W								
η_Σ								

临界状态时，$R_A=$_____Ω，$P_A=$_____W。

表 3-1-3　电源电压对工作状态的影响

U_{CC}/V	15	14	13	12	11	10	9	8	7
I_{C0}/mA									
U_a/V									
P_A/W									

表 3-1-4　激励电压 U_b 变化对工作状态的影响

U_b/V							
I_{C0}/mA							
U_a/V							
P_A/W							

实验二　高频*LC*、压控及晶体振荡器

一、实验目的

(1) 了解电源电压、负载及温度等对振荡器振荡频率的影响，从而加深理解为提高频率稳定度应采取的措施。

(2) 掌握使用数字频率计测量频率的方法。

二、实验设备与器材

本实验所用设备与器材有直流稳压电源、万用表、示波器、数字频率计(多功能计数器)。

三、实验原理

振荡器能否振荡主要取决于相位平衡条件和幅度起振条件，也就是说，要满足自激条件：

$$\psi_k + \psi_F = 2n\pi \quad (n = 0, 1, 2, 3, \cdots)$$
$$K_{uo}k_{fu} > 1$$

式中，K_{uo} 和 ψ_k 分别为放大器开环时的增益和相移；k_{fu} 和 ψ_F 分别为反馈网络的增益和相移。

1. 起振条件

图 3-2-1 为三点式振荡器的基本电路。根据相位平衡条件，图中构成振荡电路的三个电抗中，x_1、x_2 必须是同性质的电抗，x_3 必须是异性质的电抗，并且必须满足下面的关系式：

$$x_3 = -(x_1 + x_2)$$

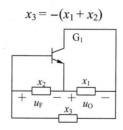

图 3-2-1　三点式振荡器

根据幅度的起振条件，可以推导出三极管的跨导 g_m 满足下面的不等式：

$$g_m > k_{fu}g_{ie} + \frac{g_{oe} + g'_1}{k_{fu}}$$

式中，$k_{fu} = x_2/x_1$ 为反馈系数；g_{ie} 为三极管 b、e 间的输入电导；g_{oe} 为三极管 c、e 间的输出电导；g'_1 为等效到 c、e 间的负载电导和回路损耗电导之和。

上式表明，起振时 g_m 与 k_{fu}、g_{1e}、g_{oe}、g_1' 等有关。当管子参数和负载确定后，k_{fu} 大小应选择适当，否则不易满足幅度起振条件。另外，还必须考虑到频率稳定度和振荡幅度等要求。

2. 频率稳定度

频率稳定度是表示在一定时间范围内或一定的温度、电压等变化范围内振荡频率的相对变化程度。若频率相对变化小，就表明振荡频率稳定度高，否则稳定度就低。

因为振荡回路元件是决定频率的主要因素，所以要提高频率稳定度就要设法提高振荡回路的标准性。因此，除了采用高稳定和高 Q 值的回路电容及电感外，还可以采用负温度系数元件实现温度补偿，或者采用部分接入，以减小晶体管极间电容和分布电容对振荡回路频率的影响。

LC 谐振回路的标准性和 Q 值都不高，其构成的振荡器频率稳定度不超过 10^{-4} 数量级，而石英晶体的标准性和 Q 值都很高，接入系数也很小，构成的振荡器频率稳定度可达 10^{-6} 数量级。

3. 石英晶体振荡器

石英晶体振荡器分并联型和串联型两种。在并联型振荡器中，石英晶体等效成一个电抗接入谐振回路，通常以感性形式出现；而在串联型振荡器中，石英晶体等效成一个纯电阻(阻值很小)，控制其反馈大小。其符号、等效电路和电抗特性曲线如图 3-2-2 和图 3-2-3 所示。

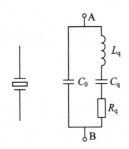
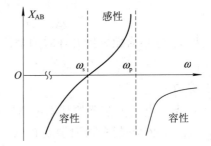

图 3-2-2　石英晶体符号及等效电路　　　图 3-2-3　石英晶体电抗特性曲线

图 3-2-2 和图 3-2-3 中，L_q 为石英晶体的动态电感；C_q 为石英晶体的动态电容；R_q 为石英晶体的动态电阻；C_0 为石英晶体的静态电容；ω_s 为石英晶体的串联谐振频率；ω_p 为石英晶体的并联谐振频率。

由图 3-2-3 所示的曲线可容易看出，石英晶体若要等效为一个感抗，则振荡频率必须满足 $\omega_s < \omega < \omega_p$，通常 $|\omega_s - \omega_p|$ 非常小，仅为 ω_p 的千分之几。本实验电路的组成符合上述要求。

4. 实验电路

实验电路如图 3-2-4 所示。该电路由 3DG130B 组成单管振荡器，一般外加电源电压 $U_{CC} = 15$ V，由 R_b 和 R_{w1} 组成分压电路以提供基极偏置，通过调节 R_{w1} 来改变振荡强度直至停振，由开关 S_1 控制 C_4(1 μF)电容是否接入。当 C_4 电容接入时，基极偏置电压建立的时间加大，能观察到间歇振荡现象(仅在 LC 振荡器中观察)。集电极电路通过振荡种类开关 S_2 转接，可构成 LC 振荡器、晶体振荡器和变容管调频的压控振荡器。

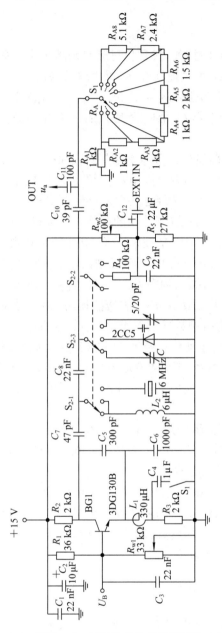

图 3-2-4　高频 *LC*、压控及晶体振荡器实验电路图

　　LC 振荡器为改进型的电容反馈振荡电路，通过改变频率调整的主调电容 *C*(12 pF/ 260 pF)，可使振荡器在 3～9 MHz 的频率范围内工作。

　　晶体振荡器为皮尔斯型晶体振荡电路，晶体标称频率 *f* = 6 MHz，其微调电容容量较小，可用来微调晶体振荡频率。

　　压控振荡器的变容二极管的固定反偏压可由调频电位器 *R*~w2~ 调节，以此改变变容二极管的等效电容，从而改变振荡器的工作频率。

　　负载电阻 *R*~A~ 由 S~1~ 控制，可在 1～15 kΩ 之间跳变。

四、实验任务

(1) 将电原理图与实验板对照，找到相对应的元器件及开关，并说明它们的作用。

(2) LC 振荡器的测试(S_1 置"连续"，S_2 置"LC 振荡器"）。

① 测量振荡频率。电源电压 $U_{CC} = 15$ V，$U_B = U_{Bmax}$(顺时针转动偏置电位器 R_{w1} 至尽头)，$R_A = 15$ kΩ。改变可变电容 C，测出相应点的频率(用示波器观察输出波形)，并将数据填入原始数据记录页中。

② 偏置 U_B 的变化对振荡强弱 U_a 和频率 f 的影响。保持 $U_{CC} = 15$ V，$R_A = 15$ kΩ，$f ≈ 5000$ kHz ($U_B = U_{Bmax}$)。将直流电压表接至偏置电位器 R_{w1} 两端，调节 R_{w1}，每隔 1 V 测出一个 U_B 值，读出对应的 U_a、f 值(直到停振为止)，频率的测量精确到 1 kHz，将数据填入原始数据记录页中。

③ 电源电压 U_{CC} 的变化对振荡频率 f 的影响。$U_B = U_{Bmax}$，$R_A = 15$ kΩ，$f ≈ 5000$ kHz ($U_{CC} = 15$ V)。改变电压 U_{CC}，从 15 V 逐渐下降，每下降 1 V 测一次(直至停振为止)，读出对应的 f(频率的测量精确到 1 kHz)，同时用示波器观察输出波形，将数据填入原始数据记录页中。

④ 负载电阻 R_A 的变化对振荡频率 f 的影响。$U_{CC} = 15$ V，$U_B = U_{Bmax}$，$f ≈ 5000$ kHz ($R_A = 15$ kΩ)。依次改变负载电阻 R_A，测出相应的振荡频率 f(频率的测量精确到 1 kHz)，并用示波器观察输出波形，将所测数据填入原始数据记录页中。

⑤ 频率漂移的测量(即温度变化对振荡频率的影响)。$U_{CC} = 15$ V，$R_A = 15$ kΩ，$C = C_{min}$，$U_B = 3$ V。关掉电源，待实验板冷却后再开通电源进行实验。随时间变化测出振荡器的相应频率，若频率变化不明显，可采用加热法进行调节，但必须注意安全。将所测数据填入原始数据记录页中。

⑥ 定性观察间歇振荡波形。$U_{CC} = 15$ V，$R_A = 15$ kΩ。去掉接在振荡器输出端的数字频率计，接上示波器，将 S_1 置"间歇"位置。适当地调节电容 C 和电阻 R_{w1}，观察、分析间歇振荡波形，并绘出所显示的波形。

(3) 晶体振荡器的频率测试(S_1 置"连续"，S_2 置"晶体振荡器"）。分别测量 U_{CC}、R_A 的变化对晶体振荡器频率的影响，频率的测量精度为 1 Hz。将所测数据填入原始数据记录页中。

(4) 进行变容管调频振荡器静态调制特性的测试。配合鉴频实验，还可进行调频鉴频的收发连通实验，方法与步骤自拟。

五、实验报告要求

(1) 整理数据，用坐标纸画出曲线，并进行分析讨论。

(2) 根据所测得的数据，比较 LC 振荡器与晶体振荡器的频率稳定度，并加以解释。

(3) 谈谈对本实验的心得体会及建议。

六、预习与思考

(1) 复习三点式振荡器的工作原理，理解本实验电路的原理。

(2) 熟悉数字频率计的使用。

(3) 并联负载电阻 R_A 越大振荡器振荡频率稳定度高，还是 R_A 越小振荡器振荡频率稳定度高？为什么？

七、原始数据记录页

原始数据记录页见表 3-2-1～表 3-2-7 和图 3-2-5。

表 3-2-1　LC 振荡器频率的测试

$C/(°)$	0	30	60	90	120	150	180
f/kHz							

表 3-2-2　偏置 U_B 对 LC 振荡器频率的影响

U_B/V	$U_{B\max}$					
U_a/V						
f/kHz						

表 3-2-3　电源电压对 LC 振荡器频率的影响

U_{CC}/V	15	14	13	12	11	10	9	8
f/kHz								

表 3-2-4　负载电阻对 LC 振荡器频率的影响

$R_A/\text{k}\Omega$	15	10	7.5	6	4	3	2	1
f/kHz								

表 3-2-5　LC 振荡器频率漂移的测试

t/min								
$\Delta f/\text{kHz}$								

图 3-2-5　间歇振荡波形

表 3-2-6　电源电压对晶体振荡器频率的影响(频率测量精确到 1 Hz)

U_{CC}/V	15	14	13	12	11	10	9	8
f/kHz								

表 3-2-7　负载电阻对晶体振荡器频率的影响(频率测量精确到 1 Hz)

R_A/kΩ	15	10	7.5	6	4	3	2	1
f/kHz								

实验三 频谱分析仪的原理及应用

一、实验目的

(1) 了解频谱分析仪的工作原理。
(2) 掌握频谱分析仪的测量方法。

二、实验设备与器材

本实验所用设备与器材有频谱分析仪、射频信号源、拉杆天线。

三、实验原理

目前，信号分析主要从时域、频域和调制域三个方面进行。时域分析就是观察并分析电信号随时间的变化情况，如信号的周期幅度或升降沿等。时域分析的常用仪器是示波器，但是示波器还不能提供充分的信息，因此就产生了频域分析法。频域分析观察并分析信号的幅度(电压或功率)与频率的关系，它能够获取时域测量中得不到的独特信息，如谐波分量、寄生信号、交调、噪声边带。信号时域、频域双测示意图如图 3-3-1 所示。最典型的频域信号分析是测量调制、失真和噪声。通常进行信号频域分析使用的仪器就是频谱分析仪，它是一种多用途的电子测量仪器。

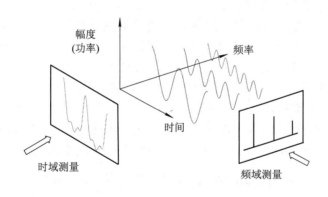

图 3-3-1 信号时域、频域观测示意图

频谱分析仪根据信号处理方式的不同，一般分为两种类型：扫描调谐频谱分析仪(Sweep-Tuned Spectrum Analyzer) 与实时频谱分析仪(Real-Time Spectrum Analyzer)，如图 3-3-2 所示。现代实时频谱分析仪基于快速傅里叶变换(FFT)，通过傅里叶运算将被测信号分解成分立的频率分量，达到与传统频谱分析仪同样的结果。这种新型的频谱分析仪采用数字方法直接由模拟/数字转换器(ADC)对输入信号取样，再经 FFT 处理后获得频谱分布图。

频谱分析仪使用时设置的参数较多，且相互关联。最主要的参数有频率、幅度和频率分辨率带宽(RBW)。

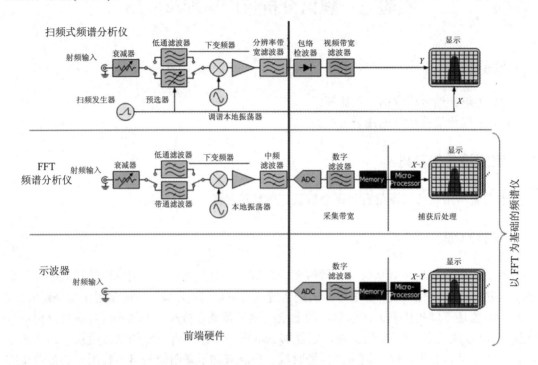

图 3-3-2　各类频谱分析仪的结构示意图

本实验采用的 RSA306 频谱分析仪是泰克公司生产的基于快速傅里叶变换的实时频谱分析仪，可以实现多种信号的分析功能。

在射频电路中，绝大多数端口的输入、输出阻抗以及传输线缆的特性阻抗设计为 50 Ω (视频及共用天线系统采用 75 Ω)，达到易于信号传输匹配、防止反射波产生的目的。本实验采用的信号源及频谱分析仪的端口阻抗均为 50 Ω。在额定阻抗的射频系统中，工程上广泛采用 dB 电平来表示一个功率或电压的大小，常见的有 dBm、dBW、dBV 和 dBμV 等，dBm 为 dBmW 的简写。当一个正弦信号在 50 Ω 负载时产生 1 mW 的功率，那么我们定义这个信号的功率(或电压)为 0 dBm，此时这个信号的有效值为 224 mV。有了 0 dBm 的定义后，任意一个信号的功率(或电压)的 dBm 值可由以下公式算出：

$$信号的 dBm 值 = 10\lg(信号的功率(W)/1\ mW)$$

或

$$信号的 dBm 值 = 20\lg(信号的电压有效值(V)/224\ mV)$$

例如，1 W 的正弦信号在 50 Ω 负载上，其电压有效值为 7.07 V。分别将其带入上面两个公式进行计算，得到的结果都是 30 dBm。可见，在额定阻抗下，dBm 值既可表示功率，也可表示电压有效值。因 $P = U^2/R$，当 $R = 50\ \Omega$(为常量)时，功率 P 和电压有效值 U 为唯一对应关系。

常用的 dBm 值对应的功率值和电压有效值见表 3-3-1。

表 3-3-1　dBm 与功率和电压有效值的对应表(50 Ω 负载)

dBm	功率	电压有效值
60	1000 W	223.61 V
50	100 W	70.71 V
40	10 W	22.36 V
30	1 W	7.07 V
20	100 mW	2.24 V
10	10 mW	707.11 mV
9	7.94 mW	630.21 mV
8	6.31 mW	561.67 mV
7	5.01 mW	500.59 mV
6	3.98 mW	446.15 mV
5	3.16 mW	397.64 mV
4	2.51 mW	354.39 mV
3	2 mW	315.85 mV
2	1.58 mW	281.5 mV
1	1.26 mW	250.89 mV
0	1 mW	223.61 mV
−10	100 uW	70.71 mV
−20	10 uW	22.36 mV

　　信号大小采用 dBm 表达后，若该信号通过的网络增益或衰减也可用 dB 表示，其网络输出信号的大小等于输入信号的 dBm 加网络增益 dB 值或减去网络衰减 dB 值。利用对数将原来的乘除运算变为加减运算，极大地方便了工程技术人员对射频系统的评估和概算。

四、实验任务

1. 空间无线信号的观察

　　我们生活的空间存在着各种用途的无线电信号，如 88～108 MHz 的调频广播电台信号，800 MHz～2.4 GHz 的手机通信信号，2.4 GHz 和 5.8 GHz 的 Wi-Fi 无线局域网以及 2.4～2.485 GHz 的蓝牙短距通信信号。本实验将利用 RSA306 搜寻和观测这些信号。

　　1) 88～108 MHz 的调频广播电台信号的搜寻与解调

　　频谱分析仪输入端接拉杆天线，拉杆天线全部拉出长度约 0.8 m。点击菜单栏设置"setup"→"settings"功能，在频谱设置窗口选择"Freq &Span"标签页，频谱分析仪观测起始频率

"start"设置为 88 MHz，终止频率"stop"设置为 108 MHz。幅度设置点击自动幅度设置"autoscale"按钮。此时可以看到多个调频广播电台的信号分布在不同频率上。点击"markers"→"peak"功能可以找到幅度最大的一个广播电台信号。点击"markers"→"markers to center"，将该广播电台信号频率置于屏幕中心位置，设置频率观测跨度"span"为 500 kHz。

　　点击"setup"→"audio"，点击"run"按钮，启动 RSA306 频谱分析仪音频解调功能，可以解调收听到该电台广播的音频信号。注意观察电台调频信号频谱随调制音频信号变化情况。

　　将不同频率的广播电台信号移至屏幕中心位置，解调收听到该电台广播的音频信号。

2) 2.4~2.485 GHz 的蓝牙短距信号频谱的观察

　　依次点击菜单栏中的"setup"→"settings"。频谱分析仪观测起始频率"start"设置为 2.4 GHz，终止频率"stop"设置为 2.485 GHz。在频谱设置窗口选择"scale"标签页，在该页面垂直"Vertical"区域，位置"position"设置合适的数值(通常为–20 dBm 左右)，使频谱轨迹位于显示窗口的中部。打开手机或蓝牙设备的蓝牙功能，使其处于蓝牙设备搜索状态，将蓝牙设备靠近天线。此时可以观察到蓝牙设备在全波段各信道搜索的信号。由于蓝牙信号是跳频信号，信号在一个频率上的驻留时间很短，信号频谱跳跃无法显示观测。此时可利用频谱分析仪的最大值保持"maxhold"功能，方法为：在频谱设置窗口选择"Traces"标签页，在"Trace"下拉菜单中，选择第二条轨迹"Trace2"，选择"show ☑"，在显示功能 "Function"下拉菜单中选择"maxhold"。此时，显示窗口出现两条频谱轨迹，蓝色显示的就是频谱的最大值轨迹。

3) 800 MHz～6 GHz 的手机通信信号频谱的观察

　　手机通信信号分上行(手机发射至基站)信号和下行(基站发射至手机) 信号。国家分配给各运营商的频率资源各不相同，具体分配见图 3-3-3 和表 3-3-2。

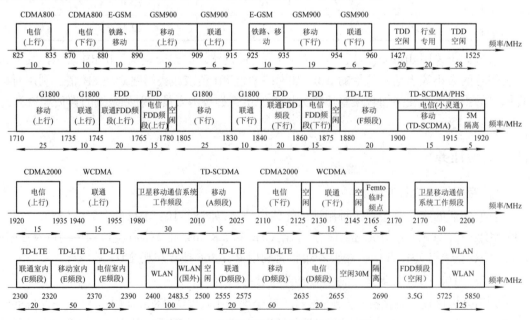

图 3-3-3　5G 以前无线移动通信频谱分布图

表 3-3-2　　四大运营商 5G 频段分布表

运　营　商	频率范围/MHz	带宽/MHz	备　　注
中国移动	2515～2675	160	4G/5G 频道共享
	4800～4900	100	
中国广电	4900～4960	60	
	703～733/758～788	2×30	
中国电信/中国联通/中国广电	3300～3400	100	三家室内覆盖共享
中国电信	3400～3500	100	两家共建共享
中国联通	3500～3600	100	

　　按照图 3-3-3 和表 3-3-2 所示的频率范围，结合自己的手机运营商情况设置频谱分析仪观测起始频率和终止频率，幅度设置点击"autoscale"按钮，即可看到该频段的信号频谱图。在频谱设置窗口选择"scale"标签页，在该页面垂直"Vertical"区域，位置"position"设置合适的数值，使频谱轨迹位于显示窗口的中下部。拨打手机可以看到上行(手机发射至基站) 信号。由于手机信号均采用复杂的数字调制多址复用方式，因此频谱复杂，变化较快。可以利用最大值保持"maxhold"观测其最大占用带宽等指标。

　　RSA306 是一台先进的实时频谱分析仪，具有数字荧光频谱显示(DPX)功能。该功能利用频谱轨迹显示的色温(颜色)表示频谱出现的概率。选择设置菜单"setup"→"displays"，在"Available displays"窗口中选择"DPX"图标。在"selected displays"窗口右侧点击"add"按钮后，在下方点击"OK"按钮即可增加 DPX 显示窗口。在该窗口观察频谱，出现概率越高的谱线显示色温越高(偏红)，出现概率越低的谱线显示色温越低(偏蓝)。在此窗口可以实时观测信号频谱的突变情况。

2．正弦信号的观测

　　用射频信号源产生一个频率为 1 GHz，幅度为 0 dBm 的正弦载波信号。用 50 Ω 电缆将其连接至频谱分析仪。频谱分析仪观测中心频率"CF"设置为 1 GHz，观测频率范围"span"设置为 100 kHz，幅度设置点击自动幅度设置"autoscale"按钮即可看到该信号的主谱线及其两边的噪声谱线。点击"markers"→"peak"，此时，"MR"主标记位于主谱线最大值处，在屏幕左上角读出该标记的频率和功率(电压)大小，即为该信号的频率与功率(电压)测量值。将其与信号源进行对比并填入原始数据记录页中。

　　相位噪声是振荡器短时间稳定度的度量参数。相位噪声起源于振荡器输出信号的相位、频率和幅度的变化。如果没有相位噪声，那么振荡器的整个功率都应集中在频率 $f=f_0$ 处，显示为一根谱线。但相位噪声的出现将振荡器的一部分功率扩展到相邻的频率中去，产生了边带(sideband)。相位噪声通常定义为在某一给定偏移频率处的 dBc/Hz 值，其中 dBc 是以 dB 为单位的该频率处功率与载波功率的比值(c 为载波 carry 的缩写)。一个振荡器在某一偏移频率处的相位噪声定义为在该频率处 1 Hz 带宽内的信号功率与信号总功率的比值，以 dBc/Hz 为单位。

直接频谱测量方法是最简单的相位测量技术，测量在满足以下条件时有效：

(1) 频谱分析仪在相关偏置时的本身 SSB 相位噪声必须低于被测件噪声。

(2) 由于频谱分析仪测量总体噪声功率，不会区分调幅噪声与相位噪声，因此被测件的调幅噪声必须远低于相位噪声(通常 10 dB 即可)。

相位噪声的具体测量方法为：在上面主标记"MR"位于主谱线最大值处时，依次点击菜单栏中的"Markers"→"Define Markers…"，在菜单主屏幕下方打开"Define Markers"窗口，点击"Add"按钮增加一个标记"M1"(最多可以增加 M1～M4 四个标记)，在"readout"(读出)选项中选择差值"delta"选项。此时标记"M1"的状态在屏幕右上角读出。差值"delta"选项使"M1"的状态显示的频率和功率为相对主标记"MR"的差值。在"readout"窗口右侧选择 dBc/Hz 为"M1"标记功率显示单位。在"dBc/Hz"下方"Frequency"窗口输入 20 kHz，或用鼠标左键点击"M1"标记将其拖动到偏离"MR" 20 kHz 的位置，此时屏幕右上角"M1"的状态中"ΔM1:"后显示的功率为相对主标记"MR"的差值，单位 dBc/Hz。该值即为该信号源 20 kHz 频偏处的相位噪声值(质量较好的信号源通常在 −80～−110 dBc/Hz，越低越好)。记录该值并填入原始数据记录页中。

3．AM 信号的观测

设载波信号为 $u_c = U_{cm}\cos2\pi f_c t$ ，调制信号为 $u_M = U_{Mm}\cos2\pi Ft$，则 AM 信号为

$$u_o = u_M u_c = (E + U_{Mm}\cos2\pi Ft) U_{cm}\cos2\pi f_c t$$
$$= EU_{cm}(1 + m\cos2\pi Ft)\cos2\pi f_c t$$
$$= EU_{cm}[\cos2\pi f_c t + 0.5m\cos2\pi(f_c - F)t + 0.5 m\cos2\pi(f_c + F)t]$$

式中，$m = U_{Mm}/E$ 为调制度或调制深度。由上式可见，一个正弦信号调制的 AM 信号，其频谱包含 3 条谱线，分别为 $f_c - F$、f_c 和 $f_c + F$。

对射频信号源进行如下设置：

信号载波频率设置为 100 MHz，输出功率为 0 dBm。按"MOD"选择"调幅"。调制"开关"选择"打开"，调制信号"源"选择"内部"，"调制深度"设置为"50%"(范围为 0%～100%)，"调制频率"设置为"10 kHz"(范围为 10 Hz～100 kHz)，"调制波形"选择"正弦"。在按下射频输出"RF/on"开关后，按下调制输出"MOD/on"开关。此时信号源输出 AM 信号。

频谱分析仪观测中心频率"CF"设置为 100 MHz，观测频率范围"span"设置为 100 kHz。幅度设置点击自动幅度设置"autoscale"按钮，即可看到该信号的主谱线及其两边的两个边带谱线。点击"markers"→"peak"，此时"MR"主标记位于主谱线最大值处，按上面的方法增加一个"M1"，再用鼠标选中"M1"标记后，利用"markers"→"Next peak"→"Next right"将"M1"放在两个边带的任意一个峰值处。"readout"选项中选择差值"delta"选项，在"readout"窗右侧不要选择 dBc/Hz 为"M1"标记功率单位。在屏幕右上角读出此时标记"M1"的状态，"M1"的状态中"ΔM1:"后显示的功率和频率为相对主标记"MR"的差值。其频率差值为调制信号频率，功率差值为 Δ dB(Δ 为负值)，记录该值并与信号源设置进行对比填入原始数据记录页。将信号源"调制深度"设置为 10%，记录结果。

利用 $m = 2 \times 10^{(\Delta/20)} \times 100\%$，可以计算出调制度，填入原始数据记录页。

常用的 m 与边带功率差值 Δ 的对应见表 3-3-3。

表 3-3-3 调制度 m 与边带功率差值 Δ 的对应关系

调制度 m	边带功率差值 Δ
100%	−6 dBc
80%	−8 dBc
60%	−10 dBc
50%	−12 dBc
40%	−14 dBc
20%	−20 dBc
10%	−26 dBc
5%	−32 dBc

4. FM 信号的观测

设载波信号为 $u_c = U_{cm}\cos 2\pi f_c t$，调制信号 $u_M = U_{Mm}\cos 2\pi F t$，则 FM 信号为

$$u_{FM}(t) = U_{cm}\cos(2\pi f_c t + m_f \sin 2\pi F t)$$

式中，$m_f = \dfrac{\Delta f_m}{F}$ 为调频指数或调制深度，Δf_m 为频率偏移。

对于一般情况，FM 信号带宽为

$$B = 2(m_f + 1)F = 2(\Delta f_m + F)$$

调频波的级数展开式为

$$u_{FM}(t) = U_c \sum_{n=-\infty}^{\infty} J_n(m_f)\cos(2\pi f_c + n 2\pi F)t$$

式中，$J_n(m_f)$ 是宗数为 m_f 的 n 阶第一类柱贝塞尔函数。单频 F 的调频波由许多频率分量构成，属非线性调制。

将信号载波频率设置为 100 MHz，输出功率为 0 dBm。按 "MOD" 按钮，选择 "调频/调相"功能。"调频/调相"选择 "调频"，调制 "开关"选择 "打开"，频率偏移设置为 "10 kHz"，调制信号 "源"选择 "内部"，调制信号频率 "调制速率"设置为 "1 kHz"，"调制波形"选择 "正弦"。在按下射频输出 "RF/on"开关后，按下调制输出 "MOD/on"开关。此时信号源输出 FM 信号。

频谱分析仪观测中心频率"CF"设置为 100 MHz，观测频率范围"span"设置为 100 kHz。幅度设置点击自动幅度设置 "autoscale"按钮，即可看到该信号的频谱。由于调频信号谱线变化较快，因此无法直接观测。此时，点击 "setup" → "settings"，在 "Trace"标签页、显示功能 "Function"下拉菜单中，选择 "maxhold"功能，即可观测到该信号稳定的频谱。然后选择 "BW"标签页，频率分辨率带宽窗口 "RBW"分别设置为 100 Hz、

1 kHz 和 10 kHz，观察频谱显示的变化。在原始数据记录页的 FM 信号频谱图中画出对应的频谱图。

五、预习与思考

1. 预习 RSA306 频谱分析仪和 DSG815 射频信号源的说明书。
2. 频率分辨率带宽(RBW)对频谱的观察有何影响？

六、原始数据记录页

原始数据记录页见表 3-3-4、表 3-3-5 和图 3-3-4。

表 3-3-4　正弦信号的频谱分析仪观测结果

射频信号源设置值	频谱分析仪测量值	
频率为 1 GHz	频率=	MHz
幅度为 0 dBm	幅度=	dBm
1 GHz 信号源 20 kHz 频偏处的相位噪声值=	dBc/Hz	

表 3-3-5　AM 信号的频谱分析仪观测结果

射频信号源设置值	M1 标记状态		测量结果	
调制信号频率为 10 kHz	频率差 =	kHz	调制信号频率 =	kHz
调制深度 50%	功率差= −	dBc	调制深度 =	%
调制深度 10%	功率差= −	dBc	调制深度 =	%

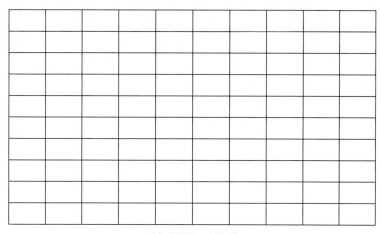

(a) RBW = 100 Hz

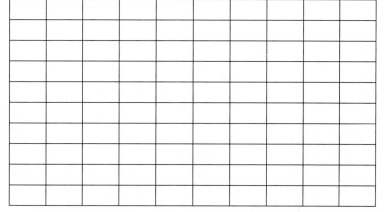

(b) RBW = 1 kHz

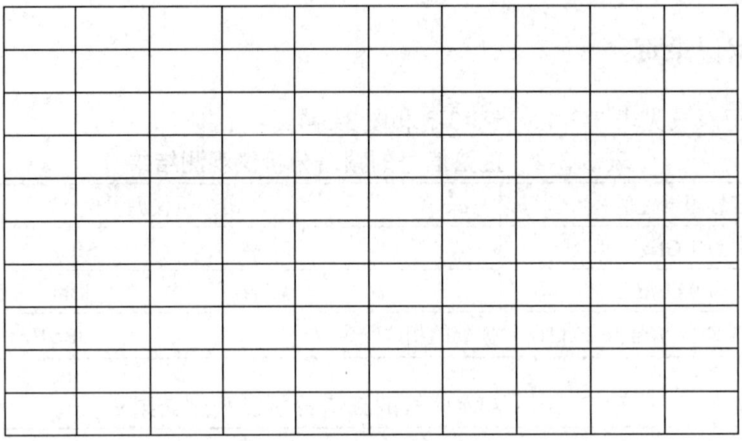

(c) RBW = 10 kHz

图 3-3-4　FM 信号频谱图

实验四　模拟乘法器实验

一、实验原理

模拟乘法器是输出电压与两路输入电压的乘积成正比的有源三端口网络。图 3-4-1 是它在电路中的符号，其数学描述式为

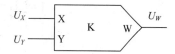

图 3-4-1　模拟乘法器符号

$$U_W = K\, U_X U_Y$$

式中，K 称为乘法器的增益。

在模拟乘法器两路输入端分别输入不同的模拟信号，在其输出端接入不同的滤波电路或负载电路，可以得到不同的应用。特别是在通信电路中，广泛采用模拟乘法器实现 AM 调制、DSB 调制、SSB 调制、同步解调、倍频、混频、相位检测等。

本实验采用 ADI 公司生产的 AD834 集成模拟乘法器芯片，建立并分析一些实验，以验证 AM 调制、DSB 调制、AM、DSB 同步解调、倍频、混频等电路原理、概念和应用。

AD834 模拟乘法器芯片是目前速度最快的四象限模拟乘法器芯片之一，可以用于 UHF 波段，广泛地应用于混频、倍频、乘(除)法器、脉冲调制、功率控制、功率测试、视频开关等领域。其主要特性如下：

(1) 频率响应范围为 DC～500 MHz；

(2) 差分 ±1 V 满量程输入；

(3) 差分 ±4 mA 满量程输出电流；

(4) 低失真，在输入为 0 dB 时，失真小于 0.05%；

(5) 工作稳定，受温度、电源电压波动的影响小；

(6) 在 ±5 V 供电条件下，功耗为 280 mW；

(7) 20 MHz 时，对直通信号的衰减大于 65 dB。

图 3-4-2 是 AD834 集成芯片的内部结构图。在 X 和 Y 端口输入的电压，经过高速电压/电流(V/I)变换器变换为差分电流信号，目的是降低噪声和漂移。两个电流信号再分别通过 X 失真校正和 Y 失真校正，以改善小信号 V/I 转换时的线性特性。在乘法器的核心单元实现了信号的相乘，该乘积信号通过电流放大器放大后，以集电极开路的差分电流形式从 W_1 和 W_2 输出。

当输入端的电压为 $X = X_1 - X_2$，$Y = Y_1 - Y_2$，输入信号 X、Y 的单位为 V，输出电流 W 的单位为 mA 时，输入端和输出端之间的传输函数可以简化为

$$W = 4XY$$

AD834 引脚的功能定义如下：

(1) 引脚 1、2 为信号 Y 的差分输入脚，满幅度输入为 ±1 V；

(2) 引脚 3、6 为电源供电引脚，输入电压为 ±4～±9 V，典型值为 ±5 V；

(3) 引脚 4、5 为信号 W 的差分输出脚，满幅度输出为 ±4 mA；

(4) 引脚 7、8 为信号 X 的差分输入脚，满幅度输入为 ±1 V。

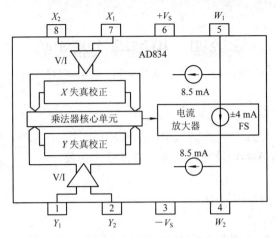

图 3-4-2　AD834 集成芯片的内部结构图

　　实验电路板布局由三部分组成，如图 3-4-3 所示。左上部分为 DC-DC 电路，将输入的+12 V 转换为±5 V 输出，左下部分为功分器，中间为 AD834 构成的乘法器电路，右上部分为中心频率为 10.7 MHz 的带通滤波器。

图 3-4-3　实验电路板布局

　　图 3-4-4 是 AD834 构成的模拟乘法器实验电路。

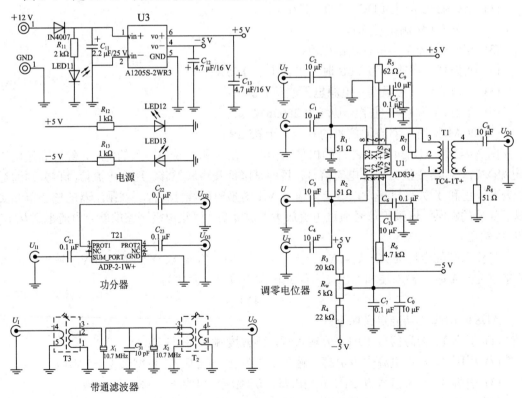

图 3-4-4　模拟乘法器实验电路图

为了给 AD834 乘法器实验电路提供±5 V 的双极性电源电压，实验板上采用了 DC-DC 模块 A1205S-2WR3，将输入的+12 V 电压转换为±5 V。图 3-4-5 为该模块的正视图，其引脚定义如下：

(1) 引脚 1 输入正；

(2) 引脚 2 输入负；

(3) 引脚 3 空脚；

(4) 引脚 4 输出负；

(5) 引脚 5 公共地；

(6) 引脚 6 输出正。

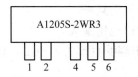

图 3-4-5　A1205S-2WR3 正视图

图 3-4-6 为该模块双极性电压输出的典型应用电路。当输入电压为 12 V 时，C_I 取 2.2 μF/25 V；输出电压为±5 V 时，C_O 取 4.7 μF/16 V。

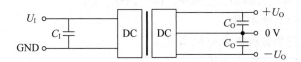

图 3-4-6　DC-DC 模块的双极性电压输出典型应用电路图

在本实验中，双踪示波器是观察与测试信号的主要测量仪器，也是本次实验中实验仪器使用学习的重点。

用示波器双踪同时显示输入、输出信号波形并适当调节，可以进行波形的比较、分析，从而更直观地加深对电路原理的理解。在用双踪示波器观察两路频率差别较大的相关信号时，为了便于同步，一般宜选取频率较低的一路作为示波器触发源通道。

二、实验设备与器材

本实验所用仪器有高频信号发生器、低频信号发生器、直流稳压电源、双踪示波器、频谱分析仪、矢量网络分析仪、万用表、乘法器实验电路板。

三、实验任务

(一) 实验 4-1 载波信号调谐与调零

1. 实验目的

掌握乘法器电路调谐与调零的原理及其操作方法，为后续实验建立基础。

2. 实验原理

模拟乘法器在通信电路应用中，通常在其输出端接带通滤波器。为了得到良好的输出信号，需要对带通滤波器进行调谐。

所谓调谐，就是使带通滤波器回路固有谐振频率与信号频率一致，即谐振。实现调谐的方法有三种：调节回路电容、调节回路电感以及调节信号的频率。本实验电路板采用 10.7 MHz 的晶体滤波器作为带通滤波器，其中心频率是固定的，因此只能采用调节信号频率进行调谐。在谐振时，滤波器输出电压最大。

因此，进行载波电路调谐实验时，必须明确三点：

(1) 调谐的对象：带通滤波器；

(2) 调谐的方法：调节载波信号的频率；

(3) 调谐指示：带通滤波器输出电压最大。

载波调零就是减小乘法器输出端的直流失调电压，使其尽可能为零，实现输出端的载波抑制。

载波调零是在调制输入端外加直流平衡调节电位器，使其在输出端产生一个与失调电压大小相等、极性相反的直流电压，从而实现失调电压的抵消。使载波信号与调制输入端的零信号相乘，输出载波信号为零。

在进行载波信号调零实验时，也必须明确三点：

(1) 调零对象：乘法器电路；

(2) 调零方法：调节直流平衡电位器 R_w；

(3) 调零指示：乘法器输出电压为零。

3. 实验步骤

1) 载波信号调谐

(1) 给电路电源端加上+12 V 的电压，按图 3-4-7 连接电路。

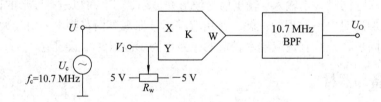

图 3-4-7　载波调谐与调零原理框图

(2) 由高频信号源输出 f_c = 10.7 MHz，U_c = 10 dBm 的载波信号，接入 U 端。乘法器输出端接带通滤波器(BPF)的输入端。

(3) 调节 R_w，右旋(或左旋)至极限。

(4) 用示波器观察 BPF 输出 U_O 的波形。以 100 Hz 步进微调高频信号源的频率，使 U_O →U_{Omax}，将数据记录于原始数据记录页中。记录调谐时 U_{Omax} 的峰峰值及频率 f_c，以后的实验中均采用此频率作为载波频率。

(5) 画下输出信号 U_O 的波形。

2) 载波调零

(1) 在载波调谐的基础上调节载波调零电位器 R_w，使 U_O 减小直至为零，示波器显示为一条水平亮线，即载波调零已调好。

(2) 提高示波器观察通道的垂直灵敏度，可以观察到此时输出端存在一个幅度非常小的载波，称为载波泄露。记下调零时的载波泄露输出电压值，画出观察到的波形，记录在原始数据记录页中。

(二) 实验 4-2　双边带(DSB)调制

1. 实验目的

验证双边带调制实验的原理，掌握实现双边带调制的乘法器电路。

2. 实验原理

电路原理框图见图 3-4-8。在载波调谐和调零的情况下分析，这时 U 和 V 端接入信号分别为

$$u_C = U_{cm}\cos 2\pi f_c t$$
$$u_M = U_{Mm}\cos 2\pi F t$$

其输出信号 u_O 为

$$u_O = K_1 K_2 U_c U_m = K_1 K_2 U_{cm} U_{Mm}\cos 2\pi f_c t \cos 2\pi F t$$
$$= K_1 K_2 U_{cm} U_{Mm}\frac{\cos 2\pi(f_c + F)t + \cos 2\pi(f_c - F)t}{2}$$

式中，K_1 为乘法器增益；K_2 为带通滤波器传输系数。

显然，上述输出信号是双边带调制信号，载波得到抑制。

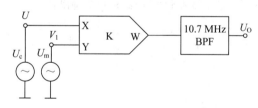

图 3-4-8　DSB 调制原理框图

3. 实验步骤

(1) 按图 3-4-8 所示连接电路。

(2) 由高频信号源输出 $f_c = 10.7$ MHz，$U_c = 10$ dBm 的载波信号，接入 U 端。按照实验 4-1 的调零方法进行调零。

(3) 由低频信号源输出 $f_m = 1$ kHz，$U_{cpp} = 1$ V 的调制信号接入 V 端。

(4) 用示波器观察输出信号 U_O 的波形，此时应显示双边带调制波形。如果相邻包络幅度有差异，可以略微调节 R_w。

(5) 用示波器分别观察 U_c、U_M、U_O 的波形，测量 U_{cpp}、U_{mpp}、U_{Opp} 及 f_c 和 f_M，画出以上三个波形图并记录在原始数据记录页中。

(6) 用双踪示波器同时观察和显示 u_M、u_O。用显示 u_M 的通道作为示波器的触发通道。

调节示波器通道的垂直位移和通道增益旋钮，使 u_O 的包络与 u_M 基本吻合，在同一坐标纸上画出 u_M 和 u_O 的波形，如图 3-4-9 所示。

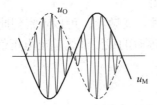

图 3-4-9　调制信号 u_M 和双边带调制信号 u_O 关系波形图

(7) 用频谱分析仪接晶体滤波器输出，观察 DSB 频谱并记录。

(三) 实验 4-3　AM 调制

1．实验目的

验证乘法器实现 AM 调制原理，掌握测量振幅调制系数(调制度)m 的方法及实现 AM 调制的乘法器电路。

2．实验原理

电路原理框图见图 3-4-10。U 端接入载波信号 $u_c = U_{cm}\cos2\pi f_c t$，$V$ 端接入调制信号 $u_M = E + U_{Mm}\cos2\pi Ft$，则电路输出 u_O 为

$$u_O = K_1 K_2 u_M u_c = K_1 K_2(E + U_{Mm}\cos2\pi Ft) U_{cm}\cos2\pi f_c t$$
$$= K_1 K_2 E U_{cm} (1 + m\cos2\pi Ft)\cos2\pi f_c t$$
$$= K_1 K_2 E U_{cm}[\cos2\pi f_c t + 0.5m\cos2\pi(f_c - F)t + 0.5m\cos2\pi(f_c + F)t]$$

式中，K_1 为乘法器增益；K_2 为滤波器传输系数；m 为调制度。

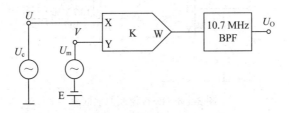

图 3-4-10　AM 调制原理框图

由上式可以看出，输出为 AM 调制信号，其输出波形如图 3-4-11 所示。

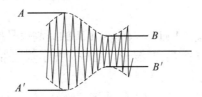

图 3-4-11　AM 调制信号波形

由振幅调制度的定义可知

$$m = \frac{U_{Mm}}{E}$$

振幅调制度 m 的测量可采用示波器。分别测量 AM 波包络的峰峰值 AA' 和谷谷值 BB'，就可计算出振幅调制度 m：

$$m = \frac{AA' - BB'}{AA' + BB'}$$

3. 实验步骤

(1) 按图 3-4-10 连接电路并供电。

(2) 由高频信号源输出 $f_c = 10.7\ \text{MHz}$，$U_c = 10\ \text{dBm}$ 的载波信号，接入 U 端。按照实验 4-1 的调零方法进行调零。

(3) 由低频信号源输出 $f_M = 1\ \text{kHz}$，$U_{Mpp} = 1\ \text{V}$ 的调制信号，接入 V 端。

(4) 调节载波调零电位器 R_w，左旋(或右旋)至极限。此时 R_w 在调制输入端产生直流偏置 E。改变 R_w 或调制信号的大小，可改变振幅调制度 m 的值。

(5) 用示波器显示输出 U_O 的波形，并画下该波形；分别测量 U_{cpp}、U_{Mpp}、f_c 和 f_M，记录在原始数据记录页中。

(6) 分别测出 AM 波形包络的峰峰值 AA'、谷谷值 BB'，并计算振幅调制度 m 值。

(7) 用双踪示波器同时观察和显示 u_M、u_O。用显示 u_M 的通道作为示波器的触发通道，调节示波器垂直位移和通道增益旋钮，使 u_O 的包络与 U_M 基本吻合，在同一坐标纸上画出 u_M、u_O 的波形，说明其物理意义。

(8) 用频谱分析仪接 U_O 观察并记录输出 AM 信号的频谱，并通过频谱测量其调制度 m。

(四) 实验 4-4 倍频

1. 实验目的

验证乘法器实现倍频的原理，掌握乘法器倍频电路。

2. 实验原理

功分器是一种将一路输入信号能量分成两路或多路输出相等或不相等能量的器件。功分器按输出通常分为一分二(一个输入两个输出)、一分三(一个输入三个输出)等。一个功分器的输出端口之间应保证一定的隔离度。功分器的主要技术参数有功率损耗(包括插入损耗、分配损耗和反射损耗)、各端口的电压驻波比、功率分配端口间的隔离度、幅度平衡度、相位平衡度、功率容量和频带宽度等。

功分器符号如图 3-4-12 所示。端口 1 的输入信号功率为 P_1，端口 2 的输出功率为 P_2，端口 3 的输出功率为 P_3，则在理想情况下，$P_1 = P_2 + P_3$。

图 3-4-12 功分器符号

本实验中采用的功分器型号为 ADP-2-1W+，其主要特点如下：

(1) 频带宽度为 1～650 MHz；

(2) 插入损耗典型值为 0.25 dB；

(3) 幅度平衡度典型值为 0.01 dB；

(4) 相位平衡度典型值为 0.2°；

(5) 端口间隔离度典型值为 30 dB。

其引脚排列定义为：引脚 1 为输入，引脚 3 为输出端口 1，引脚 4 为输出端口 2，引脚 6 为地，引脚 2 和引脚 5 为空脚。

乘法器倍频电路原理框图如图 3-4-13 所示。U 端和 V 端各接功分器的一路输出信号，$U_1 = U_m \cos 2\pi f_1 t$，则乘法器输出信号为 u_{O1}：

$$u_{O1} = K_1 (U_m \cos 2\pi f_1 t)^2$$
$$= K_1 U_m^2 \frac{1 + \cos 2\pi(2f_1)t}{2}$$

式中，K_1 为乘法器增益。经带通滤波器输出为

$$u_O = K_1 K_2 U_m^2 \cos 2\pi(2f_1)t$$

K_2 为带通滤波器传输系数。可见，u_O 的频率为输入信号频率 f_1 的 2 倍。

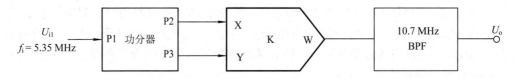

图 3-4-13　乘法器倍频电路原理框图

3．实验步骤

(1) 按实验 4-1 的方法进行调零，保持调零电位器状态不变。

(2) 按图 3-4-13 连接电路并供电。

(3) 由高频信号源输出 $f_1 = 5.35$ MHz，$U_i = 10$ dBm 的正弦信号接入功分器的输入端 U_{i1}。将功分器输出 U_{o2}、U_{o3} 分别和乘法器的输入端 U、V 相连。

(4) 用示波器观察晶体滤波器测量 U_O 输出信号波形。

(5) 用双踪示波器同时观察和显示输入信号 U_I 和输出信号 U_O 的波形，并分别测试其 f_i 和 f_0，记录测试结果于原始数据记录页中。验证输出与输入信号满足倍频关系。

(6) 用频谱仪观察输入 U_i、输出倍频 U_o 的频谱，记录并测量输入输出信号频率及幅度。

（五）实验 4-5　混频

1．实验目的

验证模拟乘法器电路实现混频的原理，掌握模拟乘法器混频电路。

2．实验原理

电路原理框图如图 3-4-14 所示，U 端输入信号 u_S 为

$$u_S = U_{Sm} \cos 2\pi f_S t$$

V 端输入本振信号 u_L 为

$$u_L = U_{Lm}\cos2\pi f_L t$$

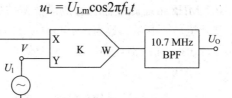

图 3-4-14　混频原理框图

通过乘法器相乘的作用，其输出为 u_{O1}：

$$u_{O1} = \frac{1}{2}K_1K_2U_{Lm}U_{Sm}\cos2\pi(f_S-f_L)\,t$$

$$= K_1U_{Sm}U_{Lm}\frac{\cos2\pi(f_S-f_L)t+\cos2\pi(f_S+f_L)t}{2}$$

式中，K_1 为乘法器增益。

u_{O1} 通过 BPF 滤去 f_S+f_L 分量，得到输出信号 u_O：

$$u_O = K_1K_2U_{Lm}U_{Sm}\cos2\pi\frac{(f_S-f_L)t}{2}$$

$$= KU_{Sm}\cos2\pi(f_S-f_L)t$$

式中，$K=K_1K_2U_{Lm}/2$ 为混频增益；K_2 为带通滤波器传输系数。

由此可见，该电路实现了信号频率搬移作用，即混频。

3．实验步骤

(1) 按实验 4-1 的方法进行载波调零，保持调零电位器状态不变。

(2) 按图 3-4-13 连接电路并供电。

(3) 调节高频信号源输出载波频率 $f_S = 11.7$ MHz，$U_i = 0$ dBm 的正弦信号接入 U 端。

(4) 调节函数信号发生器输出 $f_L = 1$ MHz 的信号，$U_{cpp} = 1$ V(峰峰值)，接入 V 端。

(5) 用示波器观测带通滤波器输出信号 U_O 的波形。

(6) 用示波器分别测试 U_{Spp}、U_{Lpp} 和 U_{Opp} 及 f_S、f_L 和 f_0，记录测试结果于原始数据记录页中，并验证频率关系 $f_0 = f_S - f_L$。

(7) 计算混频增益：

$$K = \frac{U_{Opp}}{U_{Spp}}$$

(8) 用频谱分析仪观察并比较带通滤波器输出 U_O 和 U_{O1} 的频谱。

(六) 实验 4-6　晶体滤波器的测试

1．实验目的

认识晶体滤波器，学会用网络特性测试仪测量滤波器的幅频特性。

2．实验原理

本实验板采用的 10.7 MHz 带通滤波器为石英晶体滤波器，电路图见图 3-4-4。滤波器输入和输出为 50 Ω 标准阻抗，其主要参数为：中心频率 f_0 为 10 700 kHz；3 dB 通带宽度约为 7 kHz；带内波动小于 1 dB；插入损耗为 2 dB（典型值）；带外抑制 > 50 dB（B < 25 kHz）。

3．实验内容

(1) 点测法测试 10.7 MHz 带通滤波器幅频特性。首先，由高频信号源输出频率为 f_S = 10.7 MHz、幅度 U_I = 0 dBm 的等幅信号，接入滤波器输入端，滤波器输出端用直连 50 Ω 电缆接示波器（示波器输入电阻设置为 50 Ω）。按原始数据记录页中的数值改变信号源的频率，每改变一次测出并记录输出电压。找出 f_L、f_H，算出频带宽度 B，在原始数据记录页中画出 10.7 MHz 带通滤波器的幅频特性。

注：调节输入信号的频率时，步长需精确到 0.1 kHz。

(2) 利用网络特性测试仪观察测试实验板 10.7 MHz 带通滤波器的幅频特性，测量其中心频率 f_0 及频带宽度。具体操作参见本书第五部分网络特性测试仪介绍中"测量晶体带通滤波器"的部分内容。将数据记录在原始数据记录页中。

四、原始数据记录页

原始数据记录页见表 3-4-1～表 3-4-8。

表 3-4-1 载波信号调谐时的 U_O 和 f_c

示波器 测量	$U_{Opp} =$　　　V	波形	
	$f_c =$　　　MHz		
频谱仪 测量	$U_{o =}$　　　dBm		
	$f_c =$　　　MHz		

表 3-4-2 载波信号调零时的 U_O

示波器测量	$U_{Opp} =$　　　mV	波形	
频谱仪测量	$U_o =$　　　dBm		

表 3-4-3 DSB 实验数据

$U_{cpp} =$　　　V	波形	
$f_c =$　　　MHz		
$U_{mpp} =$　　　V	波形	
$F_M =$　　　kHz		
$U_{Opp} =$　　　V	波形	
U_{O1}	频谱	U_O

表 3-4-4 AM 实验数据

$U_{cpp} =$　　　V	波形	
$f_c =$　　　MHz		
$U_{mpp} =$　　　V	波形	
$F_M =$　　　kHz		

续表

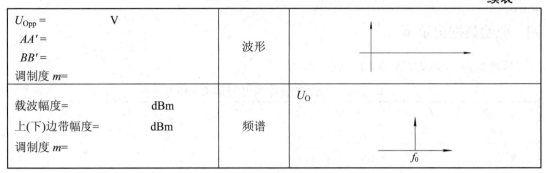

| $U_{Opp}=$ V
$AA'=$
$BB'=$
调制度 $m=$ | 波形 | |
| 载波幅度=   dBm
上(下)边带幅度=   dBm
调制度 $m=$ | 频谱 | U_O |

表 3-4-5 倍频实验数据

$f_I=$ MHz	$f_0=$ MHz

表 3-4-6 混频实验数据

$U_{Spp}=$ V	$f_S=$ MHz
$U_{Lpp}=$ V	$f_L=$ MHz
$U_{Opp}=$ V	$f_0=$ MHz
u_{O1} 频谱	u_O 频谱

表 3-4-7 滤波器测试数据($\Delta f = f - 10\ 700$ kHz)

Δf / kHz	−5	−4	−3.5	−3	−2.5	−2	−1.5	−1	0	1	1.5	2	2.5	3	3.5	4	5
电压/mV																	

表 3-4-8 10.7 MHz 带通滤波器的幅频特性曲线

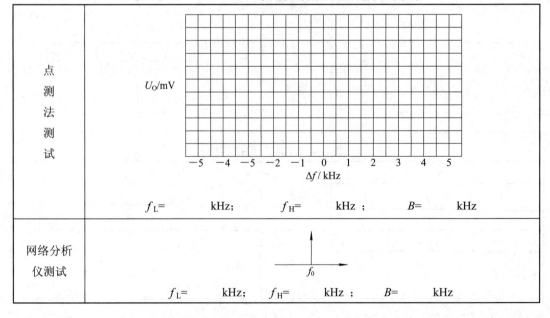

| 点测法测试 | U_O/mV

−5 −4 −5 −2 −1 0 1 2 3 4 5
Δf / kHz
$f_L=$ kHz; $f_H=$ kHz ; $B=$ kHz |
| 网络分析仪测试 | f_0
$f_L=$ kHz; $f_H=$ kHz ; $B=$ kHz |

实验五　相位鉴频器实验

一、实验目的

(1) 了解相位鉴频器的工作原理。

(2) 研究电容耦合相位鉴频器的鉴频特性，掌握鉴频器的调整与测量方法。

二、实验设备与器材

本实验所用设备与器材有直流稳压电源、数字万用表、高频信号发生器、示波器、频率特性测量仪、无感起子。

三、实验原理

1. 实验电路的工作原理

本实验电路由限幅器、调制波变换器和振幅检波器三个部分组成，电路见图 3-5-1。输入的中频调频信号经过三极管 BG_1、BG_2 组成的差分放大限幅器完成放大限幅后，由初级调谐回路滤波，然后加至次级调谐回路及耦合电容 C_C 实现调制波变换，使信号幅度也按频率变化的规律变化，即把等幅的调频信号变换成调频调幅波。然后由 VD_1、VD_2 组成的两个振幅检波器将调频调幅波的幅度变化检波出来，在负载上得到还原的低频调制信号。

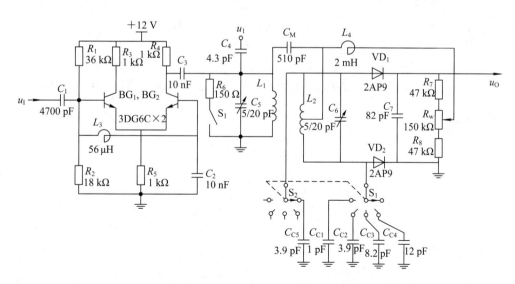

图 3-5-1　相位鉴频器实验板电路图

电路中的初、次级调谐回路分别调谐在中频 $f_0 = 6\ \text{MHz}$ 上。初级回路通过隔直电容 C_M 加到次级回路电感 L_2 的中心点与地之间，用 $\dot{U}_1$ 表示；次级回路电感两端的电压用 $\dot{U}_2$ 表示。

为了保证鉴频特性曲线的对称性，L_2 的中心抽头必须在正中间，故 L_2 采用双线并绕方式绕制，二极管 VD_1、VD_2 也应严格配对。鉴频器的等效电路如图 3-5-2 所示。加在二极管 VD_1、VD_2 正极的中频电压分别为

$$\begin{cases} \dot{U}_{D1} = \dot{U}_1 + \dfrac{1}{2}\dot{U}_2 \\[2mm] \dot{U}_{D2} = \dot{U}_1 - \dfrac{1}{2}\dot{U}_2 \end{cases} \tag{3-5-1}$$

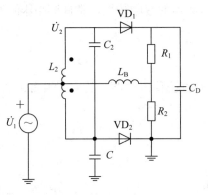

图 3-5-2　鉴频器等效电路

为了使 $\dot{U}_{D1}$ 和 $\dot{U}_{D2}$ 成为随调频信号规律变化的调幅波，必须使 $\dot{U}_1$ 和 $\dot{U}_2$ 之间的相位随输入信号的频率变化。为便于分析起见，将双调谐回路次级单独画于图 3-5-3 中。该电路的特点是，耦合电容 C 的容量很小，其容抗 Z_C 远大于 p^2Z_2（Z_2 为次级回路阻抗，$p = 1/2$ 为接入系数）。因此，电流 I_C 的相位主要由 C 来决定，由图 3-5-2 可知：

$$\dot{I}_C = \frac{\dot{U}_1}{\dfrac{1}{j\omega C} + p^2 Z_2} \approx j\omega C \dot{U}_1 \tag{3-5-2}$$

由式(3-5-2)可知，$\dot{I}_C$ 超前 $\dot{U}_1$ 的相角为 $\pi/2$，因此 C 是一个移相电容，保证 $\dot{I}_C$ 与 $\dot{U}_1$ 的相位移相差 $\pi/2$。

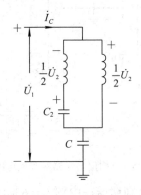

图 3-5-3　次级回路等效电路

由图 3-5-3 可知：

$$\frac{1}{2}\dot{U}_2 = \dot{I}_C p^2 Z_2 = \frac{1}{4}\dot{I}_C Z_2$$

$$\dot{U}_2 = \frac{1}{2}\dot{I}_C Z_2 = \frac{1}{2}j\omega C\dot{U}_1 Z_2 = \frac{1}{2}\omega C\dot{U}_1 Z_2\angle 90°$$

$$Z_2 = \frac{(j\omega L_2 + r_2)\dfrac{1}{j\omega C_2}}{r_2 + j\omega L_2 + \dfrac{1}{j\omega C_2}} = \frac{R_0}{1+j\dfrac{\omega L_2 - \dfrac{1}{\omega C_2}}{r_2}} = \frac{R_0}{1+j\xi} = \frac{R_0}{\sqrt{1+\xi^2}}\angle(-\psi)$$

式中，$R_0 = \dfrac{L_2}{C_2 r_2}$，表示回路谐振电阻；$r_2$ 为次级回路的损耗电阻。

$$\xi = \frac{\omega L_2 - \dfrac{1}{\omega C_2}}{r_2} = Q_2\frac{\omega^2 - \omega_0^2}{\omega^2} \approx Q_2\left(\frac{\omega}{\omega_0} - \frac{\omega_0}{\omega}\right)$$

由此可得

$$U_2 = \frac{1}{2}\omega C\frac{R_0}{\sqrt{1+\xi^2}}\angle(-\psi)\dot{U}_1\angle 90° = \frac{\omega C R_0}{2\sqrt{1+\xi^2}}\dot{U}_1\angle(90°-\psi) \tag{3-5-3}$$

$$\psi = \arctan\xi$$

故输入信号 $f = f_0$ 时，$\xi = 0$，则 $\psi = 0$，$\dot{U}_2$ 比 $\dot{U}_1$ 的相位超前 $90°$，如图 3-5-4(a)所示，因此 $|\dot{U}_{D1}| = |\dot{U}_{D2}|$。当 $f > f_0$ 时，$\xi > 0$，则 $\psi > 0$，$\dot{U}_2$ 超前 $\dot{U}_1$ 的相位小于 $90°$，如图 3-5-4(b)所示，因此 $|\dot{U}_{D1}| > |\dot{U}_{D2}|$。随着 f 的增加，$\dot{U}_2$ 超前 $\dot{U}_1$ 的相位越小，$|\dot{U}_{D1}|$ 也就越大于 $|\dot{U}_{D2}|$。反之，当 $f < f_0$ 时，$\xi < 0$，则 $\psi < 0$，$\dot{U}_2$ 超前 $\dot{U}_1$ 的相位大于 $90°$，如图 3-5-4(c)所示，因此 $|\dot{U}_{D1}| < |\dot{U}_{D2}|$。随着 f 的减小，$\dot{U}_2$ 超前 $\dot{U}_1$ 的相位越大，$|\dot{U}_{D1}|$ 也就越小于 $|\dot{U}_{D2}|$。

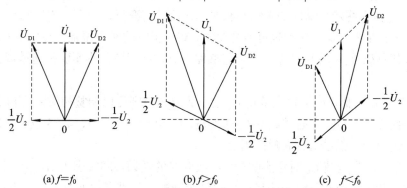

(a) $f = f_0$　　　　(b) $f > f_0$　　　　(c) $f < f_0$

图 3-5-4 用矢量合成法说明鉴频器的工作原理

通过二极管检波后的电压分别为

$$U_{D1} = K_D U_{D1m}$$
$$U_{D2} = K_D U_{D2m}$$

式中，U_{D1m} 和 U_{D2m} 分别为 U_{D1} 和 U_{D2} 的振幅。

鉴频器输出负载上的电压 $U_o = K_D(U_{D1m} - U_{D2m})$。由此可画出鉴频特性曲线，如图 3-5-5 所示。

耦合系数

$$K \approx p\frac{C}{\sqrt{C_1 C_2}} = \frac{C}{2C_1} = \frac{C}{2C_2} \qquad \left(C_1 = C_2, \ p = \frac{1}{2}\right)$$

式中，C_1 为初级回路总电容；C_2 为次级回路总电容。

可见，通过改变 C 来改变耦合系数 K 是十分方便的。

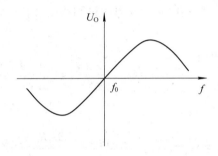

图 3-5-5　鉴频特性曲线

2. 鉴频特性曲线的调整

(1) 零点调整。如果鉴频特性曲线的原点不通过规定的中心频率，就说明它在这个中心工作频率上 $\dot{U}_1$ 和 $\dot{U}_2$ 两个矢量不互相垂直，也就是说次级回路的调谐不正确。在这种情况下，应该调整次级回路的调谐元件，使其谐振在中心频率上。这种调整称为零点调整。本实验是通过调节 C_6 来实现的。

(2) 对称调整。如果鉴频特性曲线在 f_0 左右不是奇对称，就说明初级回路调谐不正确，原因是 $\dot{U}_1$ 在 f_0 左右两边失谐时的振幅不相等。在这种情况下，应调谐初级回路，使其谐振在中心频率上；曲线不是奇对称也可能是 VD_1、VD_2 组成的两个振幅检波器不对称引起的，此时应调节其负载 R_w，使其对称。这种调整称为对称性调整。本实验是通过调节 C_5 和 R_w 来实现的。

(3) 鉴频带宽调整。如果鉴频带宽 B_m 达不到要求，则可以调整初级回路和次级回路之间的耦合系数 K，本实验是通过调节 C_C 来实现的。耦合 1、2、3、4、5 位置对应弱耦合、临界耦合、过耦合、强过耦合和反向耦合。

必须指出，因为调节 C_C 时会影响初、次级回路的调谐，同时因为初、次级回路之间存在耦合，调谐其中一个回路会影响另一个回路的谐振，所以上述调节需反复进行几次。

(4) 鉴频跨导调整。如果鉴频跨导 S_D 达不到要求，可通过调整回路的 Q 值或三极管的工作点(即改变 Y_{21})来改变 S_D，因为 S_D 正比于 $Y_{21}Q$。本实验只可改变 Q 值，在双调谐回路初级通过开关 S_1 的通断来实现(S_1 接通时，回路并联一只电阻，Q 值下降，S_1 断开时不接电阻，即 Q 值提高)。

四、实验任务

1. 用频率特性测量仪测量和调整鉴频器的鉴频特性

在实验板上加 +12 V 电源，将频率特性测量仪的"扫频输出"端接入实验板的信号输入端，实验板的鉴频输出端通过直通电缆(因为实验板中包含检波电路，故不需要使用检波电缆)连接到频率特性测量仪的 Y 轴输入端。调节频率特性测量仪的"中心频率"旋钮使 6 MHz 频标显示在屏幕的中心处，调节"扫频宽度"旋钮，使得屏幕显示 2～4 MHz 的带宽。扫频输出衰减置"0 dB"，Y 轴衰减置"10"，Y 轴输入极性置"+"。适当调节"Y 轴位移"和"Y 轴增益"旋钮，即可在频率特性测量仪的屏幕上显示鉴频特性曲线。

在此基础上调整并测试耦合为 1、2、3、4、5 位的鉴频器鉴频特性曲线，观察初、次级回路分别失谐对鉴频特性的影响，测试负载不对称对鉴频特性的影响以及初级回路 Q 值下降时的鉴频特性曲线。在坐标纸上定性画出鉴频特性曲线。

2. 用点测法调整并测试耦合为 1、2、3、4、5 位的鉴频器鉴频特性

受限于频率特性测量仪的精度，对鉴频器精确的调整和测试通常还需要采用点测法，即采用高频信号源输出单一频率载波信号作为实验板的输入信号，此时鉴频器的输出为一直流信号，用直流电压表测量其输出可得到鉴频特性曲线上的一个点。根据鉴频特性的特点，通常需测量 7 个点以上。在坐标纸上将这些点用光滑的曲线连接起来即可得到鉴频特性曲线。具体方法如下：

(1) S_1 置断(向下)、R_w 置中间，耦合选择置"2"位(C_{C2})，此时为临界耦合。电源电压为+12 V，按图 3-5-6 连接仪器，此时信号源输出载波有效值 $U_S = 50$ mV，$f_S = 6000$ kHz 的载波信号(本实验板限幅器的限幅门限 U_p 约为 100 mV，为了初、次级回路调谐指示明显，故调谐初、次级回路时，$U_S < U_p$)。

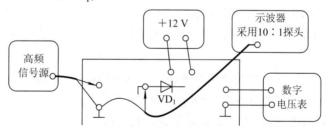

图 3-5-6　仪器连接图

(2) 先调次级回路，调节 C_6 使示波器指示达到最大值；再调初级回路电容 C_5，使示波器指示达到最大值。去掉示波器，这时鉴频器初级回路基本调谐。

(3) 把高频信号源输出信号增加到 300 mV(即限幅电平以上)，调次级回路电容 C_6，使数字电压表显示的 U_O 为零。此零位必须是电压达到灵敏变化范围内的零点。在此零点左右改变 C_6，U_O 应有明显的正负符号的变化，则认为次级回路已基本调好。

(4) 在 6 MHz 左右改变高频信号源的输出信号频率，观察数字电压表显示正负最大值是否基本对称，若显示基本相等，中心频率输出又是零值，则可以测量鉴频特性；否则，

可适当调节 R_w，使 U_O 正负最大值的绝对值基本相等。由于 R_w 的改变会改变上面的 C_6 零点，故 R_w 和 C_6 应反复调节数次，直至鉴频特性在 6 MHz 过零点，两边峰值基本相等方可测量鉴频特性。由于 LC 回路的稳定性不高，相位鉴频器的鉴频特性会随着温度等因素发生改变，因此，本实验中零点和对称性调节精度不需太高，通常误差小于 0.3 V 就可以了。

(5) 测量鉴频特性：每改变一次信号的频率，数字电压表就显示一个相应的输出电压 U_O，即得"耦合 2 位"的鉴频特性(不得少于 7 点)。

(6) 将"耦合选择"分别置于 1、3、4、5 位，并重复 3、4、5 的步骤，就可以测量不同耦合位的鉴频特性，将所测数据填入原始数据记录页中。

在原始数据记录页的基础上，在实验报告中用坐标纸画出上述鉴频特性曲线。

3. 用鉴频器实现调频信号的解调

在实验板上加 +12 V 的电源，"耦合选择"置于"耦合 2 位"，并按上述方法调整其中心频率为 6 MHz 。实验板输入信号用高频信号源产生，高频信号源输出幅度为 300 mV、载波频率为 6 MHz 的调频(FM)信号，其调制信号选用信号源内置的 400 Hz 或 1000 Hz 音频信号。改变调制信号的频率，分别在 400 Hz 或 1000 Hz 时观察鉴频器的输出波形，用示波器观察实验板的输出，测量输出解调信号的频率，将所测数据填入原始数据记录页中。

五、实验报告要求

整理实验数据，画出实验所测的各鉴频特性曲线，比较并讨论各因素对鉴频特性曲线的影响。

六、思考题

(1) 复习电容耦合相位鉴频器的工作原理。

(2) 预习实验指导书，理解实验原理和实验方法，对照鉴频器线路和实验板熟悉各可调元件的作用。

(3) 鉴频器输出电压在何种情况下为直流，在何种情况下为交流？

(4) 在实际测量中如何判别鉴频特性是正极性还是负极性？

(5) 改变耦合电容 C_C 时，为什么要重新调谐初、次级回路？

(6) 当鉴频器输入单一频率信号时，为什么除 $f_S = f_0$ 的频率外，在 $f_S > f_0$ 或 $f_S < f_0$ 处的 U_O 均有零点出现？

(7) 如果测得鉴频器的通频带过宽，应如何缩窄？

(8) 若检波二极管 VD_2 短路或开路能否实现鉴频？

七、原始数据记录页

原始数据记录页见表 3-5-1 和表 3-5-2。

表 3-5-1　不同耦合时的鉴频特性($\Delta f = f_i - f_0$，零点 U_O 绝对值小于 0.3 V)

耦合位		带外点	峰值点	带内点	零点	带内点	峰值点	带外点
1	Δf / kHz							
	U_O / V							
2	Δf / kHz							
	U_O/V							
3	Δf / kHz							
	U_O / V							
4	Δf / kHz							
	U_O / V							
5	Δf / kHz							
	U_O / V							

表 3-5-2　鉴频器实现调频信号的解调

调制信号频率	解调信号波形	解调信号频率
400 Hz		
1000 Hz		

第四部分　电子线路综合实验

　　我们通常将由若干个单元电路或功能模块组合成的规模较大的、能够完成特定功能的完整的电子装置称为电子系统。电子线路综合实验的目的是：通过完成较复杂的数/模混合电子系统或者难度更高的光、机、电综合系统，较系统地实践方案论证、电路设计、装配调试、报告文档整理等设计环节，提高学生们的工程设计能力和工程素质。

　　读者必须首先明确系统需求，然后将系统需求细化为电路的指标和系统工作流程等详细要求，深刻理解每项技术指标的水平和含义，明确该题目的难点、重点及关键技术，最后才能合理地规划实施方案。

　　总体方案论证是电子系统设计的第一步，也是成功的关键所在。这一阶段主要论证系统方案的先进性和可行性。进行先进性论证可以先用批判性思维对现有的技术方案进行分析，找出其不足，然后论述所提方案的优势。在电子线路综合实验中，论证其可行性可以从以下五个方面入手：①原理的可行性；②元器件的可行性；③设计、制作和测试所需条件的可行性；④经费和成本的可行性；⑤周期和进度的可行性。

　　通常，符合基本要求的系统方案不止一种，读者必须广开思路、广泛查阅有关资料，争取提出多种不同的方案，然后逐一分析每种方案的优缺点和可行性，经过充分比较，选择最优方案。这里的最优方案不仅要求具备技术上先进、合理、可行和性能价格比较高等特点，还应秉持自主创新精神，坚持以人为本、绿色环保的设计理念，充分体现出设计者的家国情怀和责任担当。

　　复杂的系统通常可以再划分为低一层次的较小的子系统或者模块，通常可以采用自底向上法和自顶向下法完成系统的划分和设计。自底向上法是从使用经过验证、成熟的模块或者子系统出发，逐步满足整体系统需求的设计方法；而自顶向下法则是先将系统的功能逐步分解为子系统的设计方法。两者相结合既能保证系统的系统化设计，也能利用成熟的技术提高设计效率。设计过程中，应考虑系统内部各子系统之间和整体与外部环境之间的相互关系，按照整体性原则设计。

　　电路设计是电子系统设计中很重要的环节。电路设计不是简单地拼拼凑凑，也不能生搬硬套各种典型电路。电路设计应该分析各模块电路的具体要求以及前后级模块，首先提出详细的指标，然后根据指标给出备选电路，分析各备选电路的优缺点，最后计算和修改相应的参数。在设计中，集成化、数字化和硬件开发软件化是三个应当重视的技术发展趋势，即分立元件向集成电路转移、模拟技术向数字技术转移、传统硬件向软件可编程器件转化。但是，数字技术不可能完全替代模拟技术，随着模拟集成电路的发展，许多场合采用模拟集成电路解决方案也是非常有效的，有时甚至是唯一可行的方案。初步设计后，可以利用 EDA 工具进行严格的功能和性能仿真，验证模块电路的正确性和合理性。经过严格的 EDA 仿真与设计的电路一般是正确的、合理的、有把握的(但也有一些电路受仿真软件的缺陷限制，其仿真结果与实际电路有较大差异)。由于实际元件参数的误差和离散性会影响电路性能甚至导致电路不能正常工作，因此设计中必须考虑参数的误差和离散性问题。如果对某些特别关键的部分还不放心，则可以做一些局部电路的实验，以便心中更加有数。电子系统的可靠性主要取决于电路形式及元器件选型，因此在能满足性能和指标的前提下，应避免片面追求性能指标和功能，应尽可能简化电路结构。

设计过程不仅仅是电路的设计，还包括测试接口、测试方案、调试方法的设计。只有在设计过程中就考虑电路的测试和调整问题，才能方便和有效地验证各模块电路的功能，调整其指标，不至于将错误和故障带入整个系统，从而导致整个系统达不到规定的指标，不能正常工作甚至毁坏其他单元。

电路设计完成后，一般需要设计印刷电路板(PCB)图，进入制板和电路安装阶段。印刷电路板通常由专业生产厂家来生产，设计者仅需提供设计文件即可。设计工艺可以向生产厂家咨询，包括最小线宽、间距等详细工艺参数。电路装配完成后，应该首先进行分级调试，按功能块或子系统分别测试其功能是否正常，性能是否达到方案总体设计时所分配的指标。如果达到要求，则可以继续调试下一个功能块；如果达不到要求，则要寻找原因，调整电路参数或排除故障。此时，应用可编程器件或者软件的相关功能可以在不改变现有电路板结构的前提下，通过重新编程改正错误电路或调整软件功能。当在调试中发现问题时，还可以将各功能块的任务及指标加以适当调整，使其总体满足要求。

分级调试完毕后就可以进行系统联调和测试了，看各模块联起来是否有问题，并从系统的输入到输出，逐项指标加以测试，直到系统的各项功能、性能均达到设计要求为止。

系统调试是否顺利，与前期工作有很大的关系。方案正确与否，理论计算、指标分配正确与否，计算机是否仿真过，PCB图设计是否正确，装配工艺是否规范等，一环扣一环，每个环节都要十分严密、严格，不可掉以轻心，否则将会给调试工作带来极大的困难，甚至会导致整个设计的失败。调试中可能还会出现许多实际问题，如电路不稳定、自激、干扰噪声大等，这些问题在设计阶段就要加以控制和避免，问题一旦出现，就要细心地逐个排除。

系统测试也是必不可少的环节。测试内容必须全面，测试方案必须科学合理，测试数据应该完备和精确，数据处理和测试结果分析应该准确和有效。

电子设计文档整理也是很重要的，完整、清晰的文档可以为后继者提供快速参考，为自己提供设计新思路，为以后撰写文章等积累宝贵素材。同时，文档的整理也是自己一个反思、总结和升华的过程。电子设计报告一般分两部分：一部分是技术报告，或称研制报告；另一部分是使用报告，使用报告是告诉用户如何使用和操作电子系统的。

进行电子线路综合实验的过程中，必须提供完整的设计报告，报告应包含以下部分：

(1) 系统设计目标及性能要求。

(2) 方案论证及选择，包括理论分析、算法研究及参数计算。

(3) 方案设计和分析，包括详细论证组成、各子系统的指标分配。

(4) 系统的实现，包括硬件设计、EDA 仿真、软件设计。

(5) 测试方案和测试结果。

(6) 结果分析。

(7) 必要的附件文档，如电路原理图、PCB 图、元件清单、源程序清单等。

实验一　程控增益放大器

一、实验目的

(1) 学习和了解常用放大器增益控制的方法，掌握数字程控放大器的基本实现方法。

(2) 初步掌握数/模混合电路小系统的设计方法。

(3) 熟悉使用通用板组装电路的过程，锻炼电路调试、故障分析和排除的能力。

二、实验原理

本实验的核心在于增益的控制，通常通过两种途径实现增益控制：一是用继电器、模拟开关、场效应管压控电阻、数控电位器、DAC 等控制放大器的反馈网络和反馈系数；二是采用乘法器实现两信号相乘。

常见的增益控制方法如下：

1．使用场效应管控制增益

利用场效应管的压控特性，通过改变其栅极的电压，进而改变其漏极和源极之间的电阻，从而可以改变放大器的增益或者调整分压。这种增益控制方法常见于自动增益控制(Automatic Gain Control，AGC)放大器等场合，其缺点是不便于进行数字控制和增益校准。

2．采用继电器或者模拟开关控制反馈网络

如图 4-1-1 所示，使用模拟开关改变反馈/输入电阻就可以实现增益的控制。用继电器或模拟开关来实现增益控制的缺点是增益程控的挡位较少。

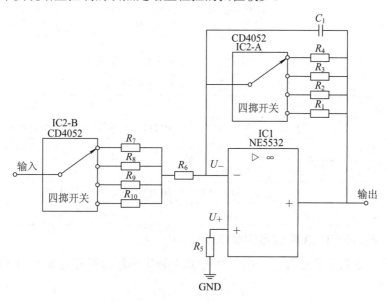

图 4-1-1　使用模拟开关构成的程控放大器

机械触点型继电器的优点是通过的电流大、频率范围宽，缺点是机械动作响应慢。模拟开关的特点与机械接触的继电器正好相反，具有响应速度快、体积小等优点，但对负载电阻、电流以及信号频率都有一定的限制。

使用模拟开关控制增益时应注意模拟开关的导通电阻，且模拟开关的导通电阻还会随着输入电压值而改变，因此选择的输入和反馈电阻应该远大于模拟开关的导通电阻并加入电位器进行微调，这样才能使增益的控制更准确。CD4052 之类的模拟开关的开关控制信号不是标准 TTL 电平，如当 U_{CC} 为 10 V 时，高电平需要达到 7 V 以上。

3. 用数字控制电位器进行分压或者控制反馈网络

数字控制电位器(Digitally Controlled Potentiometer，DCP)也称为数字电位器，是一种用数字信号控制其阻值改变的器件(集成电路)。数字电位器与机械式电位器相比，具有可程控改变阻值、耐震动、噪声小、寿命长、抗环境污染等重要优点，因而采用数字电位器控制放大器的增益，电路简单可靠，分辨率较高。但是，受制造工艺等因素的限制，数字电位器存在精度较差、温度系数大、通频带较窄、允许电流小(一般 1～3 mA)等缺点，限制了其使用范围。如图 4-1-2 所示，通过数字电位器控制分压电阻就可以实现程控增益放大器。选择数字电位器应考虑电位器的个数、电阻的阻值、抽头的数量(决定分辨率)等参数。常见的数字电位器如表 4-1-1 所示。

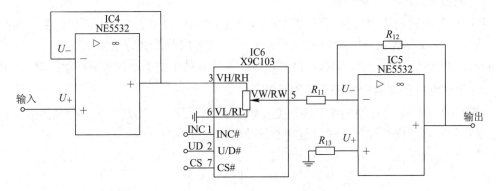

图 4-1-2　使用数字电位器分压实现增益控制

表 4-1-1　备选数字电位器列表

序号	产品型号	抽头数量	制造厂商	产 品 特 点
1	X9313WPIZ	32	XICOR	10 kΩ，单电位器，抽头位置掉电自动保存
2	X9C103P	100	XICOR	10 kΩ，单电位器，抽头位置掉电自动保存
3	AD7376	128	ADI	SPI 接口，宽电压范围
4	MCP41010	256	MICROCHIP	10 kΩ，单电位器，SPI 接口，关断节电功能
5	AD5291/2	256/1024	ADI	SPI 接口，宽电压范围

4. 用数/模转换器(D/A)实现数字增益控制

若 D/A 输入的数字信号为 D_i，则 N 比特 D/A 输出电压与参考电压 U_{ref} 的关系为

$$U_O = \frac{D_i}{2^N} U_{ref} = K U_{ref}$$

所以将输入信号作为 D/A 参考电压，再经 D/A 输出信号，此时改变 D_i 则可以控制电路的增益为 $\dfrac{D_i}{2^N}$。如图 4-1-3 所示，采用乘法型 DAC 8 位 TLC7528 构成的衰减器，数字量每改变 1 bit，该电路的衰减就变动 1/256。由于参考电压 U_{ref} 端信号的频率一般不高，因此这种方法频带宽度较窄。

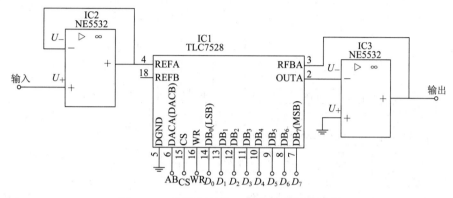

图 4-1-3　使用乘法型 DAC 构成程控衰减器

5. 选用增益可控的专用集成芯片实现增益控制

如表 4-1-2 所示，市场上有很多单片集成增益可控放大器，包括连续可变增益放大器 (VGA)、可编程增益放大器(PGA)和可变增益仪表运算放大器三种。其中，VGA 是通过电压控制增益，其增益控制精度取决于控制电压的精度和稳定度；而 PGA 是通过 SPI、I2C 等接口进行控制，其精度取决于 PGA 芯片的特性；可变增益仪表运放通常是通过外接的电阻来控制增益。这些器件的优点是精度高，外电路简单，使用方便；缺点是成本较高。

表 4-1-2　备选增益可控放大器列表

序号	产品型号	增益范围	制造厂商	产品特点
1	PGA100	1, 2, 4, 8, 16, 32, 64, 128	MAXIM	8 级可编程增益放大器
2	AD526	1, 2, 4, 8, 16	ADI	5 级可编程增益放大器
3	AD603	−11～+31 dB(90 MHz 带宽)	ADI	低噪声、电压控制型放大器
4	VCA810	−40～+40 dB	TI	宽带压控增益放大器
5	TPA1286	外部电阻控制增益 1 到 1000	思瑞浦	高压、高精密、零漂移仪表放大器

图 4-1-4 所示电路中，AD526 是一款单端、单芯片、可软件编程的增益放大器(SPGA)，提供 1、2、4、8、16 共五种增益。它是一款完整的程控增益放大解决方案，配有放大器、电阻网络和 TTL 兼容型锁存输入，无须外部器件。低增益误差和低非线性度使 AD526 非常适合应用于精密仪器中，该器件具有出色的直流精度。FET 输入级使得偏置电流低至 50 pA，可保证最大输入失调电压为 0.5 mV(C 级)，增益误差低至 0.01%($G = 1$、2、4，C 级)。

AD603 是低噪、90 MHz 带宽增益可调的集成运放，如果增益用分贝(dB)表示，则其增益与控制电压为线性关系。图 4-1-5 是两级 AD603 级联而成的电压控制可变增益放大电路，增益由模拟电压 u_A 控制。AD603 引脚间的连接方式决定了其可编程的增益范围，增益在

–11～+30 dB 时的带宽为 90 MHz，增益在+9～+41 dB 时具有 9 MHz 的带宽。该集成电路可应用于射频自动增益放大器、视频增益控制、A/D 转换量程扩展和信号测量系统。

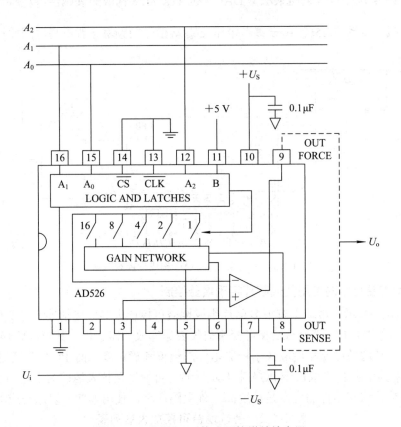

图 4-1-4　使用 PGA 构成可控增益放大器

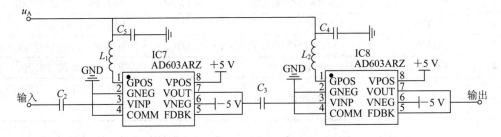

图 4-1-5　使用 VGA 构成可控增益放大器

图 4-1-6 是使用仪表运放和数字电位器构成的差分输入单端输出可控增益放大器。TPA1286 是一款国产、高精密、宽电源范围、零漂移的仪表放大器，只需一个外部电阻器即可将增益设置在 1 到 1000 之间。TPA1286 内部集成精密电阻，使得器件具备优异的直流精度，兼具高共模抑制能力和低增益误差等优势。其供电范围支持±2.25～±18 V；共模抑制比高达 80 dB(1 kHz，$G=1$)。与其类似的产品还有 AD620 等，这些仪表放大器通常用于工业控制、测量、数据采集和医疗等应用。

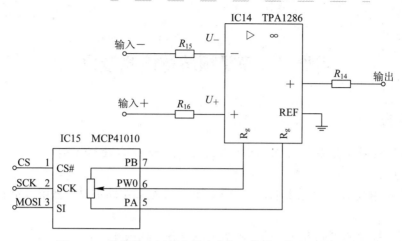

图 4-1-6 使用仪表运放和数字电位器构成可控增益放大器

以上简单介绍了几种常用的增益控制方法。这些不同类型的可变增益放大器在性能特点、增益的改变方法、电路实现的难易程度等各个方面各有不同，在具体选用时应综合考虑其中的因素。有时还需要结合几种方法或者结合其他电路，进一步提高放大器的某些性能指标，以满足实际应用的需求。

本实验要求的增益只有 4 挡，频带范围也很窄，输出电流也不大，因此使用模拟开关进行增益控制是较好的选择。此时，需要注意模拟开关的输入端电压不能超过规定的范围，此范围通常为电源电压范围和保护二极管电压之和，也就是 $U_{EE} - 0.3$ V 至 $U_{CC} + 0.3$ V。当然，实际设计中，读者还需要合理设计电路和选择合适的运放，以满足输入阻抗、输出阻抗等指标。

三、实验任务

设计和实现数字程控放大器，程控接口可自定义，主要指标如下：

(1) 增益范围为 10~40 dB，步进为 10 dB，电压增益误差≤10%。

(2) 当增益为 40 dB 时，–3 dB 带宽≥10 kHz，接 1 kΩ 负载时，最大输出电压峰峰值不小于 20 V。

(3) 输入阻抗>1 kΩ，输出阻抗<1 kΩ。

(4) 电源电压为±12 V，电流不大于 100 mA。

四、思考题

(1) 请说出几个使用可控/可变增益放大器的例子，简述可变增益放大器的作用。

(2) 如果实验任务中增益范围改为 10~60 dB，步进为 1 dB，电压增益误差≤1%，则应该如何设计总体方案。

(3) 请分析所设计数字程控放大器的输入电压范围，并思考是否可以设计保护电路，使电路输入 220 V 的交流电压时能保护电路不损坏。

实验二　简易频域特性测量仪

一、实验目的

(1) 了解直接数字频率合成器(Direct Digital Synthesizer，DDS)等信号产生的方法以及幅度测量的方法。

(2) 掌握使用数/模混合系统的设计方法，进一步培养电路调试、故障分析和排除的初步能力。

(3) 学习印刷板的绘制方法，初步理解电磁兼容的相关知识。

二、实验原理

1. 信号产生

频域特性测量仪的核心是正弦信号的产生和信号有效值的测量。常见的数字控制频率的正弦信号产生方法主要有以下几种。

1) 采用锁相环(PLL)实现正弦信号的产生

本方法的实现框图如图 4-2-1 所示。由于集成 PLL 的 VCO 一般都产生方波，而不是正弦波，而且锁相环电路复杂，不便于调试，因此在实验中不建议采用。

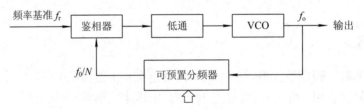

图 4-2-1　锁相环(PLL)的正弦信号产生

2) 利用单片集成波形发生器芯片实现测试信号的产生

当前，常用的单片集成波形发生器有 ICL8038、MAX038、XR2206 等，这类集成芯片产生波形的原理是基于多谐振荡器，即恒流源向一定时电容充放电而产生的三角波，然后经过波形变换电路得到正弦波。只要控制电容充放电电流即可改变振荡频率，其基本电路如图 4-2-2(a)所示。这种方案是通过改变电容充放电电流来达到改变频率的目的，因为其精度不高，所以也不建议采用。

3) 采用专用频率合成和 DDS 器件

目前，DDS 已经成为一种常用的电子设计手段，已经有一些成熟的单片 DDS 来实现这一功能。这些芯片将存储器、计数累加器、高速 D/A 转换器集成于单一芯片中，成本低、稳定度高，用户只需设置状态字即可很轻易地实现 DDS 的功能，非常适合本实验的设计需求。以 AD9954 为例，它采用先进技术并内置一个高速、高性能 DAC，构成完整的数字可编程、高频合成器，能够产生最高达 160 MHz 的正弦波。它能够实现快速跳频，同时还具有精密频率调谐(0.01 Hz 或更高分辨率)和相位调谐(0.022° 间隔)。AD9954 内含 1024 × 32 静态 RAM，利用该 RAM 可实现高速调制，并支持几种扫频模式。其应用范围包括灵敏频率合成器、可编程时钟发生器、雷达和扫描系统的 FM 调制源以及测试和测量装置等。

　　常用的专用频率合成和 DDS 芯片(见表 4-2-1)包括 AD7832、Q2368、Q2334 和 AD9954 以及 ML2035/ML2036 等。如图 4-2-2(b)所示，AD 公司的 98、99 系列 DDS 芯片电路较复杂，且通常需要微处理器进行控制。本实验要求的频率范围有限，因此不推荐采用较昂贵的专用 DDS 来设计信号源。

表 4-2-1　常用 DDS 芯片

序号	产品型号	最高频率	DAC 位数	波 形 类 型
1	AD9834	37.5 MHz	10	正弦波、方波、三角波
2	AD9850	67.5 MHz	10	正弦波、方波
3	AD9854	150 MHz	12	正交，正弦波、方波，频率相位和幅度调制
4	AD9959	250 MHz	10	四通道，正弦波，频率相位和幅度调制

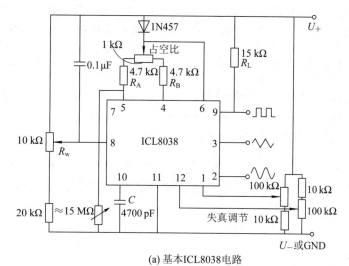

(a) 基本ICL8038电路

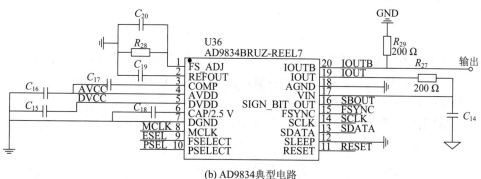

(b) AD9834典型电路

图 4-2-2　使用单片集成波形发生器实现正弦信号产生

4) 利用单片机或可编程器件实现直接数字频率合成(DDS)

采用纯数字化的方法产生信号的频率准确，频率分辨率高，在频率较低时成本较低，故本实验建议采用直接数字频率合成。

DDS 是一种应用较普遍的频率合成器，可以产生单一频率或任意波形的信号。其基本框图如图 4-2-3 所示。其中，K 为频率控制字，P 为相位控制字。设 f_c 为系统时钟 clk 的频率，N 为相位累加器的字长，D 为 ROM 数据位宽和 D/A 转换器的字长。相位累加器在时钟 f_c 的控制下以步长 K 累加，输出的 N 位二进制码经过处理(一般为截断处理)后与相位控制字相加(如果不进行相位调制，则不需要相位调制器)，结果作为 ROM 的输入地址，对波形 ROM 进行寻址。ROM 中输出的 M 位的幅度码经 D/A 转化后就可得到合成波形。合成波形经滤波后输出，可得到 ROM 中存储的正弦波。

DDS 的频率分辨率 Δf 为

$$\Delta f = \frac{f_c}{2^N} \tag{4-2-1}$$

可以得到 DDS 输出合成信号的频率为：

$$f_O = \frac{f_c}{2^N} K \tag{4-2-2}$$

式中，f_O 是输出频率；f_c 是系统时钟频率。当 $K=1$ 时，输出最低频率，即频率分辨率。根据式(4-2-2)可知，K 一定且 N 足够大时，合成频率可以做到很低，几乎趋向于零。但最高合成频率受限于抽样定理，K 最大只能取 2^{N-1}，即 $f_{Omax} = \frac{1}{2} f_c$。考虑到低通滤波器的非理想特性，实际应用中通常取 $f_{Omax} \approx 40\% \times f_c$。

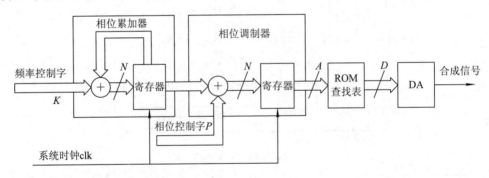

图 4-2-3 DDS 产生单频信号结构

DDS 的输出频率随 K 的变化而迅速变化。DDS 的 ROM 中存储的幅度序列并非必须是正弦或余弦，还可以用它放任何波形。根据需要，可用 DDS 产生各种波形，如三角波、方波、锯齿波或其他复杂波形。

设 DAC 的位数为 D，则可以近似认为幅度量化噪声引起的信噪比为

$$\frac{S}{N} = \frac{2^{2D}}{6.8} \tag{4-2-3}$$

以 dB 表示为

$$\left(\frac{S}{N}\right)_{dB} = 6.02D - 8.3 \tag{4-2-4}$$

实际应用中，为了更大程度地缩小 ROM 的规模，通常会用到相位截断技术，即只取累加器输出的高位对 ROM 进行寻址，而其余位不参与寻址。相位量化噪声是影响 DDS 输出噪声和杂波的重要原因。假设相位累加器的有效输出位数为 A，则由量化引起的信噪比可估计为

$$\frac{S}{N} = 1.5\left(2^A - 1\right)^2 \tag{4-2-5}$$

以 dB 表示为

$$\left(\frac{S}{N}\right)_{dB} = 6.02A + 1.76 \tag{4-2-6}$$

因此，单一增加相位累加器有效位数(也就是 ROM 的大小)或者增加 DAC 位数并不能提高输出信号的质量，设计中需要根据所需的信号质量要求(信噪比)选取合适的累加器和 ROM 位宽。

2．有效值的测量和显示

实验中，要求数字显示响应电压幅度，常用的做法是将电压有效值变换成直流电压，然后利用数字电路或者单片机完成译码和显示，也可以利用 ICL7107 等带显示驱动的 AD 完成。对于实验要求的这种信号频率较低、动态范围较小的场合，也可以直接使用 ADC 进行信号采集，然后根据有效值的计算公式，利用单片机算出其有效值。

常见的有效值测量方法有两种：一种是针对特定的信号，根据有效值、峰值、平均值之间的关系进行推算，如根据正弦波峰值和有效值之间的关系，测量峰值电压后算出有效值；另一种是直接测量出有效值。常见测量正弦波有效值的方法如下：

(1) 热转换方法。理论上，热转换是最简单的方法，但实际上，它是最难实现、成本最高的方法。常见的热电式 RMS 电压测量的原理是，使信号在取样电阻上产生功率后用热电偶检测电阻的温度变化，再转换得到输入电压的 RMS 值。Linear Technology 公司的单片 RMS-DC 转换电路 LT1088 就采用这种工作方式。

(2) 利用平方律器件进行功率的测量。图 4-2-4 中，利用了二极管在其导通电压附近的伏安特性近似为平方律的特点，用二极管实现了平方律检波器，从而间接测量出输入电压信号的功率，根据功率和有效值的关系可以得到有效值。用二极管近似平方律，受二极管特性影响较大，此方法只适应于对精度等指标要求不高的场合，实际中还经常使用乘法器实现基于平方律的有效值测量。

题目中对精度的要求不高，但信号幅度变化范围较大，此时必须首先将信号的幅度调到合适的幅度和偏置，才能采用二极管近似测量信号的有效值。

(3) 专用集成电路测量法。表 4-2-2 是常见的单片 RMS 测量集成芯片，包括 AD 公司的 AD536、AD637、AD639，Linear Technology 公司的 LTC1966/1967/1968 等。例如，AD637 是一款完整的高精度、单芯片均方根直流转换器，可计算任何复杂波形的真均方根值。AD637 提供波峰因数补偿方案，允许以最高为 10 的波峰因数测量信号，额外误差小于 1%。带宽允许测量有效值为 200 mV、频率最高达 600 kHz 的输入信号以及有效值为 1 V 以上、频率最高达 8 MHz 的输入信号。图 4-2-5 所示为基于 AD637 的有效值测量电路。使用测量集成芯片的时候需要注意转换器的精度、带宽、纹波和建立时间。

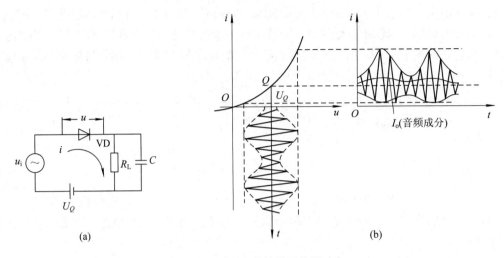

图 4-2-4　用平方律检波器检测功率

表 4-2-2　常用有效值测量芯片列表

序号	产品型号	带　　宽	精　　度	特　　点
1	AD536	2 MHz(有效值>1 V)	0.2%	dB 输出，60 dB 范围
2	AD637	8 MHz(有效值>2 V)	0.02	dB 输出，60 dB 范围
3	LTC1966	800 kHz(3 dB)	0.25%(50 Hz～1 kHz)	
4	LTC1967	40 kHz(0.1%)	0.02%	
5	LTC1968	500 kHz(1%)	0.02%	
6	AD8362	3.8 GHz	0.5 dB	dB 输出
7	AD8361	2.5 GHz	0.25 dB	

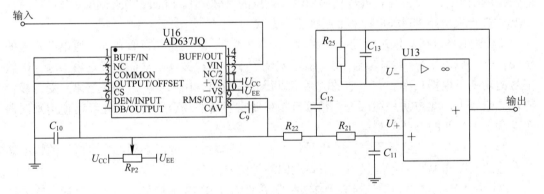

图 4-2-5　基于 AD637 的有效值测量电路

（4）测量均值或峰值换算法。从本实验来讲，对电压测量的精度要求不高，而且输出信号是正弦波，因此可以测量其均值或者峰值来换算出信号的有效值。图 4-2-6 是经典的峰值检波电路，图中 U32、U33 构成一个峰值电压检测电路，电路中使用 R_{20} 作为电容 C_6 的放电回路，这样就可以不需要传统基于开关的峰值检波电路中的放电开关。U34 构成二阶低通滤波器，保证输出的直流电压波动更小。

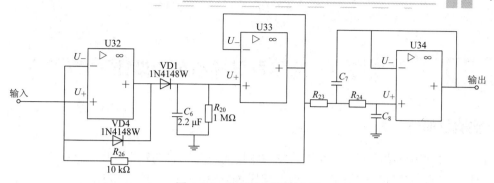

图 4-2-6　峰值电压检测电路

本实验对频率精度的要求较高，但由于信号频率较低，因此可以采用单片机 DDS 产生正弦信号。对于信号有效值的测量，采用单片机内带的 AD 采样整数周期的信号电压计算其有效值是比较简单易行的方法。

三、实验任务

设计并制作一个简易的幅频特性测量仪，其框图如图 4-2-7 所示。

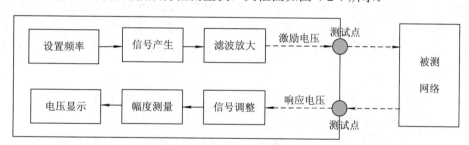

图 4-2-7　系统框图

该测量仪的指标如下：

(1) 设计正弦信号产生电路，要求产生的正弦波用示波器观察无明显失真，产生的频率范围为 100 Hz～1 kHz，步进为 100 Hz，频率误差为 ±5 Hz，输出幅度为有效值 $1 \times (1 \pm 1\%)$ V，输出阻抗<1 Ω。

(2) 正弦波幅度测量部分电路的输入阻抗>10 kΩ，响应电压幅度测量范围为有效值 200 mV～2 V，分辨率为有效值 100 mV，误差<100 mV 有效值。

(3) 具有幅频响应点测功能，可以手动设置输出正弦激励的频率，实时显示响应电压幅度。

(4) 使用 EDA 软件绘制简易幅频特性测量仪的电路图和 PCB 图，注意地线、电源线的宽度，退耦电容等电磁兼容问题(参考第六部分的立创 EDA)。

四、思考题

(1) DDS 方案中为什么不通过改变 f_c 来达到控制输出信号频率的目的？

(2) 测量二端口网络时应在不失真条件下进行，所以是否可以设计一种检测电路来检测相应电压信号是否失真？

实验三　简易自寻迹小车的设计

一、实验目的

(1) 学习常用传感器的基本知识，掌握常用光电传感器的基本使用方法。

(2) 学习常用执行结构的基本知识，掌握直流电机的基本使用方法。

(3) 掌握简单的光、机、电一体化组成系统的方法。

二、实验原理

智能车(移动机器人)是机器人学的一个重要分支，最早是 20 世纪 60 年代出现的 shakey 自主式移动机器人。智能车集感知、规划决策、控制和反馈等技术于一体。智能车/船是一种非常适合无人业务的平台，可以用于环境监测、物流、深空探测、战场探测等场合。例如，2021 年 5 月 22 日 10 时 40 分，我国首次火星探测天问一号"祝融号"火星车成功驶上火星表面，开始巡视探测。"祝融号"火星车配置了导航地形相机、多光谱相机等 6 种科学载荷，可以进行多项科学探测。图 4-3-1 是国家航天局官网发布的"祝融号"火星车拍摄的"着巡合影"。

图 4-3-1　祝融号着巡合影

本次实验的基本要求包括三部分，即检测部分(光)、驱动部分(机械)和控制部分(电)。下面依次介绍这几部分的常用电路。

1. 驱动部分

如图 4-3-2 所示，电子设计中常用的小车分为四种：第一种是类似于图 4-3-1 的履带式小车，其两侧履带通过直流电机或者步进电机驱动，运行很稳，速度较慢，但转向比较方便；第二种是双轮驱动，一般采用双电机+万向轮(牛角轮)的方式，当然也有采用双直流电机+双万向轮的方式，这类小车的优点在于转弯不需要转角，可以原地转弯，其次是可以精确控制小车行进路线，缺点是无法获得很大的速度；第三种是后轮直流电机驱动+前轮舵机转向的方式，这种小车的优点在于可以获得很大的速度，但转弯要有一定的转角；第四种则是多轮驱动(四轮、六轮等)电动车，多轮驱动的电动车动力较强，能更好地适应各种路面并承载更重的载荷。

图 4-3-2　常见的小车平台

1) 直流电机

直流电机是最常见的驱动器件，通过改变驱动电流或者驱动电压可以改变直流电机的转速。由于需要的驱动电流较大，因此通常需外加驱动电路。直流电机常见的是 H 桥电路。图 4-3-3 所示为一个典型的直流电机控制电路，H 桥式电机驱动电路包括四个三极管和一个电机。通过控制不同三极管对的导通情况，使驱动电流从左至右(图 4-3-3(a))或从右至左(图 4-3-3(b))流过电机，从而控制电机的旋转方向。当 H 桥上两个同侧的三极管同时导通时，电路中除了三极管外没有其他任何负载，因而电流很大，甚至会烧坏三极管，所以通常实际驱动电路中要用硬件限制这种情况的发生。

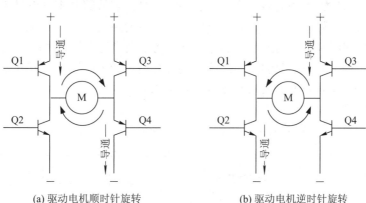

(a) 驱动电机顺时针旋转　　　　　　　(b) 驱动电机逆时针旋转

图 4-3-3　H 桥电机驱动

实际使用时，用分立元件设计 H 桥比较麻烦，市场上有很多封装好的 H 桥集成电路，如常见的 L293D、L298N 等。这些集成电路接上电源、电机和控制电压就可以很方便地控制电机。

直流电机的调速一般不通过改变电压完成，而是使用脉宽调制(PWM)信号实现。PWM就是用来产生占空比可变的脉冲波形的模块，由于其平均电压随着占空比线性变化，因此可以很方便地控制直流电机的调速。由于目前很多单片机内带 PWM 模块，因此电机的控制采用单片机比较方便。图 4-3-4 是用 L298 驱动 2 个直流电机的电路，电机启动后控制 A 和 B 接到 PWM 信号以控制转速，IN$_1$、IN$_2$ 等用高低电平控制方向。

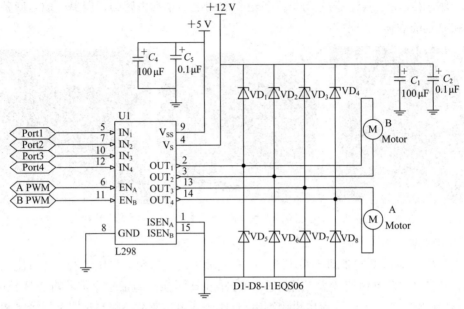

图 4-3-4　L298 典型应用

2) 步进电机

步进电机是将电脉冲激励信号转换成相应的角位移或线位移的离散值控制电动机。在非超载的情况下，电机的转速、停止的位置只取决于脉冲信号的频率和脉冲数，而不受负载变化的影响，当步进驱动器接收到一个脉冲信号时，它就驱动步进电机按设定的方向转动一个固定的角度，称为步距角，它的旋转是以固定的角度一步一步运行的。可以通过控制脉冲频率来控制电机转动的速度和加速度，从而达到步进电机调速的目的。

图 4-3-5 是四相六极的示意图，其中转子包含 3 个永久磁铁，因而有 6 个磁极，图中 0、3 为一组磁极，1、4 为一组磁极，2、5 为一组磁极。

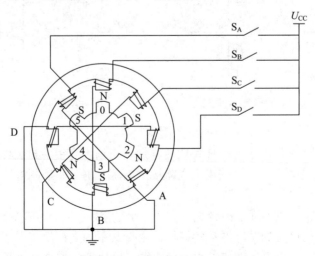

图 4-3-5　四相六极电机示意图

首先，我们闭合 S_B，断开 S_A、S_C、S_D，给绕组 B 施加电压，则在定子中产生一个北极，指向其顶部的磁场，于是转子的南极转向了该图的上方，B 相磁极和转子 1、4 号齿对齐。当开关 S_C 接通电源，S_B、S_A、S_D 断开时，由于 C 相绕组的磁力线和 3、0 号齿之间磁力线的作用，使转子转动，3、0 号齿和 C 相绕组的磁极对齐。依次类推，A、B、C、D 四相绕组轮流供电，则转子会沿着 A、B、C、D 方向转动。

四相步进电机按照通电顺序的不同，可分为单四拍(A-B-C-D-A-…)、双四拍(AB-BC-CD-DA-AB-…)、八拍(A-AB-B-BC-C-CD-D-DA-A-…)三种工作方式。单四拍与双四拍的步距角相等，但单四拍的转动力矩小。八拍工作方式的步距角是单四拍与双四拍的一半，因此八拍工作方式既可以保持较高的转动力矩又可以提高控制精度。单四拍、双四拍与八拍工作方式的通电控制时序与波形分别如图 4-3-6(a)、(b)、(c)所示。

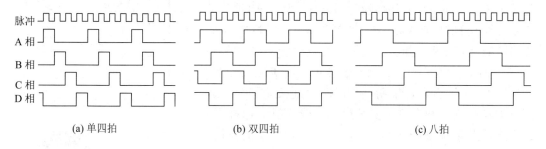

    (a) 单四拍   (b) 双四拍   (c) 八拍

图 4-3-6　步进电机工作时序波形图

对于步进电动机驱动，一般有如下要求：

(1) 能够提供较快的电流上升和下降速度，使电流波形尽量接近矩形。

(2) 具有截止期间供释放电流流通的回路，以降低绕组两端的反电动势，加快电流衰减。

(3) 具有较高的功率及效率。步进电动机的驱动方式很多，如单极性驱动、双极性驱动、高低压驱动、斩波驱动、细分驱动、集成电路驱动等。

3) 舵机

图 4-3-7 所示的舵机是小车转向的控制机构，具有体积小、力矩大、外部机械设计简单、稳定性高等特点，舵机设计是小车控制部分的重要组成部分。

图 4-3-7　舵机外形图

舵机一般由舵盘、减速齿轮组、位置反馈电位计、直流电机、控制电路板反馈等部分组成。当控制电路板收到控制信号后，控制电机转动，电机的转动通过齿轮组驱动舵盘，同时带动位置反馈电位器，电位器输出和角度相关的电压给控制电路板，控制板根据电机的速度和方向以及角度判断是否到达目标角度，到达目标角度后停止转动。

常见的舵机厂家有 Futaba、辉盛、新幻想、吉林振华等。常用的型号包括 SG90、Futaba S3003 和辉盛 SG-5010 等。如图 4-3-8 所示，舵机的控制信号一般为周期是 20 ms 的脉宽调制(PWM)信号，其脉冲宽度线性对应舵盘的 0°～180°。也就是说脉宽一定时，其角度不变，所以舵机是非常好的位置伺服驱动器，适用于那些需要角度不断变化并保持的驱动装置，如小车的转向控制。当然目前也有 360°连续旋转的舵机，舵机选购时要注意舵机的体积、扭力、舵机的反应速度和虚位等指标。常见的有 2.5 g、3.7 g、4.4 g、7 g、9 g 等舵机(这里 g 指舵机的重量的单位为克)，体积和扭力也是逐渐增大。舵机的反应速度和虚位也要考虑，一般舵机的标称反应速度常见为 0.22 s/60°，0.18 s/60°，好一些的舵机有 0.12 s/60°的反应速度，数值越小反应就越快。

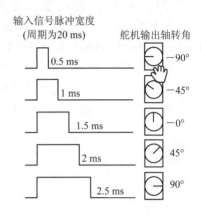

图 4-3-8　舵机控制时序

2. 检测部分

小车寻迹系统一般采用红外一体式反射式光电管识别路径上的黑线。红外一体式发射接收器由于感应的是红外光，常见光对它的干扰较小，是在小车、机器人等制作中广泛采用的一种方式。如图 4-3-9 所示，红外一体式发射接收器检测黑线的原理为：由于黑色吸光，当红外发射管发出的光照射在上面后反射的部分就较少，接收管接收到的红外线也就较少，表现为电阻比较大，通过外接的电路就可以读出检测的状态，同理当照射在白色表面时反射的红外线就比较多，表现为接收管的电阻比较小。

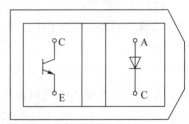

图 4-3-9　红外一体式发射接收器

市场上常见的红外一体式发射接收器是将发射管和接收管放置在一个塑料壳内，常用的反射距离在 1～2 cm，此时探测环境都在检测电路板的阴影之下，不易受到其他光线的干扰。可以通过图 4-3-10 所示的电路完成寻迹的检测，通过调节 R_3 就可以调节黑白门限。如果需要检测环境光线，还可以将环境光线的电压进行积分后再做比较，这样当环境变化较大时仍可以实现寻迹。

图 4-3-10 中，LM339 是专用的比较器。和运算放大器相比，比较器的翻转速度快，大约在 ns 数量级；同时，多数比较器输出级为集电极开路结构，所以需要与图 4-3-10 中 LM339 一样接上拉电阻，单极性输出，和后级数字电路连接。表 4-3-1 是推荐采用的几款比较器。

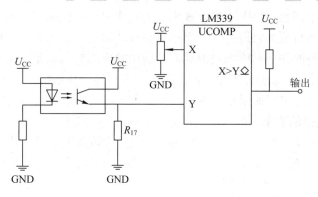

图 4-3-10　检测电路

表 4-3-1　备选比较器列表

序号	产品型号	工作电压范围	产品特点
1	LM339	2～36 V 或±1～±18 V	四差分比较器，1.3 μs(100 mV 信号)
2	LM393	2～36 V 或±1～±18 V	双比较器，1.3 μs(100 mV 信号)
3	LM311	3.5～30 V，±1.75～±15 V	差分比较器，165 ns
4	TLV3201	2.7～5.5 V	推挽输出的高速轨到轨输入、单通道比较器 50 ns
5	TLV3501	2.7～5.5 V	轨到轨单通道高速比较器，4.5 ns

　　单个红外一体式发射接收器很难起到很好的检测效果，实际应用中常用多个红外管并联进行检测。在实际应用中光电管的排列方式、排列间距都有讲究。

3．控制部分

　　本实验中控制部分最好采用单片机实现，这样可以方便地根据检测电路的结果完成驱动和控制。小车的控制属于自动控制的范畴，需要在对小车和控制电路的特性进行分析和建模的基础上才能较好地控制。比如，小车的摩擦力有限，如果转速过快则轮胎会打滑，此时运行的轨迹和预计的轨迹会有差别；另外，小车有一定的重量，因此要考虑其惯性，当控制电路停止驱动轮的驱动后，小车在惯性作用下会继续保持原有的运动趋势，当车速较快时，车子不一定能停住；此外，控制电路还有一定的惰性，控制信号需要一定的时延才能影响到实际控制的输出。因此，如何使小车快速稳定地寻迹是很有意思、值得大家仔细研究的问题。

　　PID 控制作为最早实用化的控制器已有 70 多年的历史了，现在仍然是应用最广泛的工业控制器。PID 是以它的三种纠正算法而命名的。其中，P——比例控制当前，误差值和一个负常数 P(表示比例)相乘，然后和预定的值相加；I——积分控制过去，误差值是过去一段时间的积分或者累加和，然后乘以一个负常数 I，再和预定值相加；D——导数控制将来，计算误差的一阶导，并和一个负常数 D 相乘，最后和预定值相加。这个导数的控制会对系统的改变作出反应。这几种控制规律可以单独使用，但是在更多场合是组合使用的，如比例(P)控制、比例-积分(PI)控制、比例-积分-微分(PID)控制等。

　　本实验中控制部分最好采用单片机实现，这样可以方便地根据检测电路的结果完成驱动和控制。如果只考虑寻迹，可以不使用 PID 算法，简单地根据传感器获得信息，将小车分为若干种状态，不同的状态下小车完成不同的动作即可。比如，采用三只红外对管，一只置于轨道中间，两只置于轨道外侧，当小车脱离轨道时，即当置于中间的一只光电开关脱离轨道时，等到外面任一只检测到黑线后，做出相应的转向调整，直到中间的光电开关重新检测到黑线(即回到轨道)再恢复正向行驶。在各种控制算法中，都需要注意采样时间，两次采样和控制的过程中，如果小车的状态变化太大，则算法就有可能失效。

对于实验中遥控的要求，可以采用常见的 200 m 四键遥控模块或蓝牙串口模块。遥控模块常用于报警器设防、车库门遥控、摩托车和汽车的防盗报警等。其工作频率为 ISM 免许可频段，采用 PT2262/2272 系列兼容芯片，市场上的售价也很低，可以方便采购。

三、实验任务

本次实验要求大家设计光、机、电一体化的智能小车，这个题目的可扩展性很强，题目的发挥余地很大，只要增加些传感器就可以完成多个功能。

1．基本实验

(1) 从起点处一键启动，按黑色直线(黑胶带 1 cm 宽)行驶至终点。

(2) 从起点处一键启动，沿圆形弯道线(黑胶带 1 cm 宽，圆半径 10 cm)行驶至终点。

2．发挥部分

(1) 从起点处一键启动，按正六边形赛道(黑胶带 1 cm 宽，边长 30 cm)行驶至终点，并通过无线传回运行时间等信息。

(2) 从起点处一键启动，按正三角形赛道(黑胶带 1 cm 宽，边长 30～50 cm)行驶至终点。

四、思考题

(1) 请分析采用步进电机和直流电机控制驱动轮的智能小车的优缺点。

(2) 如果需要测量车速和路程，则应采取何措施？

(3) 采用三只红外对管检测 2 cm 宽黑线时，其间距可如何设计？请列举出所有状态。

(4) 学习 PID 算法，简单分析一下小车控制中如何运用 PID 算法。

第五部分 常用仪器的主要技术指标及使用方法

工欲善其事，必先利其器。电子工程师必须借助各种电子测量仪器来了解、标定、测量电路系统的各项指标。电子测量仪器按照使用领域的不同可分为通用仪器和专用仪器。通用电子测量仪器是现代工业的基础设备，应用场景广泛且需求量大，本部分主要介绍通用电子测量仪器(根据其基础测试功能，分为示波器、射频类仪器、波形发生器、电源以及其他仪器)。近代电子测量仪器以电路技术为基础，融合了电子测量技术、计算机技术、通信技术、数字技术、软件技术、总线技术等。本部分通过对典型仪器的原理、技术指标和使用方法的介绍，使读者了解通用电子测量仪器的主要功能和测量原理，学会仪器的基本使用方法，理解电子系统的组成。

5.1　元器件测量仪器

一、万用表

1. 概述

万用表(multimeter)又叫多用表、三用表，是一种多功能、多量程的测量仪表。一般万用表可测量直流电流、直流电压、交流电压、电阻和音频电平等，有的还可以测交流电流、电容量、电感量及半导体的一些参数(如晶体管放大倍数 β)。按照万用表的测量结果显示的不同可以分为指针式万用表和数字万用表。

现在，数字万用表(Digital MultiMeter, DMM)已成为使用的主流，与指针式万用表相比，其灵敏度高，准确度高，显示清晰，过载能力强，便于携带，使用更简单。数字万用表最重要的两个指标是位数和精度。一般来说，数字万用表显示的位数越高，精度就越高。目前，最常用的数字万用表显示位数是 $3\frac{1}{2}$ 位，$3\frac{1}{2}$ 也读作"三位半"，即数字万用表能显示数字 0000～1999。其中，3 代表个位、十位、百位这三位可以显示的数字 0～9，$\frac{1}{2}$ 代表千位(即最高位)只能显示 0 和 1，故称为"半位"。

2. UT39 系列数字万用表

UT39 系列手持式数字万用表的整机电路设计以大规模集成电路、双积分 A/D 转换器为核心，并配以全功能过载保护，可用于测量交/直流电压和电流、电阻、电容、温度、频率、二极管正向压降以及电路通断，具有数据保持和睡眠功能。

1) 主要性能指标

(1) 直流电压量程：200 mV～1000 V。

(2) 直流电流量程：20 μA～10 A。

(3) 交流电压量程：200 mV～750 V。

(4) 交流电流量程：20 μA～20 A。

(5) 电阻量程：200 Ω～200 MΩ。

(6) 电容量程：20 nF～20 μF。

2) 仪器面板

UT39B 数字万用表面板见图 5-1-1。

① LCD 显示器：在 LCD 屏上显示 $3\frac{1}{2}$ 数位、小数点、"–"号以及各类提示符号。LCD 的显示符号及意义如图 5-1-2 所示。

② 数据保持按键：按下蓝色"HOLD"键，仪表 LCD 上保持显示当前测量值，再次按一下该键则退出数据保持显示功能。

图 5-1-1　UT39B 数字万用表面板图

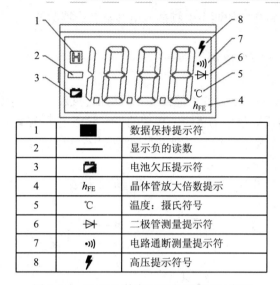

1	■	数据保持提示符
2	—	显示负的读数
3	▣	电池欠压提示符
4	h_{FE}	晶体管放大倍数提示
5	℃	温度：摄氏符号
6	⊬	二极管测量提示符
7	•)))	电路通断测量提示符
8	⚡	高压提示符号

图 5-1-2　UT39B 数字万用表显示屏示意图

③ h_{FE} 插口：用于连接晶体管的引脚。

④ 公共输入端：黑表笔始终插入公共输入端"COM"孔。

⑤ 其余测量输入端：测 DCV、ACV、电阻(Ω)、二极管和进行通断检测时，红笔插入其余测量输入端"VΩ"孔。

⑥ mA 测量输入端：当测量的 DC、AC 电流在 200 mA 以内时，红笔插入 mA 测量输入端"μA mA"孔。

⑦ 20 A 测量输入端：当测量的 DC、AC 电流超过 200 mA 时，红笔插入 20 A 测量输入端"A"孔。

⑧ 电容测试插口：将电容的两个引脚插入"Cx"插孔中即可。

⑨ 量程开关：所有量程均由这一旋转开关选择。按被测信号的不同，共分为八个部分。测量时，必须根据被测对象的类型，将量程开关置于正确的位置上，量程开关所在挡位的值是在该位置时数字表可能测出的最大数值。如测量对象大于该挡位的上限，则在左端显示"1"。因此，如被测值大小未知，一般应先把量程开关置于最大挡位，然后再变小直到获得满意的读数为止。

⑩ 电源开关：当开关置于"ON"位置时，电源接通。不使用时置于"OFF"位置。同时电源开关带有自动关机功能。仪表工作约 15 min 后电源将自动切断，仪表进入休眠状态，此时仪表约消耗 10 μA 的电流，当仪表自动关机后，若要重新启动电源，则请重复按动电源开关两次。

3) 使用方法

(1) DC、AC 电压、电流及电阻的测量：

① 量程开关拨到需要的位置。

② 根据不同的被测量，将表笔插入适当的插口。

③ 电源开关按下置"ON"。

④ 测试笔接到测试点，读数即显示。

（2）电容的测量：将电容的两个引脚插入电容插孔中读数即可。

（3）二极管检验：

① 置量程开关在" ⊶ "位置。

② 红表笔接" VΩ "孔。

③ 表笔接到二极管两端。如红表笔接在二极管的正极，黑表笔接在二极管的负极，此时二极管正向导通，万用表显示的值为二极管的正向导通电压(硅管 0.5～0.7 V，锗管 0.2～0.3 V)。反接则应在左端显示"1"，否则说明被测二极管已损坏。

（4）晶体三极管的测量：

① 将三极管看作如图 5-1-3 所示的两个相连的二极管。

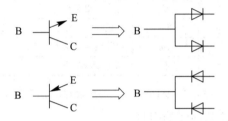

图 5-1-3　三极管分成两个二极管

② 用二极管挡找到公共相连的引脚即为基极。当二极管正向导通时，红表笔接基极的三极管是 NPN 型三极管，黑表笔接基极的三极管是 PNP 型三极管。

③ 将 PNP 型或 NPN 型晶体管对号插入万用表的 h_{FE} 测试孔中。基极 b 插入 B 孔中，其余两个引脚随意插入。使用 h_{FE} 挡测量，若测量值较大，则当前 c 和 e 极判断正确。

（5）电池更换：如果 LCD 上出现"电池欠压提示符"，则表示电池需要更换，如图 5-1-4 所示。

① 表笔离开被测电路，将表笔从输入插座中拔出。

② 按电源开关键关闭仪表电源。

③ 用螺丝刀拧开电池盖上的螺丝并移开电池盖。

④ 取出旧电池，换上新的 9 V 电池(注意电池极性)。

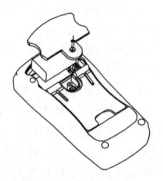

图 5-1-4　电池更换示意图

二、晶体管特性图示仪

晶体管特性图示仪是由测试晶体管参数的辅助电路和示波器组成的专用仪器。用它可以在荧光屏上直接观察晶体管的各种特性曲线，通过标尺刻度可直接读取晶体管的各项参数，它是电子线路实验常用的仪器之一。

1. 基本工作原理

晶体管特性图示仪的原理基本和示波器的 X-Y 方式的原理类似。这里以测试晶体管的输出特性曲线为例说明其工作原理。

图 5-1-5 为测试晶体管输出特性图示仪原理图。对于图中的被测晶体管，图示仪用基极阶梯电流来提供不同的基极注入电流 I_B，而对于每一个固定的 I_B 需要改变集电极的电源电压 U_{CC}，图示仪将 50 Hz 交流电源经全波整流得到 U_{CC}，然后将 I_C 和 U_{CE} 的值分别送到

示波管的 Y 轴偏转板和 X 轴偏转板上，显示出特性曲线。由于偏转板上加的必须是电压，因此在集电极回路中接入 R_S 作为取样电阻，产生一正比于 I_C 的电压 U_S 加到示波管的 Y 轴偏转板上。

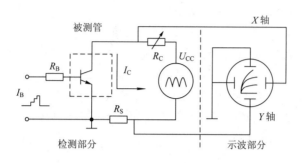

图 5-1-5　晶体管输出特性图示仪原理图

图 5-1-6 是完整的晶体管特性图示仪的原理方框图，主要有几个单元电路：阶梯波发生器、阶梯波放大器、集电极扫描电源、主电源、高频电压电源、示波管和测试转换开关。

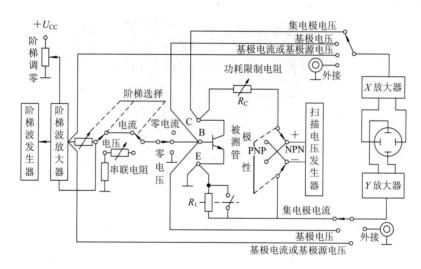

图 5-1-6　晶体管特性图示仪原理方框图

2. XJ4810A 半导体管特性图示仪

XJ4810A 型半导体管特性图示仪是一种用示波管显示半导体器件的各种特性曲线并可测量其静态参数的测试仪器。仪器配有双簇曲线显示电路，对于晶体管各种参数的配对尤为方便。

1) 主要技术指标

(1) Y 轴偏转因数。

集电极电流范围(I_C)：20 μA/DIV～1 A/DIV，分 16 挡，误差不超过 ±3%。

二极管反向漏电流(I_R)：0.2～5 μA/DIV，分 5 挡。

(2) X 轴偏转因数。

集电极电压范围：0.05～50 V/ DIV，分 10 挡，误差不超过 ±3%。

基极电压范围：0.05～1 V/DIV 分 5 挡，误差不超过 ±3%。

(3) 阶梯信号。

阶梯电流范围：0.2 μA/级～50 mA/级，分 18 挡。

　　　　　　　　1 μA/级～50 mA/级，误差不超过 ±5%。

　　　　　　　　0.2～0.5 μA/级，误差不超过 ±7 %。

　　　　　　　　10 μA/级～5 mA/级，误差不超过 ±3%。

阶梯电压范围：0.1～0.2 V/级，分 5 挡，误差不超过 ±5%。

串联电阻：0、10 kΩ、100 kΩ，分 3 挡，误差不超过 ±10%。

每簇级数：1～10，连续可调。

每秒级数：200。

极性：正、负两挡。

2) 仪器面板图

如图 5-1-7 所示，XJ4810A 半导体管特性图示仪的仪器前面板可以分为示波管控制电路、集电极电压、偏转放大器、阶梯信号和测试台五个部分。

图 5-1-7　仪器面板图

第一部分是示波管及其控制电路，见图 5-1-8。第二部分是偏转放大器部分，见图 5-1-9。第三部分是集电极电源部分，见图 5-1-10。第四部分是阶梯信号部分，见图 5-1-11。最后是测试台，见图 5-1-12。

图 5-1-8　示波管及其控制电路

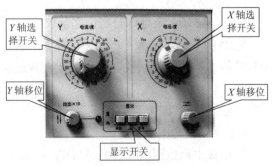

图 5-1-9　偏转放大器部分

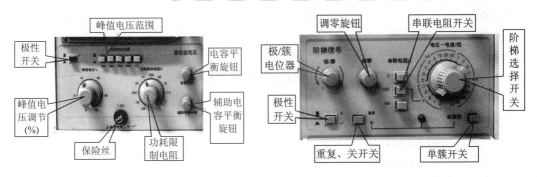

图 5-1-10　集电极电源部分　　　　　　　　图 5-1-11　信号部分

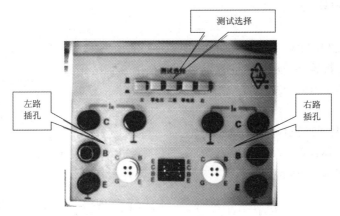

图 5-1-12　测试平台

3) 使用范例

(1) NPN 型 3DK2 半导体管的输出特性
曲线如图 5-1-13 所示。

峰值电压范围：0～10 V。

极性：正(+)。

功耗限制电阻：250 Ω。

X 轴集电极电压：1 V/DIV。

Y 轴集电极电流：1 mA/DIV。

阶梯信号：重复。

极性：正(+)。

阶梯选择：20 μA/级。

(2) NPN 型 3DK2 半导体管的 h_{FE} 测试
曲线如图 5-1-14 所示。

峰值电压范围：0～10 V。

极性：正(+)。

功耗限制电阻：250 Ω。

X 轴基极电流：阶梯。

Y 轴集电极电流：1 mA/DIV。

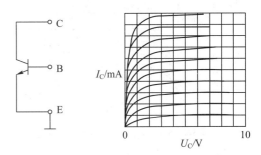

图 5-1-13　3DK2 输出特性曲线

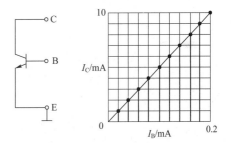

图 5-1-14　3DK2 的 h_{FE} 测试曲线($h_{FE}=50$)

阶梯信号：重复。

极性：正(+)。

阶梯选择：20 μA/级。

(3) N 沟道耗尽型管 3DJ7 的输出特性曲线如图 5-1-15 所示。

峰值电压范围：0～10 V。

极性：正(+)。

功耗限制电阻：1 kΩ。

X 轴集电极电压：1 V/DIV。

Y 轴集电极电流：0.5 mA/DIV。

阶梯信号：重复。

极性：负(−)。

阶梯选择：0.2 V/DIV。

(4) 硅整流二极管 2CZ82C 的正向特性曲线如图 5-1-16 所示。

峰值电压范围：0～10 V。

极性：正(+)。

功耗限制电阻：250 Ω。

X 轴集电极电压：0.1 V/DIV。

Y 轴集电极电流：10 mA/DIV。

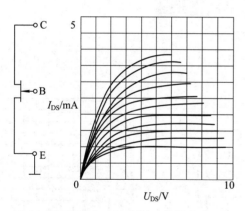
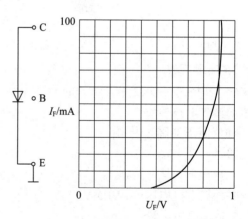

图 5-1-15　3DJ7 的输出特性曲线　　　　图 5-1-16　2CZ82C 的正向特性曲线

5.2 信号发生器

信号发生器是测试系统的重要组成部分，它主要是为测试电路提供激励信号。对于任意一个信号发生器，它的主要指标是输出信号的频率范围、精度及稳定度，电压的范围、精度及稳定度，波形的失真度，输出阻抗、负载能力等。

对于信号发生器的使用，主要需掌握输出信号的波形、频率、幅度大小的调节。

一、TFG1000 系列 DDS 函数信号发生器

1. 概述

TFG1000 系列 DDS 函数信号发生器采用数字合成技术，使用微控制器控制，可以方便地产生 0.04 Hz～1 MHz 的多种函数波形信号。

2. 主要技术指标

1) 输出 A 特性

(1) 波形。

波形种类：正弦波、方波、三角波、锯齿波等 16 种波形。

振幅分辨率：8 位(包括符号)。

采样率：100 MS/s。

(2) 频率特性。

正弦波：0.04 Hz～20 MHz。

其他波形：0.04 Hz～1 MHz。

准确度：$\pm 50 \times 10^{-6} \pm 0.04$ Hz(18～28℃)

(3) 方波脉冲波特性。

上升/下降时间：小于等于 35 ns。

过冲：小于等于 10%。

方波占空比：1%～99%。

(4) 输出特性。

振幅范围：DC 0～10 MHz 时，峰峰值为 2 mV～20 V；

　　　　　　10～15 MHz 时，峰峰值为 2 mV～14 V；

　　　　　　15～20 MHz 时，峰峰值为 2 mV～8 V。

2) 输出 B 特性

(1) 波形。

波形种类：正弦波、方波、三角波、锯齿波等 16 种波形。

振幅分辨率：8 位(包括符号)。

采样率：10 MS/s。

(2) 频率特性。

正弦波：0.04 Hz～1 MHz。

其他波形：0.04 Hz～50 kHz。

准确度：$\pm 50 \times 10^{-6} \pm 0.04$ Hz(18～28℃)

(3) 输出振幅的峰峰值范围：20 mV～20 V。

3) 输出阻抗

输出阻抗：50 Ω。

4) 频率计数器

频率测量范围：1 Hz～100 MHz。

计数测量范围：1～4 000 000 000。

输入信号的峰峰值幅度：100 mV～20 V。

3. 主要电路工作原理及面板

1) 原理框图

TFG1000 的原理框图如图 5-2-1 所示。

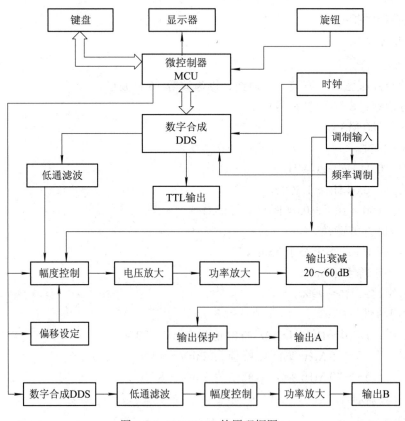

图 5-2-1　TFG1000 的原理框图

2) 工作原理

直接数字合成(DDS)是最新发展起来的一种信号产生方法，它用数字合成的方法产生一连串数据流，再经过数/模转换器产生出一个预先设定的模拟信号。

例如，要合成一个正弦波信号，首先将函数 $y = \sin x$ 进行数字量化，然后以 x 为地址，以 y 为量化数据，一次存入波形存储器。DDS 使用了相位累加技术来控制波形存储器的地址，在每一个采样时钟周期中，都把一个相位增量累加到相位累加器的当前结果上，通过改变相位增量就可以改变 DDS 的输出频率值。根据相位累加器输出的地址，由波形存储器取出波形量化数据，经过数/模转换器和运算放大器转换成模拟电压。由于波形数据是间断地取样数据，因此 DDS 发生器输出的是一个阶梯正弦波形，必须经过低通滤波器将波形中所含的高次谐波滤除掉，输出即为连续的正弦波。数/模转换器内部带有高精度的基准电压源，因而保证了输出波形具有很高的幅度精度和幅度稳定性。

幅度控制器是一个数/模转换器，根据操作者设定的幅度数值，产生一个相应的模拟电压，然后与输出信号相乘，使输出信号的幅度等于操作者设定的幅度值。

偏移控制器是一个数/模转换器，根据操作者设定的偏移数值，产生一个相应的模拟电压，然后与输出信号相加，使输出信号的偏移等于操作者设定的偏移值。经过幅度偏移控制器的合成信号再经过功率放大器进行功率放大，最后由输出端口 A 输出。

4. 使用说明

TFG 1000 的面板示意图见图 5-2-2。

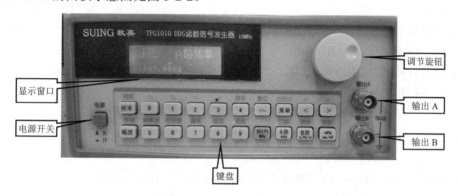

图 5-2-2　TFG 1000 的面板图

TFG 1000 的前面板上共有 20 个按键，键体上的字表示该键的基本功能，直接按键即可执行其基本功能。键上方的字表示该键的上档功能，首先按"Shift"键，屏幕右下方显示"S"，再按某一键可执行该键的上档功能。

"频率/幅度"键：频率和幅度选择键。

"0"～"9"键：数字输入键。

"./-"键：在数字输入时用于输入小数点，在"偏移"功能时用于输入负号。

"MHz""kHz""Hz""mHz"键：双功能键，用于在数字输入之后执行单位键功能，同时作为数字输入的结束键。不输入数字直接按"MHz"键可执行"Shift"功能，直接按"kHz"键可执行"A 路"功能，直接按"Hz"键可执行"B 路"功能，直接按"mHz"键可以循环开启或关闭按键时的提示声响。

"菜单"键：用于选择项目表中不带阴影的选项。

"＜""＞"键：光标左右移动键。

使用时，首先选择 A/B 输出通道，通常单信号选择 A 输出(开机默认)；其次选择信号输出波形，如正弦波(开机默认)；然后根据所需信号参数，分别设定信号的频率和幅度，对于特殊波形还需输入其他参数。输入参数时，注意选择其量纲、表达方式和单位。

二、DSG815 高频信号发生器

1. 概述

国产 DSG815 型信号发生器是一种可以产生高频信号的仪器，具有灵活的频率和幅度扫描功能，同时具有完备的调幅、调频和调相等模拟调制功能。DSG815 信号源面板布局清晰、易于操作，可输出稳定、精确、纯净的信号，且具有体积小、重量轻的特点。

2. 主要技术指标

1) 频率

(1) 载波频率范围：9 kHz～1.5 GHz。

(2) 频率分辨率：0.01 Hz。

(3) 频率扫描方式：步进扫描、列表扫描。

(4) 频率扫描模式：单次、连续。

2) 幅度

(1) 最大输出电平：+5 dBm (9 kHz≤f< 100 kHz)；+20 dBm (100 kHz≤ f< 1.5 GHz)。

(2) 最小输出电平：−110 dBm。

(3) 设置分辨率：0.01 dBm。

(4) 电平扫描方式：步进扫描、列表扫描。

(5) 电平扫描模式：单次、连续。

3) 内部调制源

(1) 波形：正弦波、方波。

(2) 频率范围：DC 0～200 kHz (正弦波)；DC 0～20 kHz (方波)。

(3) 频率分辨率：0.01 Hz。

4) 调制

(1) 幅度调制。

① 调制源：内部、外部。

② 调制深度：0～100%。

③ 分辨率：0.1%。

(2) 频率调制。

① 调制源：内部、外部。

② 最大偏移：$N \times 1$ MHz(标称值)。

③ 分辨率：小于偏移的 0.1%或 1 Hz，取两者间的较大者(标称值)。

(3) 相位调制。

① 调制源：内部、外部。

② 最大偏移：$N \times 5$ rad(标称值)。

③ 分辨率：小于偏移的 0.1%或 0.01 rad，取两者间的较大者(标称值)。

5) 输入和输出

(1) RF 输出阻抗：50 Ω(标称值)。

(2) 内部调制发生器(LF)输出：50 Ω(标称值)。

3. 仪器面板及操作

DSG815 射频信号源的前面板如图 5-2-3 所示。

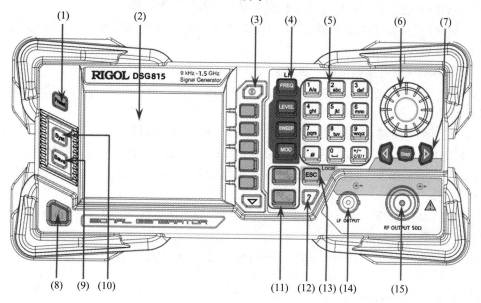

图 5-2-3　DSG815 射频信号源前面板

(1) 恢复预设设置键：将仪器恢复至预设的状态(出厂默认状态或用户保存的状态)。

(2) LCD 显示屏：3.5 英寸(1 英寸=2.54 cm)TFT 高清(320 像素 × 240 像素)彩色液晶显示屏，清晰显示仪器当前的主要设置和状态。

(3) 菜单控制键：

① 显示切换键。在某一功能的菜单页下，按下该键打开当前功能的参数信息显示界面。此时，可使用旋钮或方向键切换参数标签查看不同功能的参数信息，再次按下该键则可跳转到当前所选参数标签对应的功能菜单。另外，按下任意功能按键可退出参数信息显示界面。

② 菜单软键。与其左侧显示的菜单一一对应，按下该软键激活相应的菜单。

③ 菜单翻页键。

(4) 功能键：

① FREQ 键：设置 RF 输出频率。按 FREQ 键可使用数字键盘输入频率的数值，然后在弹出的单位菜单中选择所需的单位。

• 可选的频率单位有 GHz、MHz、kHz 和 Hz。

• 按"退格"软键可删除光标左边的数字。

• 按左右方向键进入参数编辑状态并移动光标至指定的位置，旋转旋钮则可修改该数值。

• 频率设置完成后，可以旋转旋钮以当前步进值修改频率。

• 按 FREQ 键，再按 Step 键可以设置步进值。

② LEVEL 键：设置 RF 输出幅度。按 LEVEL 键使用数字键盘输入幅度的数值，然

后在弹出的单位菜单中选择所需的单位。按 LEVEL 键后再按"电平单位"软键，在弹出的单位菜单中选择所需的单位。 可选的输出幅度单位有 dBm、dBmV、dBμV、Volts 和 Watts，其中 dBm、dBmV、dBμV 为对数单位，Volts 和 Watts 为线性单位，默认值为 dBm。

③ SWEEP 键：设置扫描方式、扫描类型、扫描模式等参数。

④ MOD 键：设置幅度调制(AM)、 频率调制(FM)、 相位调制(ØM)相关的参数。

• 幅度调制(AM)：

ⅰ. 按 MOD 键再按调幅键，进入幅度调制参数设置菜单。

ⅱ. 按"开关"软键，选择"打开"，开启 AM 功能，此时用户界面功能状态区 AM 标志点亮。

ⅲ. 按"源"软键，选择"内部"或"外部"调制源。选择"内部" 后，打开内部调制源，此时由仪器内部提供调制信号，可设置该调制信号的调制频率和调制波形。

ⅳ. 按"调制深度"软键，可设置 AM 调制深度，以百分比表示。AM 调制深度范围为 0 至 100%。

ⅴ. 按"源"软键，选择"内部"调制源后，按"调制波形"软键，可选择"正弦"或"方波"，默认为"正弦"。

ⅵ. 按"源"软键，选择"内部"调制源， 然后按"调制频率"软键， 可设置调制频率。

• 频率调制(FM)：

ⅰ. 按 MOD 键再按调频/调相键，进入幅度调制参数设置菜单。

ⅱ. 按"调频/调相"软键，选择"调频"，然后按"开关"软键，选择"打开"，开启 FM 功能，此时用户界面功能状态区 FM 标志点亮。

ⅲ. 按"源"软键，选择"内部"或"外部"调制源。选择"内部"后打开内部调制源，此时，由仪器内部提供调制信号，可设置该调制信号的调制速率和调制波形。

ⅳ. 按"偏移"软键，可设置 FM 频率偏移。频率偏移表示调制波形的频率相对于载波频率的偏移，以 Hz 表示。

ⅴ. 按"源"软键，选择"内部"调制源后，按"调制波形"软键，可选择"正弦"或"方波"，默认为"正弦"。

ⅵ. 按"源"软键，选择"内部"调制源， 然后按"调制频率"软键， 可设置调制频率。

(5) 数字键盘：数字键盘支持中文字符、英文大/小写字符、数字和常用符号(包括小数点、#、空格和正负号+/−)的输入，主要用于编辑文件或文件夹的名称，设置参数。

(6) 旋钮：参数设置时，用于修改光标处的数值或以当前步进修改参数值；文件名编辑时，用于选择所需的字符；存储功能中，用于选择当前的路径或文件；参数信息显示界面下，用于切换参数标签。

(7) 方向键/Step 键：设置参数时，Step 键用于设置当前选中参数的步进；方向键用于进入参数编辑状态并移动光标至指定位。存储功能中，方向键用于展开和折叠当前选中目录。文件名编辑时，方向键用于选择所需的字符。参数信息显示界面下，方向键用于切换参数标签。

(8) 电源键：用于打开或关闭射频信号源。该按键具有延迟开关机的功能(即按下该键保持一定时间后才可打开或关闭仪器),避免了因误操作而导致的关机。

(9) 存储与调用键:存储和调用仪器状态等类型文件。DSG815 允许用户将多种类型的文件保存至内部或外部存储器中,并允许用户在需要时对其进行调用。DSG815 提供一个本地存储器(D 盘)和一个外部存储器(E 盘)。

D 盘:提供状态、脉冲 csv、平坦度 csv、扫描 csv 等类型文件的存储位置。

E 盘:当后面板 USB HOST 接口检测到 U 盘时可用,可用于存储与 D 盘相同类型的文件。

(10) 系统设置键:设置系统相关的参数。可实现语言设置、复位设置、接口设置、显示设置、电源状态、自检等操作。

(11) 输出控制键:

① RF/on:用于打开或关闭 RF 输出。

· 按下该按键,背灯点亮,用户界面功能状态区 RF 标志点亮,打开 RF 输出。此时,[RF OUTPUT 50 Ω]连接器以当前配置输出 RF 信号。

· 再次按下该按键,背灯熄灭,用户界面功能状态区 RF 标志变灰。此时,关闭 RF 输出。

② MOD/on:用于打开或关闭 RF 调制输出。

· 打开某一项调制(AM、FM、MOD)开关后,按下该按键,背灯点亮,用户界面功能状态区 MOD 标志点亮。打开 RF 调制输出,[RF OUTPUT 50 Ω]连接器以当前配置输出已调制的 RF 信号(RF/on 按键背灯必须点亮)。

· 再次按下该按键,背灯熄灭,关闭 RF 调制输出。

(12) 内置帮助系统:要获得任何前面板按键或菜单软键的帮助信息,按下该键,再按下所需要获得帮助的按键即可。

(13) 退出键:设置参数时,用于清除编辑窗口中的数字,同时退出参数输入状态。

(14) LF 输出连接器:当打开 LF 输出开关时,该连接器用于输出 LF 信号。

(15) RF 输出连接器:当 RF/on 按键背灯点亮时,该连接器用于输出 RF 信号和 RF 扫描信号。当 RF/on 和 MOD/on 按键背灯点亮时,该连接器用于输出 RF 已调制信号。

4. 用户界面

DSG815 射频信号源的用户界面如图 5-2-4 所示。

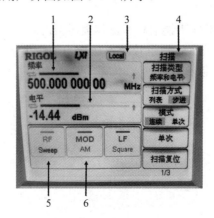

图 5-2-4 DSG815 射频信号源用户界面

(1) 频率区：显示当前射频信号源的频率设置。

① ⇌ ：连续扫描标志。当扫描类型为"频率"或"频率和电平"且扫描模式为"连续"时显示。

② ↦ ：单次扫描标志。当扫描类型为"频率"或"频率和电平"且扫描模式为"单次"时显示。

③ ↑ ：递增扫描标志。当扫描类型为"频率"或"频率和电平"且扫描方向为"递增"时显示。

④ ↓ ：递减扫描标志。当扫描类型为"频率"或"频率和电平"且扫描方向为"递减"时显示。

⑤ ▬▬▬▬ ：频率扫描进度条。当扫描类型为"频率"或"频率和电平"时显示。

(2) 幅度区：显示当前射频信号源的电平设置。

① **UF** ：平坦度校正开关为"打开"时显示。

② Rmt ：连续扫描标志。当扫描类型为"电平"或"频率和电平"且扫描模式为"连续"时显示。

③ ↦ ：单次扫描标志。当扫描类型为"电平"或"频率和电平"且扫描模式为"单次"时显示。

④ ↑ ：递增扫描标志。当扫描类型为"电平"或"频率和电平"且扫描方向为"递增"时显示。

⑤ ↓ ：递减扫描标志。当扫描类型为"电平"或"频率和电平"且扫描方向为"递减"时显示。

⑥ ▬▬▬▬ ：幅度扫描进度条。当扫描类型为"电平"或"频率和电平"时显示。

(3) 状态栏：指示当前射频信号源的一些系统状态。

① Rmt ：射频信号源工作在远程控制模式。

② Local ：射频信号源工作在本地操作模式。

③ ↬ ：仪器检测到 U 盘时显示。

④ ◉ ：打开仪器参数信息界面时显示。

(4) 菜单显示区：该区域中的菜单项与显示屏右边的软键一一对应，按下任一软键可激活相应的菜单功能。

(5) 消息显示区：显示操作错误消息和操作提示消息。

(6) 功能状态区：显示当前射频信号源各功能的工作状态。如功能状态区可能出现的状态图标变灰，则说明该功能未启用。

5.3 示 波 器

示波器无疑是当今最通用的电子仪器之一，它可以显示信号相对于时间的瞬时电压。此外，通过示波器不仅可以观察信号的波形，同时还可以测量信号的频率、瞬时幅度和相位等参数。如果示波器有两个或两个以上的信道，它还可以用来比较两个或两个以上的波形，并测量它们的时间和相位关系。

示波器分为模拟和数字类型。作进一步划分，数字示波器可以分为数字存储示波器(DSO)和数字荧光示波器(DPO)。

一、模拟示波器

模拟示波器也称为模拟实时示波器(ART)。在本质上，模拟示波器的工作方式是直接测量信号电压，并通过从左到右穿过示波器屏幕的电子束在垂直方向描绘电压。示波器屏幕通常是阴极射线管(CRT)，屏幕后面总会有明亮的荧光物质。当电子束水平扫过显示器时，信号的电压使电子束发生上下偏转，跟踪波形直接反映到屏幕上。在屏幕同一位置电子束投射的频度越大，显示也越亮。图 5-3-1 是模拟示波器的原理方框图。

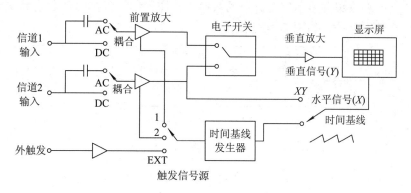

图 5-3-1 模拟示波器原理方框图

示波器包含四个不同的基本系统：垂直系统、水平系统、触发系统和显示系统。被测信号通过示波器的输入端(信道 1 或信道 2)进入示波器的垂直系统。设置垂直标度(对伏特/格进行控制)后，再通过垂直放大器增加信号电压，随后信号直接到达 CRT 显示屏的垂直偏转板。电压作用于这些垂直偏转板，引起亮点在屏幕中移动。亮点是由打在 CRT 内部荧光物质上的电子束产生的。正电压引起点向上运动，而负电压引起点向下运动。信号也经过触发系统，启动或触发时间基线发生器。水平扫描是水平系统亮点在屏幕中移动的行为。触发时间基线发生器后，亮点以水平时基为基准，依照特定的时间间隔从左到右移动。许多快速移动的亮点融合到一起，形成实心的线条。水平信号和垂直信号共同作用，形成显示在屏幕上的信号图像。触发器能够稳定实现重复的信号，它确保扫描总是从重复信号的同一点开始，目的就是使呈现的图像清晰。

通常使用模拟示波器显示"实时"条件下或突发条件下快速变化的信号。模拟示波器的显示部分基于化学荧光物质，它具有不同的亮度级。在信号出现越多的地方，轨迹就越亮。通过不同的亮度级，仅观察轨迹的亮度就能区分信号的细节。

二、数字示波器

与模拟示波器不同，数字示波器通过模/数转换器(A/D)把被测电压转换为数字信息。它捕获的是波形的一系列样值，并对样值进行存储，存储限度是判断累计的样值是否能描绘出波形。随后，数字示波器重构波形。

数字示波器分为数字存储示波器(DSO)和数字荧光示波器(DPO)。

1. 数字存储示波器

常规的数字示波器是数字存储示波器(DSO)。它的显示部分更多的是基于光栅屏幕而不是基于荧光。数字存储示波器(DSO)便于捕获和显示那些可能只发生一次的事件，通常称为瞬态现象，它以数字形式表示波形信息，实际存储的是二进制序列。这样，利用示波器本身或外部计算机，就可以方便地进行分析、存档、打印及其他操作。波形没有必要是连续的，即使信号已经消失，仍能够显示出来。

与模拟示波器不同的是，数字存储示波器能够持久地保留信号，可以扩展波形处理方式。然而 DSO 没有实时的亮度级，因此，它不能用亮度等级表示实际信号的重复特性。组成 DSO 的一些子系统与模拟示波器的一些部分相似。但是，DSO 包含更多的数据处理子系统，因此它能够收集并显示整个波形的数据。从捕获信号到在屏幕上显示波形，DSO 采用串行的处理体系结构，如图 5-3-2 所示。

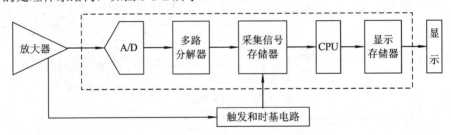

图 5-3-2 数字存储示波器串行处理体系结构

串行处理体系结构与模拟示波器一样，DSO 第一部分(输入)是垂直放大器。紧接着在水平系统的模/数转换器(A/D)部分，信号实时在离散点采样，采样位置的信号电压转换为数字值，这些数字值称为采样点，该处理过程称为信号数字化。水平系统的采样时钟决定A/D 采样的速率，该速率称为采样速率。

来自 A/D 的采样点存储在捕获存储区内，叫作波形点。几个采样点可以组成一个波形点，波形点共同组成一条波形记录。创建一条波形记录的波形点的数量称为记录长度。触发系统决定记录的起始和终止点。DSO 信号通道中包括微处理器，被测信号在显示之前要通过微处理器处理。微处理器用于处理信号、调整显示运行、管理前面板调节装置等。信号通过显存最后显示到示波器屏幕中。

在示波器的能力范围之内，采样点会经过补充处理，其显示效果得到增强。可以增加预触发，使在触发点之前也能观察到结果。目前大多数数字示波器也提供自动参数测量，使测量过程得到简化。DSO 提供高性能处理单脉冲信号和多通道的能力，它是低重复率或者单脉冲、高速、多通道设计应用的完美工具。

2. 数字荧光示波器

数字荧光示波器(DPO)为示波器系列增加了一种新的类型。DPO 的体系结构使之能提供独特的捕获和显示能力，加速重构信号。DSO 使用串行处理的体系结构来捕获、显示和分析信号；相对而言，DPO 为完成这些功能采用的是并行的体系结构，如图 5-3-3 所示。DPO 采用 ASIC 硬件构架捕获波形图像，提供高速率的波形采集率，信号的可视化程度很高，它增加了证明数字系统中瞬态事件的可能性。

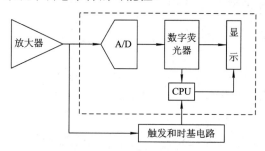

图 5-3-3　数字荧光示波器的并行处理体系结构

DPO 的第一阶段(输入)与模拟示波器相似(垂直放大器)，第二阶段与 DSO 相似(A/D)。但是，在模/数转换后，DPO 与原来的示波器相比就有显著的不同。

对所有的示波器(包括模拟、DSO 和 DPO 示波器)而言，都存在着释抑时间。在这段时间内，示波器处理最近捕获的数据，重置系统，等待下一触发事件的发生，仪器对所有信号都是视而不见的。因此，随着释抑时间的增加，对查看到低频度和低重复事件的可能性就会降低。

数字存储示波器串行处理采集到的波形，由于微处理器限制着波形的采集速率，因此微处理器是串行处理的瓶颈。DPO 把数字化的波形数据进一步光栅化，存入荧光数据库中，存储到数据库中的信号图像直接送到显示系统。

3. 关键性能术语

1) 带宽

在幅频特性曲线中，随着正弦波频率的增加，信号的幅度下降 3 dB(70.7%)时的频率称为示波器的带宽，也称为模拟带宽，即示波器系统的带宽，见图 5-3-4。带宽决定示波器对信号的基本测量能力。随着信号频率的增加，示波器对信号的准确显示能力将下降。如果没有足够的带宽，示波器将无法分辨高频变化，幅度将出现失真，边缘将会消失，细节数据将丢失。

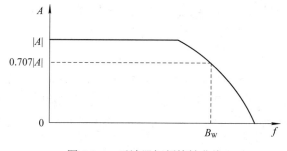

图 5-3-4　示波器幅频特性曲线

2) 上升时间

波形从一种电压变至另一种电压的时间称为上升时间。在测定数字信号时，如脉冲和阶跃波，可能更需要对上升时间作性能上的考虑。示波器必须要有足够短的上升时间，才能准确地捕获快速变换的信号细节。上升时间可描述示波器的有效频率范围，通常在过渡的 10%～90%处，见图 5-3-5。

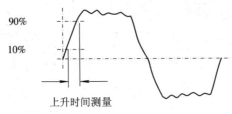

图 5-3-5　上升时间的测量

上升时间和带宽之间的关系为

$$上升时间= \frac{k}{带宽}$$

其中，k 是介于 0.35～0.45 之间的常数，它的值取决于示波器的频率响应特性曲线和脉冲上升时间响应。对带宽小于 1 GHz 的示波器，其常数 k 的典型值为 0.35；而对带宽大于 1 GHz 的示波器，其常数 k 的值通常为 0.40～0.45。

3) 采样速率

采样速率指数字示波器对信号采样的频率。示波器的采样速率越快，所显示的波形的分辨率和清晰度就越高，重要信息和事件丢失的概率就越小。

尽管有许多不同的采样技术的实现，但现在的数字示波器采用两种基本的采样方式：实时采样和等效时间采样。每一种方式都根据测量对象的不同有着各自独特的优势。

实时采样率是指示波器一次采集(一次触发)采样间隔时间的倒数。对于频率范围在示波器最大采样速率一半以下的信号，实时采样是理想的方式。当数字示波器采集快速、单脉冲和瞬态信号时，实时采样是唯一的方式。为了精确数字化高频瞬态事件，必须有足够的采样速率，数字示波器的实时采样才能很好地完成这样的任务。因为这些事件只发生一次，所以必须在发生的同一时间帧内对其采样。如果采样速率不够快，高频成分可能会"混叠"为低频信号，引起显示混叠。

示波器所需实时采样率＝被测信号最高频率分量×5

等效采样即重复采样，指的是示波器把多次采集(触发)到的波形拼凑成一个波形。两次采集触发点有一定的偏移，最后形成的两个点间的最小采样间隔的倒数称为等效采样速率。

4) 波形捕获速率

波形捕获速率是指示波器每秒捕获到的波形数量，也就是每秒发生的总的触发数量。采样速率表示示波器在一个波形或周期内采样输入信号的频率，波形捕获速率则是指示波器采集波形的速度。波形捕获速率取决于示波器的类型和性能级别，且有着很大的变化范围。

高波形捕获速率的示波器将会提供更多的重要信号特性，并能极大地增加示波器快速捕获瞬时异常情况(如抖动、窄脉冲、低频干扰和瞬时误差)的概率。数字存储示波器(DSO)使用串行处理机制，每秒钟可以捕获 10～5000 个波形。

5) 存储深度

示波器显示窗口一次性可显示的最大波形采样点数即为示波器的存储深度，也可理解为一个波形记录的最大采样点数。在存储深度一定的情况下，存储速度越快，存储时间就越短，它们之间是一个反比关系。存储速度等效于采样率，存储时间等效于采样时间，采样时间由示波器的显示窗口所代表的时间决定，所以存储深度 = 采样率 × 采样时间。

提高示波器的存储深度可以间接提高示波器的采样率：当要测量较长时间的波形时，由于存储深度是固定的，因此只能降低采样率，但这样势必造成波形质量的下降；如果增大存储深度，则可以以更高的采样率来测量，以获取不失真的波形。

4. 探头

探头的作用是把示波器和测量系统连接起来。精密的测量是从探头触点开始的，高输入阻抗的示波器可用简单电缆直接连到被测电路。最重要的是，要使用与示波器输入阻抗相匹配的探头。因为探头实际上也是电路的一部分，所以会引入阻性、容性和感性负载，这些负载不可避免地会改变测量参数。当需要精确的结果时，选择的探头需要有尽可能小的负载。与示波器配对的理想的探头将最小化这种负载，能充分发挥示波器的能力、特性和容限。

1) 无源探头

在测量一般的信号和电平时，无源探头使用方便，能够以普通的价格在大范围内满足测量需求，其外形见图 5-3-6。

图 5-3-6　示波器无源探头

(1) 1× 探头。

1× 探头也称 1:1 探头，可简单地将高输入阻抗示波器接入被测电路，相当于电缆的功能。图 5-3-7 为高输入阻抗示波器接到被测电路的示意图。

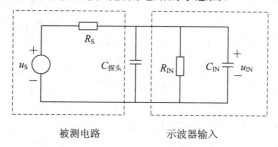

图 5-3-7　示波器探头等效电路示意图

图 5-3-7 中，被测电路可等效为一电压源和一个与之串联的电阻。1× 探头(或电缆)将引入一个明显的电容，它与示波器的输入并联，一个 1× 探头约有 40～60 pF 的电容，它通常大于示波器的输入电容。

被测电路的阻抗与示波器的输入阻抗一起形成了一个低通滤波器。对于低频，电容起着开路的作用，对测量结果影响很小；但对于高频，它使输入的电压下降产生误差。

(2) 10× 探头。

10× 探头也称 10：1 探头(也称分压探头或衰减探头)，它中间插有并联的电阻和电容，如图 5-3-8 所示。

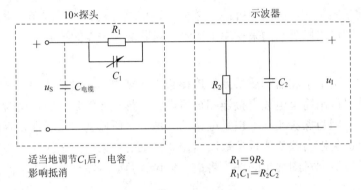

图 5-3-8　示波器探头等效电路示意图

这时假设 $R_1C_1 = R_2C_2$，则两个电容的影响正好抵消。在这种条件下，u_S 和 u_I 的关系如下：

$$u_I = u_S\left[\frac{R_2}{R_1 + R_2}\right]$$

式中，R_2 是示波器的高输入阻抗(1 MΩ)的电阻；$R_1 = 9R_2$。从上面的方程得

$$u_I = \frac{1}{10}u_S$$

探头和示波器结合后，由于两个电容有效地抵消，因此具有比 1× 探头宽得多的带宽，但代价是电压的损失，此时在示波器上只能看到原先电压的 1/10。只要被测电压不小到原先的 1/10 以下导致示波器无法读出即可。

2) 有源和差分探头

随着信号速度的快速增长和低电压逻辑日益普遍，要获得精确的测量结果越来越困难。信号保真度和设备负载成为关键问题。高速环境中完整的测量方案也包括为匹配示波器性能提供高速、高保真度的探头方案。有源和差分探头专门针对集成电路开发，在访问和传输到示波器的过程中，它们能够保护信号，以确保信号的完整性。测量具有快速上升时间的信号，使用有源和差分探头可达到更为精确的结果。

三、GDS-1062A 型数字存储示波器

GDS-1062A 型数字存储示波器是台湾固纬电子有限公司生产的具有 60 MHz 频带宽度

的 2 通道数字存储示波器。

1．主要技术指标

1) 性能

(1) 实时采样率：1 GS/s。

(2) 等效采样率：25 GS/s。

(3) 点记录长度：2 M 个。

(4) 峰值检测：10 ns。

(5) 垂直刻度：2 mV～10 V。

(6) 时间刻度：1 ns～50 s。

2) 特性

(1) 采用 5.6 英寸彩色 TFT 显示器。

(2) 可储存并调取各参数设置和波形。

(3) 自动测量 27 组参数。

(4) 设有多种语言菜单(12 种语言)。

(5) 可进行加、减、乘、FFT 及 FFT RMS 数学运算。

(6) 采用边缘、视频、脉宽触发方式。

3) 规格

(1) 带宽(–3 dB)：对于 DC 耦合，带宽为 DC～60 MHz；对于 AC 耦合，带宽为 10 Hz～60 MHz。

(2) 带宽限制：20 MHz(–3 dB)。

(3) 触发灵敏度：0.5 DIV 或 5 mV(DC 0～25 MHz)；1.5 DIV 或 15 mV(25～60 MHz)。

(4) 外部触发灵敏度：50 mV (DC 0～25 MHz)；100 mV(25～60 MHz)。

(5) 上升时间：小于 5.8 ns。

(6) 输入阻抗：$1 \times (1 \pm 2\%)$ MΩ。

2．仪器面板和菜单说明

1) 仪器面板

GDS-1062A 型数字示波器的面板如图 5-3-9 所示，其说明见表 5-3-1。

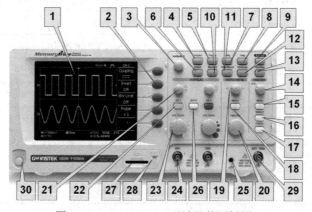

图 5-3-9　GDS-1062A 示波器的面板图

表 5-3-1　GDS-1062A 型数字示波器的面板说明

序号	按键(旋钮)名称	功能说明
1	LCD 显示器	彩色 TFT，320 × 234 分辨率，宽视角 LCD 显示器
2	功能键：F1 (上方)～F5(下方)	启动 LCD 显示器左边所显示的功能
3	VARIABLE	增加/减小数值或移动到下/上一个参数
4	Acquire	设置采样模式
5	Display	设置显示器
6	Cursor	运行游标测量功能
7	Utility	设置 Hardcopy 功能，显示系统状态，选择语言，运行校正功能，并设置探头补偿信号
8	Help	显示帮助内容
9	Autoset	根据输入信号自动设定水平、垂直和触发设置
10	Measure	设置并运行自动测量功能
11	Save/Recall	存储/调取图像、波形或面板设定
12	Hardcopy	将图像、波形或面板设定储存到 SD 卡
13	Run/Stop	运行或停止触发
14	触发电平(LEVEL)旋钮	设定触发电平
15	触发菜单(MENU)键	设置触发设定
16	单次触发键(SINGLE)	选择单次触发模式
17	强制触发键(FORCE)	无论触发状态如何，对输入信号采样一次
18	水平菜单键	设置水平图像
19	水平位置旋钮	水平移动波形
20	TIME/DIV	选择水平刻度
21	垂直位置旋钮	垂直移动波形
22	CH1/CH2	设置每通道的垂直刻度和耦合模式
23	VOLTS/DIV	选择垂直刻度
24	BNC 输入端子	接收信号(输入阻抗为 $1 \times (1 \pm 2\%)$ MΩ)
25	接地端子	连接被测体接地线以接地
26	MATH	运行数学运算
27	SD 卡槽	便于转移波形数据、显示图像和设置面板
28	探棒补偿输出	输出峰峰值为 2 V 的方波信号来补偿探头或演示
29	外部触发输入	接收外部触发信号
30	电源开关	启动或关闭示波器

2) 显示器面板

GDS-1062A 型数字示波器的显示器面板如图 5-3-10 所示，其说明见表 5-3-2。

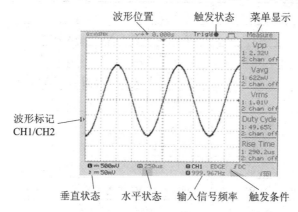

图 5-3-10　GDS-1062A 型数字示波器的显示器面板图

表 5-3-2　GDS-1062A 型数字示波器的显示器面板说明

波形标记	通道 1：黄色　通道 2：蓝色
触发状态	Trig'd：信号已经被触发； Trig?：等待触发； Auto：不考虑触发状态，更新输入信号； STOP：触发终止
输入信号频率	实时状态下更新输入信号频率(触发源信号)。"＜20 Hz"表示信号的频率低于频率的最低限制(<20 Hz)，因此不正确
触发设置	显示触发源、型号和斜率。视频触发下，显示触发频率和极性
水平状态/垂直状态	显示通道设置：耦合模式，垂直刻度和水平刻度

3) 菜单树状图和快捷操作方式

GDS-1062A 型数字示波器的菜单树状图和快捷操作方式说明见表 5-3-3。

表 5-3-3　菜单树状图和快捷操作方式

功能键		名　称	含　义
Acquire	F1	Normal	普通(Normal)和峰值检测(Peak-Detect)
	F2	Average	选择平均数
	F3	Peak Delay	启动/关闭延迟
	F4	Delay On	启动延迟功能
CH 1/2 键	F1	Coupling	选择耦合模式 注：AC 交流耦合将隔断输入信号中的直流分量，使显示的信号波形位置不受直流电平的影响；DC 直流耦合将通过输入信号中的交直流分量，适用于观察各种变化缓慢的信号；接地耦合表明输入信号与内部电路断开，用于显示 0 V 基准电平
	F2	Invert	反转波形
	F3	BW Limit	启动/关闭频宽限制
	F4	Probe	选择探头衰减 Probe(1×～100×)
	F5	Expand	放大类型(中心/地)

功能键		名　称	含　义
Cursor 键 1/2	F1	Source	输入通道
	F2	X1	移动 X1 游标。X1→VAR 旋钮
	F3	X2	移动 X2 游标。X2→VAR 旋钮
	F4	X1X2	同时移动 X1 和 X2 游标。X1X2→VAR 旋钮
	F5	X-Y	切换至 Y 游标
Cursor 键 2/2	F1	Source	输入通道
	F2	Y1	移动 Y1 游标。Y1→VAR 旋钮
	F3	Y2	移动 Y2 游标。Y2→VAR 旋钮
	F4	Y1 Y2	同时移动 Y1 和 Y2 游标。Y1 Y2→VAR 旋钮
	F5	Y-X	切换至 X 游标
Display	F1	Type	选择波形类型
	F2	Accumulate	启动/关闭波形累积
	F3	Refresh	更新波形累积
	F4	Contrast	设置显示器对比度。Contrast→VAR 旋钮
	F5	Full	选择显示器格线类型
Menu	F1	Main	选择主(默认)显示器
	F2	Window	选择视窗模式
	F3	Window Zoom	放大视窗模式
	F4	Roll	选择视窗滚动模式
	F5	XY	选择 XY 模式
Math 键 1/2 (+/−/×)	F1	Operation	选择数学运算类型(+/−/×/FFT/FFT RMS)
	F4	Position	选择结果位置 Position→VAR 旋钮
	F5	Volt/DIV	数学运算结果 Unit/DIV→VOLTS/DIV(CH2)旋钮
Math 键 2/2 (FFT/FFT rms)	F1	Operation	选择数学运算类型(+/−/×/FFT/FFT RMS)
	F2	Source	选择 FFT 通道
	F3	Window	选择 FFT 视窗
	F4	Position	选择 FFT 运算结果位置
	F5	Unit/DIV	选择垂直刻度
Trigger1	F1	Type	选择触发类型或触发释抑菜单
Trigger2 Video Trigger	F1	Type /Video	选择视频触发类型
	F2	Source	选择触发源
	F3	Standard	选择视频标准
	F4	Polarity	选择视频极性
	F5	Line	选择视频场/行

续表二

功能键		名　称	含　义
Trigger3 Edge Trigger	F1	Type /Edge	选择边缘触发
	F2	Source	选择触发源
	F4	Slope coupling	回到斜率/耦合菜单
	F5	Mode	选择触发模式
Trigger4 Pulse Trigger	F1	Type / Pulse	选择脉冲触发类型
	F2	Source	选择触发源
	F3	When	选择脉冲触发条件和脉宽
	F4	Slope coupling	回到斜率/耦合菜单
	F5	Mode	选择触发模式
Trigger5 coupling Slope	F1	Slope	选择触发斜率类型(上升或下降)
	F2	Coupling	选择触发耦合模式(AC 或 DC)
	F3	Rejection	选择频率抑制
	F4	Noise Rej	启动/关闭噪声抑制
	F5	Previous Menu	返回上一菜单
Trigger6 Trigger Holdoff	F1	Holdoff	选择 Holdoff 时间
	F2	Set to Minimum	设置最短 Holdoff 时间

3．使用方法

1) 基本测量

基本测量是开始使用示波器时，对示波器及探头的一个校准过程。

(1) 按下电源开关，显示器约在 10 s 内启动。

(2) 通过调取工厂设置重设系统。按"Save/Recall"键，然后按"Default Setup"键。

(3) 使用探头连接通道 1 输入端子和标准信号输出端(峰峰值为 2 V、1 kHz 方波)。

(4) 按"Autoset"键，显示器中心出现一个方波。如果方波电压和频率测试结果显示正确，则表明示波器工作正常，探头也是完好的，接下来可以正常测量。需要帮助时，按"Help"键进入帮助模式，再按下不明功能键，显示所对应功能的帮助内容。旋转"VARIABLE"旋钮，上下移动 Help 内容。再次按"Help"键退出帮助模式。

2) 自动测量

自动测量功能用于测量输入信号的特性并且更新其在显示器上的状态。屏幕右边的菜单栏随时更新多达 5 组自动测量项目。屏幕上可以根据需要显示所有自动测量类型。

先按"Autoset"键再按"Measure"键后，便可在屏幕右边菜单条中显示测量结果，并且不断更新。5 组测量项目(F1～F5)可以定制。先按相应的菜单键(F1～F5)选择需要编辑的测量项目，待出现编辑菜单后，旋转 VARIABLE 旋钮选择测量项目，即可改变菜单中自动测量的项目。

通常情况下，"Autoset"键可以保障示波器在绝大多数情况下自动设置示波器状态，使其能够稳定显示信号波形并测试。但是当信号波形较为复杂时，"Autoset"键可能不满足测试的要求。此时仍需按照信号的特征调节示波器的触发系统、水平系统和垂直系统，使信号波形能够稳定显示，然后利用"Cursor"键打开游标功能进行手动测试。

自动测量菜单项目及其含义见表 5-3-4。

表 5-3-4　自动测量菜单项目及其含义

电压测量项目	Vpp		正负峰值电压差(=Vmax−Vmin)
	Vmax		正峰值电压
	Vmin		负峰值电压
	Vamp		总体高电压与总体低电压之差(=Vhi−Vlo)
	Vhi		总体高电压
	Vlo		总体低电压
	Vavg		第一周期的平均电压
	Vrms		RMS (均方根或有效值) 电压
	ROVShoot		上升过冲电压
	FOVShoot		下降过冲电压
	RPREShoot		上升前冲电压
	FPREShoot		下降前冲电压
时间测量项目	Freq		波形频率
	Period		波形周期(Period=1/Freq)
	Risetime		脉冲的上升时间(∼90%)
	Falltime		脉冲的下降时间(∼10%)
	+Width		正脉宽
	−Width		负脉宽
	Duty Cycle		信号脉冲与总周期之比=100×(脉宽/周期)

延迟测量项目	FRR		时间：通道 1 的第一个上升沿与通道 2 的第一个上升沿之间
	FRF		时间：通道 1 的第一个上升沿与通道 2 的第一个下降沿之间
	FFR		时间：通道 1 的第一个下降沿与通道 2 的第一个上升沿之间
	FFF		时间：通道 1 的第一个下降沿与通道 2 的第一个下降沿之间
	LRR		时间：通道 1 的第一个上升沿与通道 2 的最后一个上升沿之间
	LRF		时间：通道 1 的第一个上升沿与通道 2 的最后一个下降沿之间
	LFR		时间：通道 1 的第一个下降沿与通道 2 的最后一个上升沿之间
	LFF		时间：通道 1 的第一个下降沿与通道 2 的最后一个下降沿之间

3) 数学运算

特别注意的是，在使用该示波器"Measure"键进行自动测试时，如果当前屏幕上有游标，应首先利用"Cursor"键关闭游标功能。此时"Measure"功能所显示的为当前全屏幕所显示波形的测量值；否则，在游标存在的情况下，"Measure"功能所显示的测量值仅是两条游标之间的波形测量结果，而非全屏幕波形的结果。

示波器的数学运算操作可以对输入信号进行加、减、乘、和 FFT/FFT RMS 运算，可以像操作普通输入信号一样使用游标测量结果波形并且保存或调取结果波形。

(1) 加(+)：将 CH1 和 CH2 信号的振幅相加。

(2) 减(−)：将 CH1 和 CH2 信号的振幅相减。

(3) 乘(×)：将 CH1 和 CH2 相乘。

(4) FFT：对信号进行 FFT 运算。共有四种 FFT 窗函数：Hanning、Flattop、Rectangular 和 Blackman。

(5) FFT RMS：对信号进行 FFT RMS 运算。RMS 和 FFT 相似，但是以 RMS 计算振幅，而非 dB。

表 5-3-5 所示为这几种窗函数的比较。

表 5-3-5　FFT 窗函数的比较

窗 函 数	频率分辨率	振幅分辨率	应　　用
Hanning FFT	好	不好	周期波形的频率测量
Flattop FFT	不好	好	周期波形的振幅测量
Rectangular FFT	很好	差	单击现象(无视窗模式相同)
Blackman FFT	差	很好	周期波形的振幅测量

使用 FFT 功能的步骤为：按 Math 键→重复按 Operation 选择 FFT 或 FFT RMS→重复按 Source 选择通道源→重复按 Window 选择 FFT 视窗类型→显示 FFT 结果。水平刻度从时间切换至频率，垂直刻度从电压切换至 dB 或 RMS→旋转旋钮垂直移动 FFT 波形。位置在 Position 栏中更新→重复按 Unit/Div(FFT)或 Volt/Div(FFT RMS)选择 FFT 波形的垂直刻度→再次按 Math 键清除 FFT 结果。

由于绝大多数数字示波器通道 A/D 变换位数仅 8 位，因此受此限制，其 FFT 运算功能的误差较大，通常其结果仅用于定性观察。

4) X-Y 模式

X-Y 模式下示波器可单独对比通道 1 和通道 2 波形的电压，此模式有益于观察两个波形间的相位关系。操作步骤如下：

(1) 分别将信号连接到通道 1(X 轴)和通道 2(Y 轴)。

(2) 确认已启动通道 1 和通道 2。

(3) 按水平菜单键。

(4) 按 XY，即可在显示器显示 X-Y 模式下的两个波形，通道 1 为 X 轴，通道 2 为 Y 轴。

(5) 调节 X-Y 模式的波形。

① CH1 位置旋钮：调节 X-Y 模式波形的水平位置；

② CH1 Volts/Div 旋钮：调节 X 轴刻度；

③ CH2 位置旋钮：调节 X-Y 模式波形的垂直位置；

④ CH2 Volts/Div 旋钮：改变 Y 轴刻度。

5) 相位差的测量

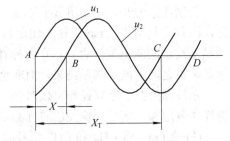

测量相位通常是指两个同频率的信号之间相位差的测量。此时，除了可以利用李莎如测量法外，还可以通过测量时延 t 和信号周期 T 来完成。如图 5-3-11 所示，u_1 和 u_2 的相位差可利用公式 $\varphi = \dfrac{X}{X_T} \times 360°$ 来计算。

图 5-3-11　被测波形的相位差测量

四、SDS5104X 型超级荧光混合信号示波器简介

1. 主要特点

国产 SDS5104X 型超级荧光混合信号示波器最大带宽为 1 GHz，采样率最高达每秒 5×10^9 个点，具备最多 4 个模拟通道和 16 个数字通道，存储深度可达每个通道 250×10^6 个点。SDS5104X 采用的 SPO 技术波形捕获率高达 500 000 帧/秒，具有 256 级辉度等级及色温显示；创新的数字触发系统触发灵敏度高，触发抖动小；支持丰富的智能触发、串行总线触发和解码；支持历史(History)模式、分段采集(Sequence)、增强分辨率(ERES)、模板测试、搜索(Search)和导航(Navigate)等高级采集和分析模式；具备丰富的测量和数学运算功能。SDS5104X 采用了 10.1 英寸电容式触摸屏，支持多种手势实现对波形的常用操作。

本节将简单介绍 SDS5104X 的参数、面板及使用方法，其详细操作可登录鼎阳科技官网参考仪器说明书。

2．主要技术指标

1) 性能

(1) 带宽：1 GHz。

(2) 实时采样率：每秒 5×10^9 个点。

(3) 存储深度：每个通道 250×10^6 个点。

(4) 最高波形捕获率：500 000 帧/s(Sequence 模式)。

(5) 垂直刻度：0.5 mV～10 V。

(6) 时间刻度：200 ps～1 ks。

2) 特性

(1) 10.1 英寸电容式触摸屏，分辨率为 1024 像素×600 像素。

(2) 具有丰富的触发功能，包括边沿、斜率、脉宽、视频、窗口、间隔、超时、欠幅、码型、前提边沿、第 N 边沿、延迟、建立/保持和多种总线触发。

(3) 测量类型包括水平类、垂直类、通道间延时类三大类共数十种参数。

(4) 支持加法、减法、乘法、除法、FFT、微分、积分和平方根运算等多种算子。

(5) 历史模式(History)最大可记录 100 000 帧波形。

3．面板介绍

SDS5104X 的面板如图 5-3-12 所示。

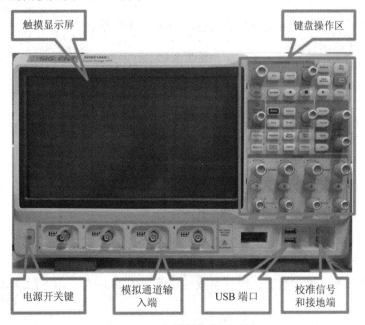

图 5-3-12　SDS5104X 的面板

1) 触摸屏显示区

示波器整个屏幕都是触摸屏，可以使用手指进行触控，也可以使用鼠标进行操作。大部分的显示和控制都可以通过触摸屏实现，效果等同于按键和旋钮。触摸屏显示区如图 5-3-13 所示。

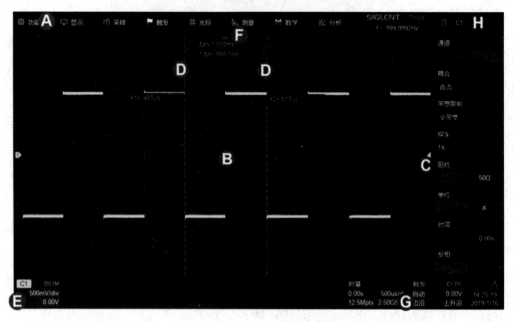

图 5-3-13　触摸屏显示区

A. 菜单栏：顶部菜单栏可以进入各种软件菜单，它与任何 Windows 程序上的"文件"菜单非常相似。

B. 网格区域：网格区域显示波形轨迹，分成 8 个竖格和 10 个横格。

C. 触发电平指示符。

D. 光标：指示设置点的参数测量值，移动光标可以快速定位测量点。

E. 通道参数区：功能如图 5-3-14 所示。

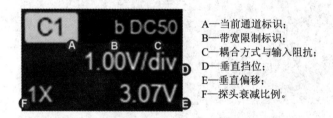

A—当前通道标识；
B—带宽限制标识；
C—耦合方式与输入阻抗；
D—垂直挡位；
E—垂直偏移；
F—探头衰减比例。

图 5-3-14　通道参数区

F. 触发延迟指示符。

G. 时基参数和触发参数区：时基参数区功能如图 5-3-15 所示，触发参数区功能如图 5-3-16 所示。

A—触发位置；
B—水平挡位(时基)；
C—采样点数；
D—采样率。

图 5-3-15　通道参数区

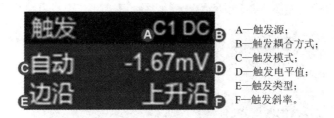

A—触发源；
B—触发耦合方式；
C—触发模式；
D—触发电平值；
E—触发类型；
F—触发斜率。

图 5-3-16　触发参数区

H．对话框：对话框是对选定的功能进行参数设置的主要区域，位于屏幕的右侧。对话框功能如图 5-3-17 所示。

A—对话框名称，随选定功能的不同而不同，触摸该区域可隐藏对话框，再次触摸又打开对话框。

B—参数设置区域。

C—滚动条，当参数较多超出屏幕显示范围时，将显示蓝色的滚动条，此时通过手势上下滑动对话框区域，或滚动鼠标中轮可滚动到未显示的区域。

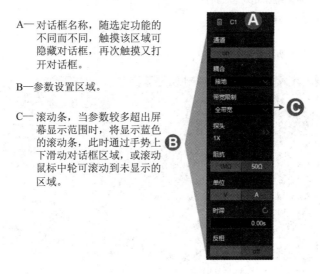

图 5-3-17　对话框功能

2) 键盘操作区

键盘操作区各个按键功能如图 5-3-18 所示。

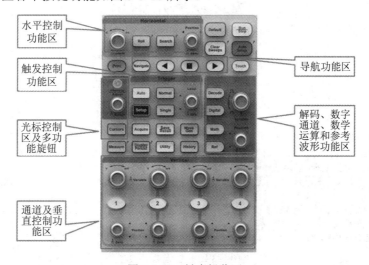

水平控制功能区

触发控制功能区

光标控制区及多功能旋钮

通道及垂直控制功能区

导航功能区

解码、数字通道、数学运算和参考波形功能区

图 5-3-18　键盘操作区

(1) 水平控制功能区如图 5-3-19 所示。

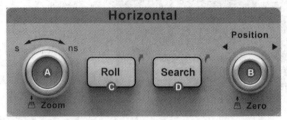

A— 旋转改变水平挡位(时基，Time/div)，按下此旋钮进入 Zoom 模式，再次按下退出 Zoom 模式。

B—旋转改变水平触发延时，按下此旋钮使水平触发延时归零。

C—按下此按键示波器进入滚动(Roll)模式，再次按下退出 Roll 模式。

D—按下此按键打开搜索(Search)功能，再次按下关闭 Search 功能。

图 5-3-19　水平控制功能区

(2) 垂直控制功能区如图 5-3-20 所示。

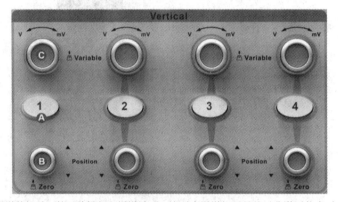

A—当对应通道关闭时，按下此键打开通道波形；当对应通道打开且处于非激活状态时，按下此键激活通道；当对应通道打开且处于激活状态时，按下此键关闭通道波形。

B—旋转改变 offset 值，按下此旋钮 offset 归零。

C—旋转改变通道垂直挡位(Volt/div)，按下此旋钮实现垂直挡位细调功能的开启或关闭。

图 5-3-20　垂直控制功能区

(3) 触发控制功能区如图 5-3-21 所示。

A—按下此键打开触发设置对话框。

B—单次触发模式，满足条件触发一次，显示波形，然后停止捕获信号。

C—正常触发模式，只有满足触发条件时才会进行触发采集；不满足条件时保持上一次波形显示，等待下一次触发。

D—自动触发模式，无论是否满足触发条件，都显示活动信号波形；无信号输入时，显示示波器的底噪波形。

E—旋转设置触发电平，按下自动将电平设置到波形的中央。

图 5-3-21　触发控制功能区

(4) 解码、数字通道、数学运算和参考波形功能区如图 5-3-22 所示。

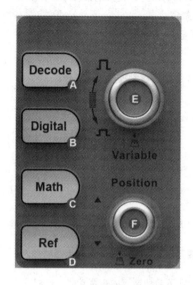

A— 按一下启动串行解码功能，并显示解码设置对话框，再按一下关闭解码对话框。
B— 按一下开启数字通道，并显示数字通道设置对话框，再按一下关闭解码对话框。
C— 按一下启动数学运算，显示数学设置对话框，再按一下关闭数学运算对话框。
D— 按一下启动参考波形，显示参考波形设置对话框，再按一下关闭参考波形功能。
E— 旋转改变 Math 和 Ref 波形的垂直挡位(Volt/div)，也可以用于改变选中的数字通道。
F— 旋转改变 Math 和 Ref 波形的 offset 值，按下此旋钮 offset 归零；也可用于改变选定数字通道在屏幕上的位置。

图 5-3-22　解码、数字通道、数学运算和参考波形功能区

(5) 导航功能区如图 5-3-23 所示。

A— 按一下启动导航功能，并显示导航 设置对话框，再按一下关闭导航。
B—向后播放。　　　　C—停止播放。　　　　D—向前播放。

图 5-3-23　导航功能区

(6) 光标控制功能区和多功能旋钮如图 5-3-24 所示。

A— 按下此键打开光标功能并激活光标设置对话框，再次按下此键关闭光标功能。

B—旋转多功能旋钮移动光标位置，按下则选择不同的光标线。

　当参数设置区变成高亮时都可以使用图中的多功能旋钮修改数据。按下旋钮起选择的作用，如切换要移动的光标。默认功能为调节波形亮度。

图 5-3-24　光标控制功能区和多功能旋钮

(7) 其他按键如图 5-3-25 所示。

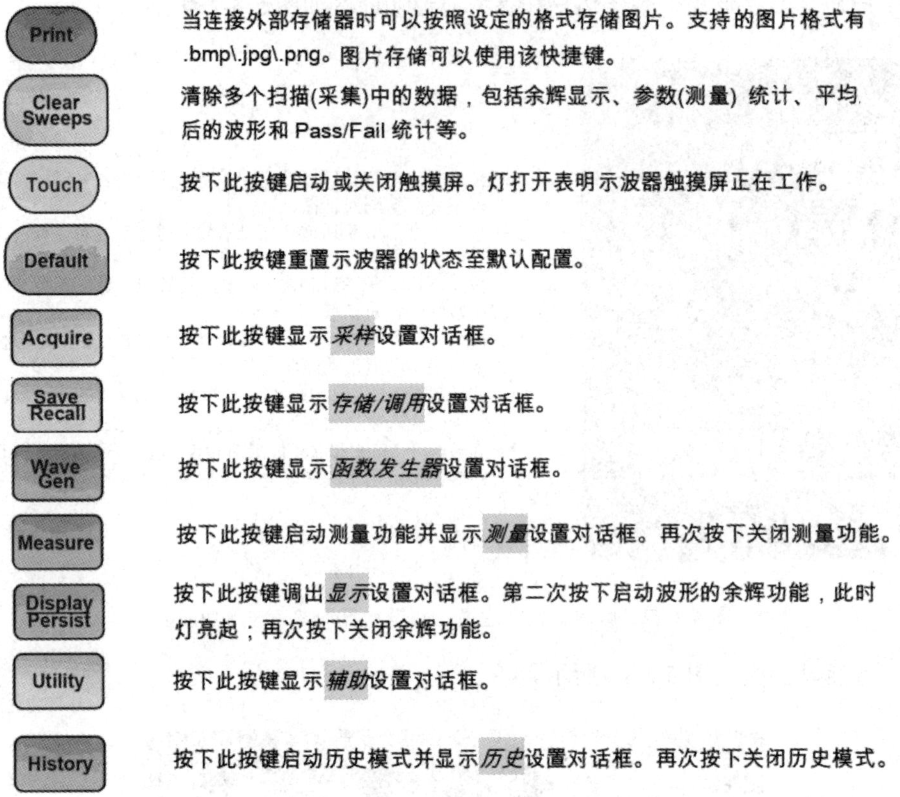

Print	当连接外部存储器时可以按照设定的格式存储图片。支持的图片格式有 .bmp\.jpg\.png。图片存储可以使用该快捷键。
Clear Sweeps	清除多个扫描(采集)中的数据，包括余辉显示、参数(测量) 统计、平均后的波形和 Pass/Fail 统计等。
Touch	按下此按键启动或关闭触摸屏。灯打开表明示波器触摸屏正在工作。
Default	按下此按键重置示波器的状态至默认配置。
Acquire	按下此按键显示*采样*设置对话框。
Save Recall	按下此按键显示*存储/调用*设置对话框。
Wave Gen	按下此按键显示*函数发生器*设置对话框。
Measure	按下此按键启动测量功能并显示*测量*设置对话框。再次按下关闭测量功能。
Display Persist	按下此按键调出*显示*设置对话框。第二次按下启动波形的余辉功能，此时灯亮起；再次按下关闭余辉功能。
Utility	按下此按键显示*辅助*设置对话框。
History	按下此按键启动历史模式并显示*历史*设置对话框。再次按下关闭历史模式。

图 5-3-25　其他按键

4．使用方法

1) 基本测量

基本测量是开始使用示波器时，对示波器及探头的校准过程。

(1) 按下电源开关，示波器将在大约 10 s 内启动。

(2) 通过调取工厂设置重置系统，按下右上角绿色 Default 键，在屏幕上点击继续。

(3) 打开通道 1，使用探头连接通道 1 输入端子和校准信号输出端(峰峰值为 3.4 V、1 kHz 方波)。

(4) 按下右上角蓝色"auto setup"键，在屏幕上点击继续。触摸显示屏中心出现一个方波，如果方波电压和频率的测试结果显示正确，则表明示波器工作正常，探头也是完好的，接下来可以正常测量。

2) 波形显示及测量

使用探头连接被测信号(峰峰值为 1 V、1 kHz 正弦波)与模拟通道输入端(CH1～CH4 均可)，具体操作步骤如下：

(1) 打开对应通道。

(2) 按右上角蓝色"auto setup"键，在屏幕上点击继续，此时屏幕上将显示 3～4 个周期的正弦信号。可通过旋动水平功能控制区内的时基旋钮在水平方向上放缩已显示的波形，或者旋动水平功能控制区内的"Position"旋钮改变波形在水平方向上的位置；也可通过旋动垂直控制功能区内对应通道上的垂直灵敏度旋钮(垂直挡位)在垂直方向上放缩已显示的波形，或通过旋动垂直控制功能区内对应通道上的"Position"旋钮改变波形在垂直方向上的位置。

(3) 按下"Measure"键，开启测量功能。此时波形下方的屏幕上将出现包括频率、周期等在内的 12 个参数。

(4) 可以通过波形右侧对话框里的"类型"按键添加或删减显示的测量项目，图标点亮即为添加，图标熄灭即为删除。

3) 光标测量功能

按下"Cursors"键，开启光标测量功能。此时测量光标将出现在屏幕上，可在波形右侧的光标对话框里调整光标的参数，然后旋动多功能旋钮改变光标的位置，光标的具体参数可从屏幕上直接读出。

4) X-Y 模式

X-Y 模式下示波器可单独对比通道 1 和通道 2 波形的电压，此模式有益于观察两个波形间的相位关系，操作步骤如下：

(1) 分别将信号连接到通道 1(X 轴)和通道 2(Y 轴)。

(2) 开启通道 1 和通道 2。

(3) 点击触摸屏上方菜单栏"采样"按键，在下拉菜单中选择 XY 模式。

(4) 显示屏将会显示 X-Y 模式下的两个波形，通道 1 为 X 轴，通道 2 为 Y 轴。

5.4　频 谱 分 析 仪

　　频谱分析仪是研究电信号频谱结构的仪器，用于信号失真度、调制度、谱纯度、频率稳定度和交调失真等信号参数的测量，可用来测量放大器和滤波器等电路系统的某些参数，是一种多用途的电子测量仪器。

　　RSA306 实时频谱分析仪为 9 kHz～6.2 GHz 的信号提供实时频谱分析、流式捕获和深入信号分析功能，携带异常方便，特别适合现场、工厂或科研应用。仪器如图 5-4-1 所示。

图 5-4-1　RSA306 实时频谱分析仪

一、主要特点

　　RSA306 实时频谱分析仪的主要特点有：

(1) 使用标配泰克 Signal Vu-PC 软件，获得全功能频谱分析功能；

(2) 17 种频谱和信号分析测量显示可支持几十种测量类型；

(3) 实时频谱/三维频谱图显示，使查找瞬态信号和干扰的时间达到最小；

(4) 在 6.2 GHz 的整个频宽中快速扫描 (每秒 2 次)，迅速检测未知信号；

(5) 40 MHz 采集带宽可以对带宽小于 40 MHz 的信号进行分析；

(6) 以 100%检测概率捕获持续时间最短 27 μs 的信号；

(7) MATLAB 仪器驱动程序，用于仪器控制工具箱；

(8) 流式捕捉技术，记录长期事件。

二、主要技术指标

(1) RF 输入频率范围：9 kHz～6.2 GHz。

(2) 中心频率分辨率：1 Hz。

(3) 显示平均噪声水平：–163 dBm/Hz。

(4) 实时带宽：40 MHz。

(5) RF 输入电平：+20 dBm、40 V DC max。

三、仪器面板

　　RSA306 实时频谱分析仪的前面板如图 5-4-2 所示。

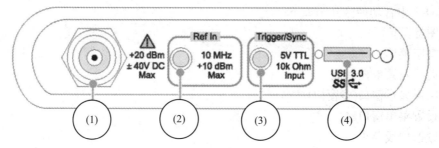

图 5-4-2　RSA306 实时频谱分析仪前面板

(1) 信号输入端(N)。

(2) Ref in：外部参考输入端(SMA)。

(3) Trigger/Sync：外部触发输入端(SMA)。

(4) USB 3.0 端口。

四、Signal Vu-PC 操作软件

Signal Vu-PC 作为 RSA306 实时频谱分析仪配合使用的操作软件，要求安装 Microsoft Windows 7 及以上的操作系统，可以从 www.tektronix.com/downloads 网站下载。

(1) RSA306 实时频谱分析仪的基本操作顺序如下：

① 在电脑上启动 SignalVu-PC 操作软件；

② 连接 RSA306 以及射频端口天线或被测件；

③ 通过 USB 3.0 端口及数据线将 RSA306 实时频谱分析仪与电脑连接；

④ 恢复出厂设置(preset)；

⑤ 通用频谱设置(setup)；

⑥ 添加测试项目。

(2) Signal Vu-PC 菜单结构及基本操作原则如图 5-4-3 所示。

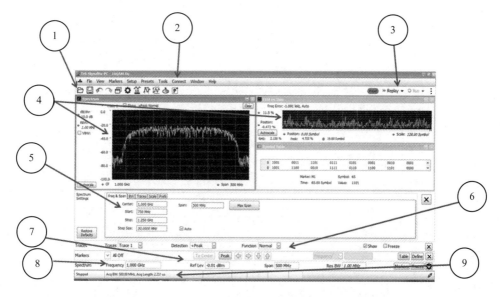

图 5-4-3　Signal Vu-PC 菜单结构及基本操作原则

图 5-4-3 中各功能区介绍如下：

① 图标菜单。

② 文字菜单。

③ 运行及菜单控制键。

④ 结果显示窗口(多窗口)。

⑤ 设置菜单窗口。

⑥ 频谱曲线菜单。

⑦ 光标控制菜单。

⑧ 频谱参数菜单。

⑨ 运行状态菜单。

5.5 网络分析仪

网络分析仪为一种能在宽频带内进行扫描测量以确定网络参量的综合性微波测量仪器，可直接测量有源或无源、可逆或不可逆的双口和单口网络的复数散射参数 S，并给出各散射参数的幅度、相位频率特性。

一、网络分析仪和 S 参数

网络分析仪分为标量网络分析仪和矢量网络分析仪(Vector Network Analyzer，VNA)两种。目前，大多数网络分析仪都是矢量网络分析仪。矢量网络分析仪能测量 S 参数、幅度和相位、传输增益和损耗，回波损耗和驻波比(SWR)、群延迟、反射系数等。

S 参数(Scattering Parameters，散射参数)表示电路和元件的输入功率与输出功率之间的关系，是用功率来表示高频电路的一种重要参数。在高频领域中能够稳定且正确测量的量是功率，而不是电压和电流。因此，高频领域的 S 参数非常重要。在高频中，可由表示电路的各对端子出入波的振幅和相位关系的 S 矩阵(散射矩阵)来规定电路的特性，S 矩阵的各要素为 S 参数。出入电路网络的功率由这些波的振幅和相位决定。S 矩阵各要素(S 参数)随各端口所连接传输线的特征阻抗而变化，若无特殊说明，在高频领域特征阻抗仍考虑为 50 Ω。

网络分析仪测量的散射参数和阻抗参数类似，对于有两个端口的网络(如衰减器)而言，它也包括四个部分，用 S_{ij} 表示。其中，i 表示待检测端口，j 表示激励信号的入射端口。S_{11} 为输入反射系数，是被测器件的一个端口对信号的反射量，又称回波损耗；S_{21} 为正向传输系数，是信号通过被测器件时产生的变化(幅度和相位变化，又称插损或增益)；S_{12} 为反向传输系数，是信号以相反方向通过被测器件时产生的变化；S_{22} 为输出反射系数，是被测器件的另一个端口对信号的反射量。

二、矢量网络分析仪的组成

图 5-5-1 为典型的双端口矢量网络分析仪内部组成框图。

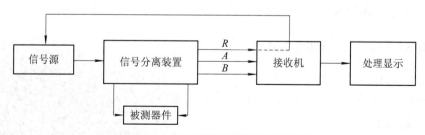

图 5-5-1 矢量网络分析仪的原理框图

网络分析仪包含以下四个部分：

(1) 信号源：提供被测器件激励输入信号；

(2) 信号分离装置：含功分器和定向耦合器件，分别完成对被测器件输入和反射信号的提取；

(3) 接收机：对被测器件的反射、传输和输入信号进行测试、比较和分析；

(4) 处理显示单元：完成对测试结果进行处理和显示。

三、矢量网络分析仪的关键技术指标

1．最大频率

VNA 的最大频率是指其能够测量的最高频率。网络分析仪的接收端带有模/数转换器 (ADC)，它将输入的模拟信号转换为数字信号，然后对这些信号进行分析和显示。但是 ADC 受限于转换速度，不具备在射频范围转换信号的能力，因此入射信号必须下变频到它的工作频率，这个工作频率称为中频(IF)。

2．动态范围

动态范围是指能够测量元器件响应的功率范围。

3．输出功率

输出功率反映的是 VNA 的信号发生器和测试仪可将多少功率发射入被测器件。它用 dBm 表示，参考值为 50 Ω 阻抗，以便匹配大多数射频传输线的特征阻抗。高输出功率对于提升测量的信噪比或确定被测器件的压缩限制非常有用。

4．迹线噪声

迹线噪声是指由系统中的随机噪声造成的在被测器件的响应上形成的叠加噪声。它使信号看上去不那么平滑，甚至有些抖动。迹线噪声可以通过提高测试功率、降低接收机的带宽或取平均值来消除。

四、矢量网络分析仪的校准

射频测量极其敏感，测试电缆、连接器和夹具都会影响测量结果。在默认情况下，网络分析仪会把测试端口之外的一切都视为被测器件。这就意味着网络分析仪的参考平面就在测试端口上。超出参考平面的一切(包括电缆和连接器)，都会包含在测量中，故在使用网络分析仪前，需要对其进行校准。

两种常用的校准方法是 TRL(直通、反射、线路)和 SOLT(短路、开路、负载、直通)。这些方法是阻抗和传输测量的不同组合，用于表征电缆和夹具以进行校准。

五、E5063A ENA 矢量网络分析仪

E5063A 是美国 Keysight(是德科技)生产的 ENA 系列网络分析仪，外形如图 5-5-2 所示。其主要性能参数如下：

(1) 测试频率范围：100 kHz～6.5 GHz。

(2) 测试端口输出功率：–20～0 dBm。

(3) 迹线噪声：有效值为 0.002 dB(典型值)。

(4) 动态范围：122 dB(典型值)。

(5) 稳定度：0.01 dB/℃。

图 5-5-2　E5063A 外形图

六、矢量网络分析仪的测量方法

下面以测量一个 10.7 MHz 的晶体带通滤波器的参数为例来介绍一下矢量网络分析仪的基本操作方法。

(1) 复位 VNA。按"Preset"键进行复位。

(2) 设置中心频率和扫描带宽。按"Center"键设置中心频率为 10.7 MHz，再按"Span"键设为 50 kHz。

(3) 设置测量 S 参数。按"Meas"键选择"S_{21}"。

(4) 设置输出功率。按"Sweep Setup"键，选择"Power"可进行输出功率的设置。这个值决定着将要发送到被测器件的测试信号的功率电平。对于无源器件(如滤波器)，一般使用最大源功率。对于有源器件，则需限制功率，以避免在被测器件或 VNA 上形成压缩。设置一个比较高的功率电平，以便改善信噪比。这里使用默认输出功率"−5 dBm"。

(5) 设置显示比例和进行位置调整。按"Scale"键选择"Auto Scale"自动定标。

(6) 设置中频带宽(IFBW)。按"Meas"键，可进行 IFBW 的设置。依据可接受的测量速度来选择所需的分辨率带宽，使用较小的中频带宽可以获得更高的测量分辨率；但其不利影响是会降低测量速度。这里由于被测晶体滤波器带宽很窄(≈7 kHz)，故设置 IFBW = 1 kHz。

(7) 利用游标测量滤波器参数。按"Marker"键，选择"Marker 1"添加游标；然后按"Marker Search"键，选择"Peak"，再选择"Bandwidth"(带宽测量)，将其设置为"ON"。

测量结果如图 5-5-3 所示。

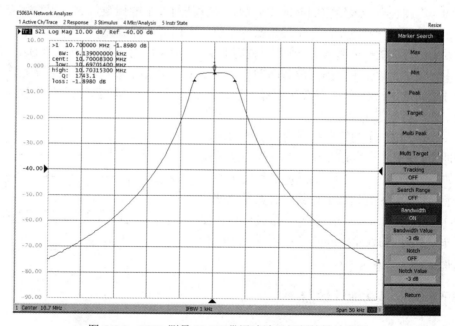

图 5-5-3 VNA 测量 10.7M 带通滤波器幅频特性结果图

由图 5-5-3 可以读出此带通滤波器的带宽(BW)为 6.139 kHz，中心频率(Cent)为 10.700 083 MHz。f_L 和 f_H 分别为 10.697 014 MHz、10.703 153 MHz，Q 值为 1743.1，其插入损耗(loss)为−1.8980 dB。

5.6　频 率 计 数 器

频率计数器是专门测量信号频率的仪器，它由稳定的晶体振荡器和数字计数器构成。频率计数器通常用于射频测量，有时也用于测量低频信号。

一、测频原理

定义信号在单位时间内周期性变化的次数为频率：

$$f_x = \frac{N}{T}$$

式中，N 为波形的周期；T 为计算周期的时间。

图 5-6-1 为频率计数器的概念性方框图。被测信号经过放大后被转换成数字脉冲串，该脉冲串通过称为主门的电子开关驱动数字计数器。假如主门是开放的，则被测信号每变化一周，计数器加 1；假如

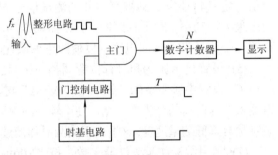

图 5-6-1　频率计数器的概念性方框图

主门保持开放，数字计数器就一直计数(计到数字计数器计满为止)。不过，主门并不是一直开放的，它往往在一段给定的时间内开放，从而测得波形的周数，这一周数代表波形的频率。如需进行另一次测量，数字计数器应复位，主门再次开放。

假设主门开放的时间是 1 s，数字计数器上将显示 1 s 内的周期数(单位为 Hz)。在实际的工作中，频率计数器主门的开放时间并不一定就是 1 s。如果被测信号的频率很高，那么在主门开放的这 1 s 内，计数器会达到最大读数并发生溢出。由此可见，主门开放的时间不同，频率计的测频范围也不同。

在图 5-6-2 中，主门输出端最后的那个脉冲比其余脉冲窄，这是由于主门在输入信号的中途关闭了。假如主门稍早一些关闭，该脉冲必然完全不出现；若晚一些关闭，到达数字计数器必然是完整的脉冲(有可能出现下一周期的起点)，这说明计数器通常有 ±1 count 的误差(count 是计数器可计的最小变化量)。

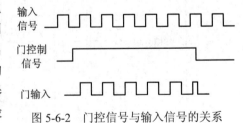

图 5-6-2　门控信号与输入信号的关系

二、SP1500C 多功能计数器

1. 概述

SP1500C 多功能计数器是一台测频范围为 1 Hz～1500 MHz 的多功能计数器。其特点是采用 8 位 LED 数码管显示，具有四种测量功能和低功耗线路设计，体积小，重量轻，灵敏度高，全频段等精度测量并且等位数显示。高稳定性的晶体振荡器保证了测量精度和全

输入信号的测量。

本仪器有四个主要功能：A 通道测频、B 通道测频、A 通道测周期及 A 通道计数，其全部测量采用单片机 89C51 进行智能化的控制和数据测量处理。

2. 工作原理

SP1500C 多功能计数器的工作原理框图如图 5-6-3 所示。

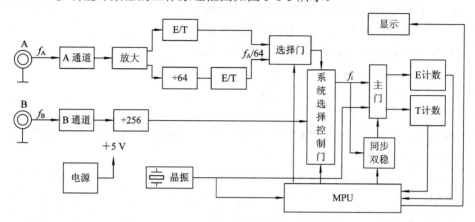

图 5-6-3 SP1500C 多功能计数器工作原理框图

测量的基本电路主要由 A 通道(100 MHz 通道)、B 通道(1500 MHz 通道)、系统选择控制门、同步双稳以及 E 计数器、T 计数器、MPU 微处理器单元、电源等组成。

该多功能计数器进行频率、周期的测量是采用等精度的测量原理。即在预定的测量时间(闸门时间)内对被测信号的 N_x 个整周期信号进行测量，分别由 E 计数器累计在所选闸门内的对应个数 N_x，同时 T 计数器累计在所选闸门内的对应标准时钟个数，得到闸门时间 T_x，然后由微处理器进行数据处理。计算公式如下：

频率：
$$F_x = \frac{N_x}{T_x}$$

周期：
$$\tau_x = \frac{T_x}{N_x}$$

由于本机的标准时钟为 10 MHz，每个时钟脉冲的周期为 100 ns，因此 T_x 的累计误差为 100 ns，则频率测量的测量精度优于 $N_x/100$ ns。

根据上述原理可知，本机的闸门时间实际上是预选时间，实际测量时间为被测信号的整周期数(总比预选时间长)。当被测信号的单周期时间超过预选时间时，实际测量时间为被测信号的一个周期时间。

3. 技术指标

(1) 频率测量范围。

A 通道：1 Hz～100 MHz。

B 通道：100 MHz～1.5 GHz。

(2) 周期测量范围：仅限 A 通道，频率为 1 Hz～10 MHz。

(3) 计数及容量：仅限 A 通道，频率为 1 Hz～10 MHz，容量为 $10^8 - 1$。

(4) 输入阻抗。

A 通道：R 约为 1 MΩ，$C \leqslant 35$ pF。

B 通道的输入阻抗为 50 Ω。

(5) 输入灵敏度。

A 通道：1～10 Hz，有效值优于 40 mV；10 Hz～80 MHz，有效值优于 20 mV；80～100 MHz，有效值优于 30 mV。

B 通道：100 MHz～1 GHz，有效值优于 20 mV。

(6) 闸门时间预选：10 ms、0.1 s、1 s 或保持。

(7) 输入低通滤波器：仅限 A 通道，约 100 kHz。

(8) 最大输入电压。

A 通道：250 V(直流与交流之和，衰减置"×20")。

B 通道：峰峰值为 3 V。

(9) 准确度：±时基准确度 ± 触发误差 × 被测频率(或周期) ± LSD，其中 LSD = 100 ns× 被测频率(或周期)/闸门时间。

(10) 时基：标称频率为 10 MHz；频率稳定度为 1×10^{-5}/d。

4．使用说明

1) 使用前的准备

在测量前，仪器应预热 20 min 以保证晶体振荡器的频率稳定。

2) 前面板说明

图 5-6-4 为 SP1500C 多功能计数器面板。

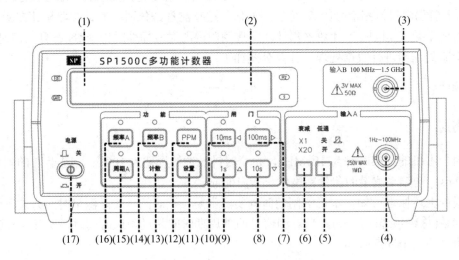

图 5-6-4　SP1500C 多功能计数器面板图

(1) 测量数据显示窗口。显示测量的频率、周期或计数的数据。

(2) 指数显示窗口。显示被测信号的指数量级。

(3) 通道输入插座。当被测信号频率>100 MHz 时，由此通道输入。

(4) A 通道输入插座。当被测信号频率<100 MHz 或作周期、计数测量时由此通道输入。

(5) 低通滤波器开关。按下此键可有效滤除低频信号上混有的高频成分。

(6) 衰减开关。按下此键，可将 A 通道输入信号衰减为原来的 1/20。

(7) 闸门选择按钮。按此按钮，闸门时间为 100 ms。当仪器具有 PPM 测量功能时，在设置预置频率 F_0 时，此按钮为向右移动按钮。

(8) 闸门选择按钮。按此按钮，闸门时间为 10 s。当仪器具有 PPM 测量功能时，在设置预置频率 F_0 时，此按钮为数字递减按钮。

(9) 闸门选择按钮。按此按钮，闸门时间为 1 s。当仪器具有 PPM 测量功能时，在设置预置频率 F_0 时，此按钮为数字递增按钮。

(10) 闸门选择按钮。按此按钮，闸门时间为 10 ms。当仪器具有 PPM 测量功能时，在设置预置频率 F_0 时，此按钮为向左移动按钮。

(11) 设置按钮。当仪器具有 PPM 测量功能时，按此钮可对预置频率 f_0 进行任意设置。设置范围为 1 Hz～100 MHz，开机默认的 f_0 为 32 768 Hz。

(12) PPM 测量按钮(选配功能)。按此钮，仪器进入 PPM 测量状态。测量范围为 −9999～+9999PPM，超出范围时显示 9999PPM。

(13) 计数按钮。按此按钮，仪器进入计数状态，闸门灯点亮。若 A 通道有输入信号，仪器开始计数，再按计数按钮，计数处于保持(停止)状态，闸门灯熄灭，再按计数按钮，闸门灯又亮，仪器继续进行累加计数。设置按钮和四个闸门按钮均为计数清零按钮。

(14) 频率 B 按钮。当被测信号频率>100 MHz 时，按此按钮同时将输入信号由 B 通道输入。

(15) 周期按钮。按此按钮，仪器进入周期测量状态，此输入信号由 A 通道输入。

(16) 频率 A 按钮。当被测信号频率<100 MHz 时，按此按钮仪器进入频率测量状态。

(17) 整机电源开关。此按键按下时，机内电流接通，仪器显示机型后进入自校状态。此按键释放时为关闭整机电源。

3) 频率测量

(1) 根据所需的分辨率大致范围选择"频率 A"或"频率 B"测量。

(2) "频率 A"测量输入信号接至 A 输入通道口，按一下"频率 A"功能键；"频率 B"测量输入信号接至 B 输入通道，按一下"频率 B"功能键。

(3) "频率 A"测量时，根据输入信号的幅度大小决定衰减按键置 1 或 20 位置。当输入幅度有效值大于 300 mV 时，衰减开关应置 20 位置。

(4) "频率 A"测量时，根据输入信号的频率高低决定低通滤波器按键置"开"或"关"位置。当输入频率低于 100 kHz 时，低通滤波器应置"开"位置。

(5) 根据所需的分辨率选择适当的闸门预选时间(0.01 s、0.1 s、1 s)。闸门预选时间越长，分辨率越高。

4) 周期测量

(1) 功能选择模块置"周期 A"，输入信号接入 A 输入通道口。

(2) 根据输入信号频率高低和输入信号幅度大小，决定低通滤波器和衰减器的所处位置，具体操作参考上面"频率测量"第(3)、(4)的内容。

(3) 根据所需的分辨率选择适当的闸门预选时间(0.01 s、0.1 s)。闸门预选时间越长，分辨率越高。

5.7 电 压 表

电压表是用来测量被测信号的电压的。按被测信号的性质不同，电压表可分为直流电压表和交流电压表。对直流电压测量可用万用表，对交流电压测量则应用交流电压表。按被测电压值的显示方式不同，电压表又可分为数字式电压表和指针式电压表，前者是数字显示，后者用指针显示。

指针式交流电压表的工作原理是被测交流信号经检波器变换为直流电流，而后直接由直流电流表头指示。由于直流电流与被测交流信号电压之间有确定的关系，因此直流表头就能正确反映被测交流电压值。通常表头均直接按被测正弦交流电压有效值来确定刻度。为了改善电压表的性能，可以在检波前先对被测信号进行放大或者在检波后将直流信号进行放大，分别称为放大-检波式电压表和检波-放大式电压表。放大-检波式电压表用于低频，检波-放大式电压表多用于超高频。

一、放大-检波式电压表

如图 5-7-1 所示，被测交流电压先经宽带放大器放大，然后再检波变成直流电压后驱动电流表偏转。先进行放大，可以提高输入阻抗和灵敏度，避免了检波电路工作在小信号时所造成的刻度非线性及直流放大器存在的漂移问题。其上限频率为兆赫级，最小量程为毫伏级。

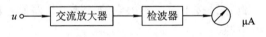

图 5-7-1 放大-检波式电压表

二、检波-放大式电压表

如图 5-7-2 所示，被测交流电压先经检波器检波变成直流电压，然后再经直流放大器放大后驱动直流微安表偏转。该类电压表放大器的频率特性不影响整个电压表的频率响应，因此测量电压的频率范围主要取决于检波电路的频率响应。检波-放大式电压表的上限频率可达 1 GHz。

图 5-7-2 检波-放大式电压表

三、UT8631 数字交流毫伏表

1. 概述

UT8631 数字交流毫伏表是用来测量频率较低的交流电压的仪器，是典型的放大-检波式电压表。它有两个独立测量通道，能测量频率范围为 10 Hz～2 MHz、电压为 400 μV～400 V 的正弦波有效值电压，电压分辨率为 1 μV。其数值显示采用 4 位 LCD 数显；挡级采用按键开关调节，共分 6 挡。它具有输入阻抗高，电压测量范围宽等优点，可十分清晰、方便地进入交流电压的测量操作。

2. 技术指标

(1) 测量电压范围：400 μV～300 V。

(2) 量程范围：4 mV、40 mV、400 mV、4 V、40 V、400 V，共分为 6 个量程。

(3) 测量电压频率范围：5 Hz～2 MHz。

(4) 固有误差：(在基准工作条件下)

① 电压测量误差：满量程的±0.5%再加上 15 个数字。

② 频率影响误差(4 mV 挡)：满量程的±4%再加+0.1 mV。

(5) 输入特性：

① 输入阻抗：10 MΩ。

② 输入电容：≤47 pF。

(6) 噪声电压：在输入端良好短路时≤18 个字。

(7) 挡位选择：自动/手动。

3. 仪器面板

图 5-7-3 为 UT8631 数字交流毫伏表的仪器前后面板图。

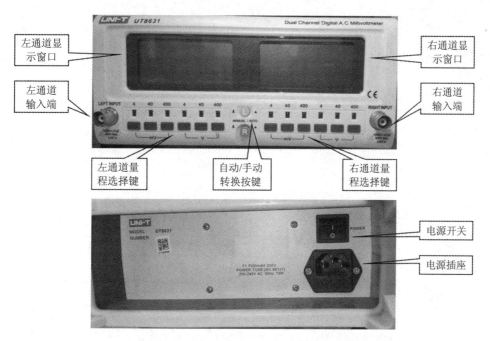

图 5-7-3　UT8631 数字交流毫伏表的仪器前后面板图

4. 使用方法

1) 自动测量

(1) 开机预热 15 分钟。

(2) 按下对应通道的量程转换按键，切换到自动模式。

(3) 将被测信号通过双夹线接入仪器输入端，左右通道均可单独测量，也可同时测量。

（4）等待 1～3 s，待对应通道量程指示灯稳定后，在对应通道显示窗口读数即可。

2）手动测量

（1）开机预热 15 分钟。

（2）弹起对应通道的量程转换按键，切换到手动模式。

（3）对应通道选择最大量程，"400 V"指示灯亮起。

（4）将被测信号通过双夹线接入对应通道输入端。

（5）选择相应的量程，使 LCD 数字表正确显示输入信号的电压值。数值显示在满量程的 10%～100%为最佳。

5.8 直流稳压电源

直流稳压电源是实验室最基本的仪器，它主要负责给实验供电。直流稳压电源分为单路直流稳压电源和双路直流稳压电源，实验室一般都配备双路直流稳压电源。本节介绍 GPD3303D 三路直流稳压电源。

一、概述

GPD3303D 三路直流稳压电源有三组独立输出，其中两组可调电压值和一组固定可选择电压值分别为 2.5 V、3.3 V 和 5 V。每组输出都具有恒压、恒流工作功能(CV / CC)。另外，GPD3303D 三路直流稳压电源具有三种输出模式——独立、串联和并联，通过按前面板上的跟踪开关可以选择输出模式。

GPD3303D 三路直流稳压电源每一路可以输出 0～30 V，0～3 A 的直流电源。串联工作可输出 0～60 V、0～3 A 或–30～+30 V、0～3 A 的单极性或双极性直流电源。

二、仪器面板

GDP3303D 三路直流稳压电源的前面板如图 5-8-1 所示。

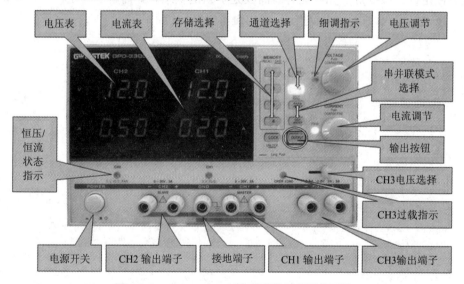

图 5-8-1　GDP3303D 三路直流稳压电源前面板

三、基本使用方法

1. 端子连接

(1) 选择对应通道。

(2) 逆时针方向旋转松开旋钮。

(3) 正极插入红色电线端子、负极插入黑色电线端子后再顺时针方向拧紧旋钮。

(4) 如果是香蕉插头，插栓可直接插入。

2. 电压设置

(1) 按下通道选择键选择对应通道。

(2) 旋动电压调节旋钮设置输出电压，如需改变小数点后的数值，则可按下电压调节旋钮切换至细调模式，此时细调指示灯亮起，再旋动电压调节旋钮即可。

(3) 输出电压值可在屏幕电压表处读取。

3. 电流设置

(1) 按下通道选择键选择对应通道。

(2) 旋动电流调节旋钮设置输出电流，如需改变小数点后的数值，则可按下电流调节旋钮切换至细调模式，此时细调指示灯亮起，再旋动电流调节旋钮即可。

(3) 输出电流值可在屏幕电流表处读取。

4. 电压/电流输出

(1) 电压/电流设定完成后，按下"Output"键输出按钮即可。

(2) 如需输出负电压(如–12 V)，可将对应通道电压输出调至 12 V，再将该通道的正极接地，按下"Output"输出按钮，负极即可输出–12 V。

5. 前面板锁定

按下锁定键，按键灯点亮，此时前面板处于锁定状态。如需解除锁定，长按锁定键超过两秒，按键灯熄灭，即可解除锁定。输出键不受锁定键的控制。

第六部分　常用 EDA 软件

　　随着电子技术和计算机技术的发展，电路的集成度越来越高，但是产品的更新周期却越来越短。电子设计自动化(EDA)软件是在计算机辅助设计(CAD)技术的基础上发展起来的计算机设计软件的系统。EDA 软件把人们从繁重的劳动中解放出来，使得电子线路的设计人员能在计算机上完成电路的功能设计、逻辑设计、性能分析、时序测试直至印刷电路板的设计和验证。与早期的 CAD 软件相比，EDA 软件的自动化程度更高、功能更完善、运行速度更快，而且操作界面友善，具有良好的数据开放性和互换性。日益复杂的大规模电子系统的设计离不开 EDA 软件的辅助，所以在第六部分中，将简单地介绍电路设计和仿真中四种常用的 EDA 软件。

6.1   Multisim

Multisim 集成了业界标准的 SPICE 仿真以及交互式电路图环境，可即时可视化和分析电子电路，具有直观的界面，可帮助用户对电路的理解。实际工程中可借助 Multisim 减少印刷电路板的原型迭代，并为设计流程添加功能强大的电路仿真和分析方法，以节省开发成本。Multisim 具有以下特点：

(1) 形象直观的电路图和仿真分析结果。

(2) 丰富的元器件，包括上万种数字模拟器件。

(3) 提供了多种虚拟仪器，可进行多种仿真实验。

(4) 使用 SPICE 内核，具有较为详细的电路分析功能。

(5) 具有印刷电路板设计、电路仿真等常用软件的接口。

(6) 提供射频模块用于对基本射频电路的设计、分析与仿真。

因此，Multisim 非常适合电子类课程的教学和实验。本节将以 Multisim14 教学版为例，简单介绍 Multisim 的操作，其软件手册和下载可以访问 NI 公司网站：

(1) 产品详情：https://www.ni.com/zh-cn/shop/software/products/multisim.html.

(2) Multisim 教学版：https://www.ni.com/zh-cn/shop/electronic-test-instrumentation/application-software-for-electronic-test-and-instrumentation-category/what-is-multisim/multisim-education.html。

一、Multisim 界面介绍

启动 Multisim 后，可以看到软件的操作界面如图 6-1-1 所示。

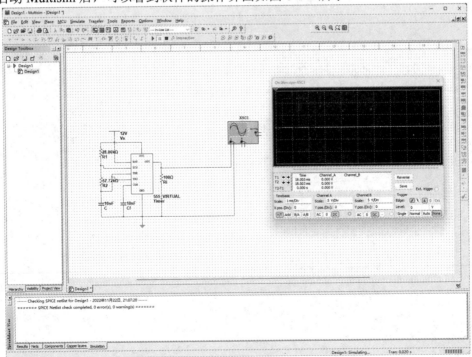

图 6-1-1   Multisim 操作界面

图 6-1-1 中第一行为菜单栏，第二、三行为快捷工具栏；快捷工具栏下方从左至右依次是设计工具箱、原理图编辑窗口和仪器仪表工具栏；最下方是设计信息描述窗口。

1. 菜单栏

菜单栏主要由 File、Edit、View、MCU、Simulate、Transfer、Tools 等菜单项组成，下面简单介绍各菜单项的主要内容。

(1) 文件(File)：其下拉菜单命令主要有文件的新建(New)、打开(Open)、存盘(Save)、另存为(Save as)、打印(Print)、退出(Exit)等选项。

(2) 编辑(Edit)：其下拉菜单有剪切(Cut)、拷贝(Copy)、粘贴(Paste)、全部选中(Select All)等。

(3) 视图(View)：提供了界面缩放、显示方式、扩展工具栏的控制选项。

(4) 绘图(Placet)：提供绘制仿真电路所需的元器件、节点、导线、连接接口、文字注释等内容，还包括层次化电路设计的相关选项。

(5) 嵌入式 MCU(MCU)：提供了具有微控制器的嵌入式电路的仿真功能，包括 PIC16F、INTEL805X 等型号的 MCU。

(6) 仿真(Simulate)：提供仿真所需的各种仪器仪表，电路的各种分析方法，设置环境及 PSPICE、VHDL 等仿真操作。

如图 6-1-2 所示，点击"Analyses And Simulation"菜单项，Multisim 提供了多种电路的分析方法，主要包括以下几种：

——Interactive Simulation：激活电路分析，相当于接通电源。

——DC Operating Point：直流工作点分析，用于分析和计算电路的直流工作点。

——AC Sweep：交流频率分析，用于分析电路的频率特性。

——Transient：瞬态分析，用于分析时域瞬态特性。

——DC Sweep：直流扫描分析，用于观察某节点电压或电流随着一个或多个直流电源电路变化的情况。

——Parameter Sweep：参数扫描分析，用于观察元件取不同参数时电路的时域/频域响应，进行比较，以确定元件参数。

——Noise：噪声分析，用于检测输出信号的噪声功率幅度，分析电路中各器件在某一点产生的噪声效果，包括热噪声(Thermal Noise)、散粒噪声(Shot Noise)、闪烁噪声(Flicker Noise)，其中闪烁噪声通常由晶体管和场效应管产生，通常频率低于 1 kHz，又称为粉红噪声(Pink Noise)、1/f 噪声或者超越噪声(Excess Noise)。

——Monte Carlo：蒙特卡罗分析，用于分析电路中元件参数在误差范围变化时对电路特性的影响。

——Fourier：傅里叶分析，用于分析信号的直流分量、基波分量和谐波分量。

——Temperature Sweep：温度扫描分析，用于研究不同温度条件下的电路特性(主要考虑电阻/半导体器件的温度特性)。

——Distortion：失真分析，用于检测电路中的非线性失真和相位偏移，包括谐波失真和内部调制的互调失真。

——Sensitivity：灵敏度分析，用于研究某元件参数发生变化对电路节点电压、支路电流、频域性能的影响程度。

——Worst Case：最坏情况分析，用于分析电路特性变化的最坏可能性。

——Noise Figure：噪声系数分析，主要用来衡量噪声的干扰程度，也就是对信号质量-信噪比的影响。

——Pole-Zero：零/极点分析，用于检测电路的稳定性(稳定电路具有负实部的极点)。

——Transfer Function：传递函数分析，求解在直流小信号状态下电路中一个输入源与两点间输出电压/输出电流之间的传递函数，并可计算输入、输出阻抗。

——Trace Width：线宽分析，主要用于确定设计印刷电路板时所能允许的最小导线宽度。

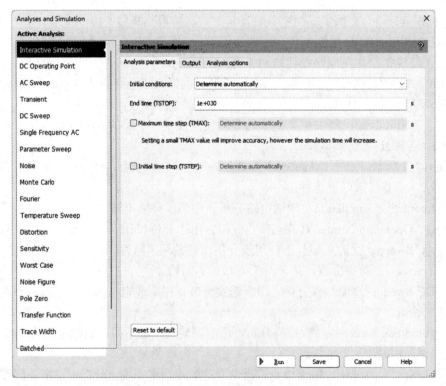

图 6-1-2 Multisim 仿真和分析功能选项

(7) 转换(Transfer)：提供与其他应用程序的接口，可以将仿真电路和分析结果等转换为其他软件所需。

(8) 工具(Tools)：提供管理元器件和电路的常用工具。其主要功能包括：

——Component Wizard：通过向导来自行创建元器件。

——Database：用户数据库菜单，是元器件数据库的操作接口，包括数据库管理(Database manager)、数据库合并(Merge database)和数据库转换(Convert database)功能。

——Variant manager：提供变量设置功能。

——Circuit wizards：电路创建向导，包括 555 定时器电路向导(555 timer wizard)、滤波器向导(Filter wizard)、运放向导(Opamp wizard)、共射放大器向导(CE BJT amplifier wizard)。如图 6-1-3 所示，可以利用向导快速地设计和建立 555 定时器电路。

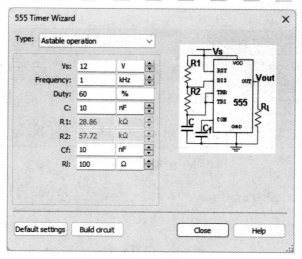

图 6-1-3　555 定时器电路向导

——Electrical rules check：电气性能审核，用于检查电器连接错误。

——Symbol Editor：电路元器件符号外形编辑器。

——Capture screen area：截图功能。

(9) 报告(Report)：提供各种统计报告的输出，包括元器件清单(Bill of Materials，BOM)、网表(Netlist report)等报告。

(10) 选项(Options)：提供各种界面功能的设置和电路的设定选项。例如，如果需要改变元器件符号为国际电工委员会符号，则可以在"Option"→"Global Option"→"Components"→"Symbol standard"中选择"IEC 60617"，如图 6-1-4 所示，这样电阻的符号为矩形符号，和国标电阻符号一致。

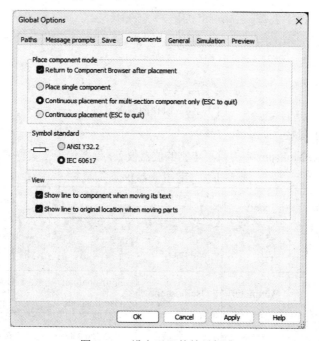

图 6-1-4　设定元器件符号标准

2. 工具栏

工具栏主要包括常用操作命令的按钮，其主要功能可划分为五大类，如图 6-1-5 所示。

(a) 常规工具栏　　　　　　　　　　　　　(b) 界面显示工具栏

(c) 元器件工具栏

(d) 仿真分析工具栏　　　　　　　　　　　　(e) 探针工具栏

图 6-1-5　常用工具栏

3. 原理图编辑窗口

如图 6-1-6 所示，原理图编辑窗口是一个虚拟的电子工作台，在这里可以进行电路的连接和测试。

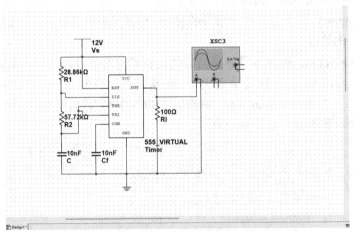

图 6-1-6　原理图编辑窗口

4. 仪器仪表工具栏

如表 6-1-1 所示，Multisim 中提供了丰富的仪器仪表，仪器仪表工具栏通常位于工作区右边。

表 6-1-1　常用仪器仪表工具栏

	XMM1	XFG1	XWM1	XSC1	XSC2	XBP1	XFC1
图标							
名称	Multimete	Function Generator	Wattmeter	Oscilloscope	Four-channel Oscilloscope	Bode Plotter	Frequency Counter
功能	万用表	函数信号发生器	功率计	示波器	4 通示波器	波特图仪	频率计

续表

图标	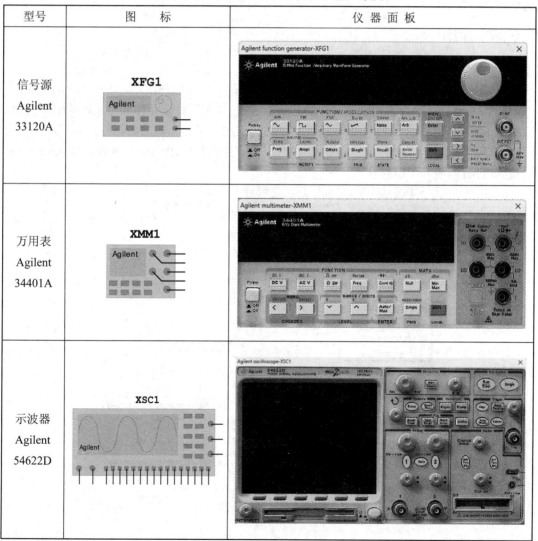					
名称	Word Generator	Logic Converter	Logic Analyzer	IV Analyzer	Distortion Analyzer	Spectrum Analyzer	Network Analyzer
功能	码发生器	逻辑测试仪	逻辑分析仪	晶体管幅安特性测试仪	失真度仪	频谱仪	矢量网络分析仪

此外，Multisim 中还有一些实际仪器的图标，如表 6-1-2 所示。

表 6-1-2　Multisim 中的实际仪器一览表

型号	图标	仪器面板
信号源 Agilent 33120A	XFG1	Agilent function generator-XFG1
万用表 Agilent 34401A	XMM1	Agilent multimeter-XMM1
示波器 Agilent 54622D	XSC1	Agilent oscilloscope-XSC1

型号	图　　标	仪 器 面 板
示波器 Tektronix TDS2024	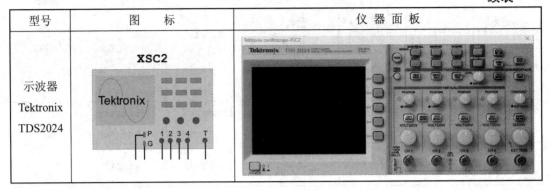	

5．设计信息描述窗口

Spreadsheet View 窗口主要是结果显示、网络列表、元件列表、铜层、编译结果显示等的输出和列表窗口。

二、基本操作

1．元器件和仪器的放置

放置元器件，一般应首先在器件工具栏中单击该元件对应的图标，选择对应的元件组，然后在 Component 列表中找到该元件的名称，点击"OK"将该元件放至原理图编辑窗口。如图 6-1-7 所示，放置 741 型运算放大器，首先点击工具栏上运放的图标，或点击其他元件图标后，将"Group"改变为"Analog"，在"Family"中选择"OPAMP"，然后在"Component"中找到"741"或者"LM741"。

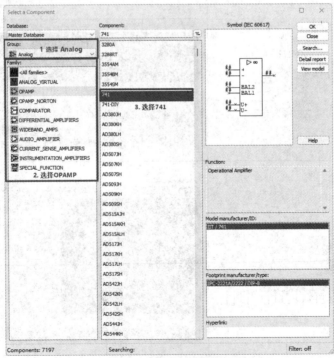

图 6-1-7　放置 741 运放的步骤

主要的器件组如表 6-1-3 所示。

表 6-1-3　常用元件列表

Group	Family	描　述
Sources	POWER_SOURCES	包括 GROUND（地）、DC_POWER(直流电压源)、AC_POWER(交流电压源)、VCC、VDD、VEE、VSS 等常用电源
	SIGNAL_VOLTAGE_SOURCES	电压源,包括 AC_VOLTAGE(交流电压源)、AM_VOLTAGE(调幅电压源)、FM_VOLTAGE(调频电压源)等
	SIGNAL_CURRENT_SOURCES	电流源,包括 AC_CURRENT(交流电流源)、AM_CURRENT(调幅电流源)等
	CONTROLLED_VOLTAGE_SOURCES	各种受控电压源
	CONTROLLED_CURRENT_SOURCES	各种受控电流源
	CONTROL_FUNCTION_BLOCKS	控制功能模块,包括电压限幅器、PID 控制器、延时控制器等
	DIGITAL_SOURCES	数字源
BASIC	SWITCH	开关
	TRANSFORMER	变压器
	RELAY	继电器
	RESISTOR	电阻
	CAPACITOR	电容
	INDUCTOR	电感
	CAP_ELECTROLIT	极性电容
	POTENTIOMETER	电位器
	MANUFACTURER_CAPACITOR	实际的电容
DIODE	各种二极管	
Transistors	各种三极管和场效应管	
Analog	运放、比较器、仪表放大器等	
TTL	74 系列的芯片	
CMOS	4000 和 74HC 系列芯片	
MCU	805x、PIC 以及 RAM 和 ROM	
Advanced Peripherals	键盘、LCD、串口终端、传送带、交通灯等外设	
Indicator	VOLTMETER	电压表
	AMMETER	电流表
	PROBE	探针
	BUZZER	蜂鸣器
	LAMP	灯泡
	HEX_DISPLAY	数码管
Misc	其他零散元件,包括晶振、电子管、滤波器、大功率 MOSFET 等	
RF	各种射频元件	
ELECTRO_Mechanical	机电元件,包括电机、传感器等	

如果某元件内部还包括很多元件，如 7404 包括 6 个非门，则还需要在一个弹出式对话框(如图 6-1-8 所示)中选择具体的部分。

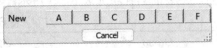

图 6-1-8　多个元件的选择

2．元件的属性

对元器件标签(Label)、参数(Value)、故障设置(Fault)等的修改可以通过双击该元件弹出的元件属性对话框来设置元件属性，如图 6-1-9 所示。

图 6-1-9　元件属性

3．电路连接

当鼠标放在元器件的引脚上时，元器件相应引脚上出现黑点，此时拖拽左键可以实现连线操作，在所要连接处(元器件引脚、节点、连线)出现红点时(如图 6-1-10(a)所示)释放左键，即可完成连线。双击连线时弹出对话框(如图 6-1-10(b)所示)可以对网络的颜色(Net Color)、是否显示网络名(Show net name)等进行设定。

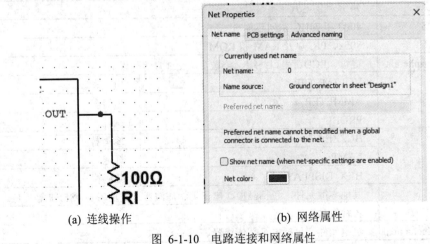

(a) 连线操作　　　　　　　　　(b) 网络属性

图 6-1-10　电路连接和网络属性

4．仪器的操作

Multisim 中连接电路时，仪器以图标的方式显示，此时连线的操作和普通元件相同。连接仪器时，只需要将输入或输出端连接到仪器图标的相应节点即可。当需要观察、测试数据或波形以及设置仪器参数时，可双击仪器图标打开仪器面板视图。但在仪器面板视图中不能进行连线操作，连线只能连接至仪器的图标，图 6-1-11 中左边是仪器的面板视图，右边是仪器的图标。

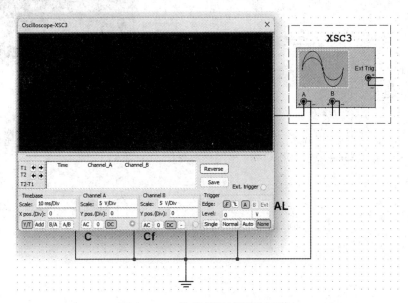

图 6-1-11　仪器的面板视图和图标

5．开始和结束仿真

菜单 Simulate 中的 Run、Pause、Stop 或图 6-1-5(d)中的仿真分析工具栏可以开始、暂停和结束仿真。

三、仿真举例

1．计数器仿真

图 6-1-12 是四位十进制计数器的仿真图，模拟了连续计数的十进制计数器的计数情况。

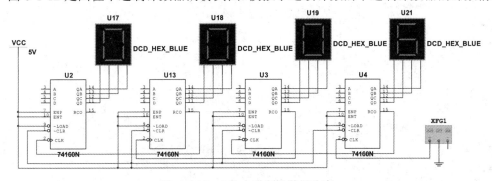

图 6-1-12　4 位十进制计数器仿真

2．文氏桥振荡电路仿真

图 6-1-13 是文氏桥振荡电路的仿真图，图中使用了示波器、失真度仪和频率计来测量正弦波的参数。可以看到，输出信号的特征也可以通过 VPROBE 的结果快速查看。

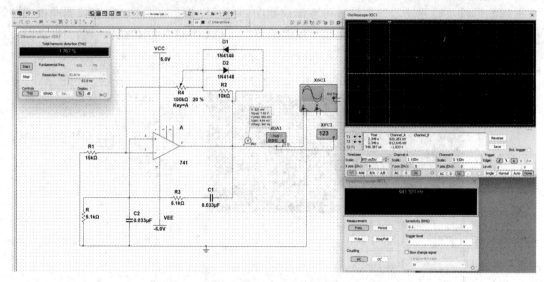

图 6-1-13　文氏桥振荡电路

6.2　立创 EDA

立创 EDA 是一款基于浏览器的、友好易用的、强大的国产化 EDA 工具。

立创 EDA 支持 Linux、Mac 和 Windows 操作系统。立创 EDA 还支持浏览器直接操作，不需要安装任何软件或插件，在支持 HTML5 的 Web 浏览器中打开立创 EDA 的网站(www.lceda.cn)即可使用。

除立创 EDA 外，常见的具有类似功能的 EDA 软件还有 Altium Designer、OrCAD、PowerPCB(PADS)、Cadence PSD、Expedition PCB、Allegro、CR-5000BD、CADSTAR、PCB Studio 等。此外，还有专用的高速数字电路信号完整性分析、仿真分析软件，如 Hyperlynx、Speectraquest 等。

下面首先介绍一下印刷电路板的相关知识。

一、印刷电路板(PCB)的基本知识

印刷电路板(Printed Circuit Board，PCB)也称为印制电路板、印制板，是电子产品中的基本部件。印刷电路板可以为集成电路等各种电子元器件提供装配和支撑，实现集成电路等各种电子元器件之间的电气连接或电绝缘；印刷电路板还可以为元器件的插装、检查和维修提供识别字符及图形；此外，印刷电路板也可以为电路提供特性阻抗等所要求的电气特性，包括设计天线、耦合器等元件。

印刷电路板的设计是工程实践中非常重要的环节之一。电路原理图是描述电路中各个元器件之间电气连接关系的图纸，主要表明各元件之间的关系，通常不涉及各元件的具体形状和大小。但是，印刷电路板不仅需要考虑元件之间互相连接的情况，还和所采用的各个实际元件的具体形状、大小、电磁兼容特性、散热等具体特性密切相关。因此，印刷电路板是一个在性能、成本、产品外观等多个方面的综合约束下，将抽象的电路原理图变成实际电子产品的研发环节。

印刷电路板的制造一般是在 PCB 工厂里完成的，设计师需要将设计好的 PCB 图交给专门的工厂，由工厂将其制作成现实中的实物板。这里先简单介绍一下 PCB 的结构，便于读者更好地认识和设计 PCB。

印刷电路板的原始材料是覆铜基板，简称基板，也称为覆铜板。基板通常是两面覆有铜的树脂板。最常用的板材代号是 FR-4。基板相对空气的介电常数是 $4.2\sim4.7$，主要用于制造计算机、通信设备等电子产品。选择 PCB 基板时主要考虑三个要求：耐燃性、玻璃态转化温度和介电常数。铜箔是在基板上形成导线的导体，铜箔厚度一般在 $0.3\sim3.0$ mil(100 mil = 2.54 mm)之间，常用的 PCB 板厚为 2 mil(0.05 mm)。通常通过对基板进行蚀刻来制作所需的印刷电路板。

除焊接点外，印刷电路板的表面通常需要涂阻焊油。阻焊油也称为防焊漆、绿油，因为常用的阻焊油为绿色，也有采用黄色、黑色、蓝色等颜色的。我们通常见到的 PCB 的颜色实际上就是阻焊油的颜色。阻焊油起着防止波峰焊时产生桥接现象、提高焊接质量和节约焊料等作用，同时也是印制板的永久性保护层，具有防潮、防腐蚀、防霉和防机械擦伤

等作用。

　　单面有印刷线路图形的称为单面印刷线路板。双面有印刷线路图形，再通过孔的金属化进行双面互连形成的印刷线路板，称为双面板或者双层板。图 6-2-1 (a)和(b)分别是单面板和双面板的示意图。而多层印刷线路图形的，称为多层板，其中夹在内部的是内层，露在外面可以焊接各种配件的叫作外层。图 6-2-2 是一个六层板的示意图，可以看出图中有六个铜层。常见的多层板有四层板、六层板和八层板，层数越多，造价就相对越高。对于同学们来说，一般的电路可以使用双面板，其价格比较便宜。

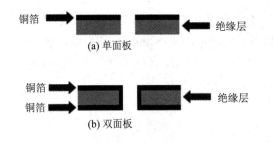

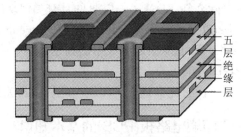

图 6-2-1　单面板和双面板结构示意图　　　　　图 6-2-2　六层板结构示意图

　　图 6-2-3 是典型的双面板的结构图。一般把放置元件的一面称为元件面 (Component)或顶面，另一面称为焊接面(Solder)或底面。当然对于表面贴装元件来说，元件的焊接就在其元件面上进行。

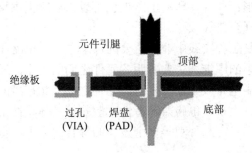

图 6-2-3　典型的双面板结构图

　　印刷电路板主要由导线、过孔(VIA)和焊盘(PAD)组成。导线就是起电气作用的连接线。过孔(VIA)，俗称导电孔，是多层 PCB 的重要组成部分之一，通常用电镀工艺在孔壁上电镀导电介质，起到不同层间的电气连接作用。焊盘是用来焊接元件的，分为通孔元件的焊盘(也可以看作一个 VIA 及一个表面贴焊盘的组合)和表面贴元件的焊盘(没有孔)两种。焊盘和过孔的孔壁都有铜，都是导通孔(PTH)；焊盘和过孔的区别是焊盘上不涂阻焊剂，以方便焊接，而过孔则通常会覆盖阻焊剂(用于保证过孔的长期可靠性)。PCB 上也会有一些不导通孔(NPTH)，其孔壁无铜，主要是固定板卡的机械孔、元件安装所需的定位孔等。

二、封装

　　封装(Package)技术其实就是一种将集成电路或硅片打包的技术，也可以说是安装器件用的外壳。元件的封装技术种类多种多样，如 DIP、PQFP、TSOP、TSSOP、PGA、BGA、QFP、TQFP 等。

在使用电子元器件,特别是设计印制板时,主要关心元器件的长度、宽度、跨度、引脚间距、焊盘尺寸、固定孔的形状和尺寸等信息,也就是元器件的安装信息。PCB 上的元件就如同元件的脚印一样,指实际零件焊接到电路板时所指示的外观和焊点位置,所以又称为封装。在 PCB 设计中各种实际的元件都以封装的形式出现。

立创 EDA 号称具有超过 450 万个并且不断新增的元件库,且大部分器件都包括符号、封装、3D 模型。图 6-2-4 所示为立创 EDA 的元件库,图中左上角是原理图符号,右上角是封装,左下角是实物照片,右下角是 3D 模型。

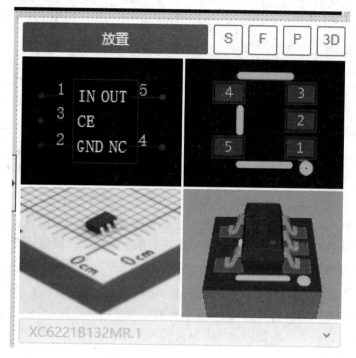

图 6-2-4　立创 EDA(专业版)元件库

在 PCB 设计中,每一个元件或者说封装除了和实际待安装的元件大小、尺寸、方向等一一对应外,还需要将原理图中的引脚和 PCB 图中的焊盘对应在一起(通常是焊盘名称和引脚号对应),这样才能保证元件顺利地焊接在指定位置,并保证正确的电气连接。

图 6-2-4 中,其元件的原理图中符号的大小、引脚的位置都可以随便安排,以简洁、美观、便于识别为原则即可。但其 PCB 图的封装尺寸、焊盘都需要和准备安装的实际元件一致,不能随意改动。

由于 PCB 中的封装指的是元器件焊接到 PCB 的外观和焊点位置,因此不同的元件可能有相同的封装,如 74LS00 和 74LS04 都是 14 引脚双列直插(DIP14)的封装。而另一方面,同种元器件也可以有不同的封装,如电阻的封装形式有 AXAIL0.4、0805、1206 等,所以在设计 PCB 时,不仅要知道零件名称还要知道零件的封装。

三、立创 EDA 的基本使用

使用立创 EDA 进行设计的流程如图 6-2-5 所示。

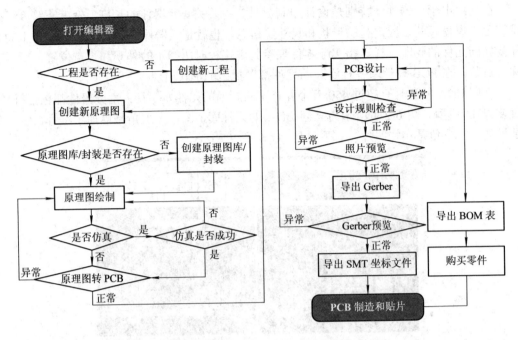

图 6-2-5　立创 EDA 工程设计流程图

立创 EDA 有三个区域非常重要，分别是上面的主菜单栏、左边的导航面板和右边的属性面板。工程、元件库、设计管理器等均可以在导航面板找到；通过选择需要的项目，在属性面板可以查看和修改想要的属性。

1. 导航面板

编辑器左侧的导航面板是立创 EDA 非常重要的一个组成模块，可以在这里找到所需的工程、系统常用库、设计管理器、元件库以及他人共享的文件等。

1) 工程

工程界面如图 6-2-6 所示，在这里可以找到所有的工程及文件，包括私人的和已共享的、克隆别人的工程文件。

图 6-2-6　立创 EDA 导航面板"工程"界面

2) 常用库

常用库界面如图 6-2-7 所示，这里包含了很多常用的库文件，可以很方便地使用，只需鼠标单击后移动至原理图画布即可。该处不允许自定义，点击右下角的小三角图标可以切换常用库符号。

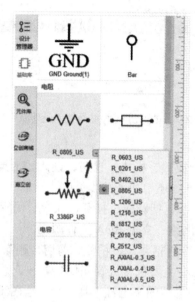

图 6-2-7　立创 EDA 导航面板"常用库"界面

3) 设计管理器

设计管理器界面如图 6-2-8 所示，在原理图下可以很方便地检查每个零件和每条网络；在 PCB 下这里还可以查看设计规则错误(DRC)。

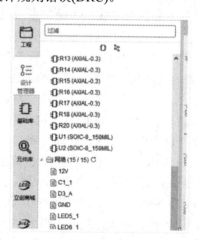

图 6-2-8　立创 EDA 导航面板"设计管理器"界面

4) 元件库

元件库界面如图 6-2-9 所示，包含了符号库和封装库，其中包括系统库和用户共享库，个人库文件也在这里。元件库中没有的器件，可以在立创商城中搜索。立创 EDA 非常适合初学者使用的原因就是其丰富的库资源可以在商城、原理图、PCB 封装直接无缝切换。

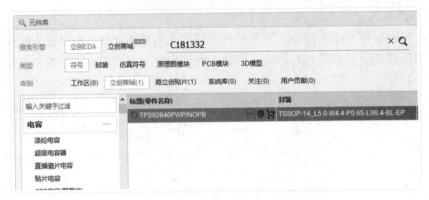

图 6-2-9　立创 EDA 导航面板"元件库"界面

2．顶部主菜单栏

主菜单栏由文件、编辑、放置、格式、视图、设计、工具、制造、高级、设置、帮助菜单组成，在 PCB 绘制界面下，还增加了布线菜单。

(1) 文件：其下拉菜单命令包括新建、打开、保存、另存为、另存为模块、导入、打印、导出、导出 BOM、导出网络、立创 EDA 文件源码。

(2) 编辑：其下拉菜单命令包括复制、粘贴、剪切、删除、拖移等命令。

(3) 放置：其下拉菜单命令主要包含放置元件、导线、总线、网络标签等放置命令。这些放置命令同样位于画布中悬浮的"电气工具"和"绘图工具"中，在绘制原理图时，可以在菜单中选择放置工具命令，也可以在悬浮窗口中选择放置命令。

(4) 格式：其下拉菜单命令主要包含旋转、对齐、分布等排版命令。一般用来给相同的若干个元器件进行对齐排版操作，使得原理图更加美观。在没有选中任何元器件的时候，这个菜单图标是灰色不可操作状态，只有选中一个以上的元器件才会变成黑色可执行状态。

(5) 视图：其下拉菜单命令主要包含缩放、主题、显示网络、十字光标、电气工具、绘图工具等命令。其中，电气工具、绘图工具在右上角有快捷栏。

(6) 设计：其下拉菜单命令包含原理图转 PCB、更新 PCB、从元件库更新元件、重置元件唯一 ID 四个命令。当画好原理图后，就可以通过原理图转 PCB 命令生成一个 PCB 文件，PCB 中会有所有原理图中的元件，以及和原理图中一样的电气连接。当我们根据需求修改了原理图的一点内容后，就可以通过更新 PCB 来同步修改 PCB 文件。

(7) 工具：其下拉菜单命令包含交叉选择、布局传递、封装管理器、仿真等命令。其中，交叉选择命令可以在原理图和 PCB 图中快速切换，并高亮显示选定的器件。布局传递命令可使生成的 PCB 图中各器件的相对位置与原理图一致。封装管理器命令可以给原理图中的所有元器件设置对应的 PCB 封装，还可以检查原理图元件引脚和 PCB 封装引脚的对应关系。以上三个命令比较常用，可以极大地提高工作效率。

(8) 制造：其下拉菜单命令包含物料清单(BOM)生成、一键下单等命令。

(9) 高级：其下拉菜单命令包含历史记录、文档恢复、备份工程、回收站、分享、扩展等命令。

(10) 设置：在设置菜单下，可以配置快捷键、按钮、个人偏好、语言。

(11) 帮助：在该菜单下，可以查询使用教程，还可以登录论坛。

3. 电气工具和绘图工具

编辑器会根据不同的类型显示不同的工具栏。图 6-2-10 是原理图的电气工具和绘图工具的示意图。绘图工具和电气工具以及 PCB 绘制工具均可以通过拉伸窗口进行大小调节，也可以随意拖动位置。

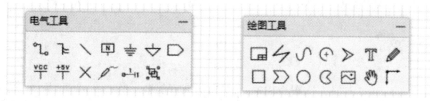

图 6-2-10　立创 EDA 电气工具和绘图工具

4. 画布

画布区域是主要工作区，在这里可完成原理图的创建和绘制编辑，库文件符号的绘制和编辑，PCB 的创建、布局和编辑，仿真原理图的创建、绘制编辑和波形查看等。

点击画布空白处后就可以在右边的面板查看与修改画布属性。也可以右键，选择画布属性打开属性对话框。在对话框中，画布的背景色、网格可见情况、网格样式和大小、栅格等属性均可以修改，如图 6-2-11 所示。

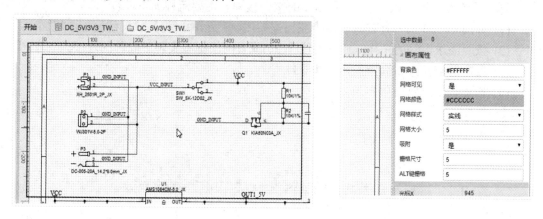

图 6-2-11　立创 EDA 画布和画布属性

四、原理图绘制

"工程"概念在编辑器中非常重要，在新建原理图、PCB 等一些文件前必须存在一个工程文件夹才可进行新建，否则需要新建一个工程，以便于管理新建的文件。

"新建工程"时需要在对话框中的"标题"栏设置工程名称，同时系统会根据名称自动生成工程路径。工程路径刚开始是与工程标题保持一致，中文会转换成拼音，空格、特殊符号会转换成横杠，也可以单独进行修改，具有唯一性，如图 6-2-12 所示。

立创 EDA 的原理图功能可用来画电路图，生成的电路图可以用来辅助印制板的设计。通过顶部菜单栏的"开始"菜单选择新建原理图，页面上即显示一块新的画布。可以通过顶部菜单栏的"放置"菜单，或利用电气工具、绘图工具悬浮窗进行原理图绘制。

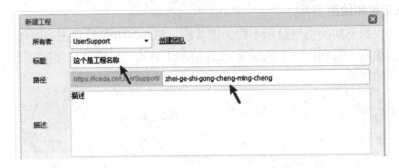

图 6-2-12　立创 EDA 工程创建

绘制电路图时一般应遵循以下原则：

(1) 注意信号的流向和电位。通常信号由左向右传输，电压由上向下依次降低。

(2) 如有可能，应尽量将电路画在一张图上。如采用分图，应用连线标记说明连线的来龙去脉。

(3) 尽可能将线路连线在图上直接画出，交叉与连接符号明显，稀疏恰当，元件布局合理。

(4) 尽可能采用国标符号。

详细的绘制方法可以参考立创 EDA 的文档教程，主要流程如下：

(1) 如图 6-2-13 所示，在元件库中找出需要用到的元件，将其放置到原理图里面。

(2) 按照需求电路的拓扑，通过连线(Wire)或者网络标签实现各元件的连接。

(3) 根据需求检查和选择各元器件的封装。

(4) 检查、生成或更新 PCB。

图 6-2-13　立创标准版元件库功能

如图 6-2-14 所示，立创 EDA 除了普通的简单的 2D 图形库之外，还有一个 3D 零件符号库，连接后看起来与实物相似，可以创建很漂亮的 3D 形状的原理图。

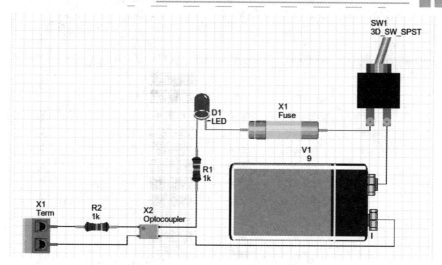

图 6-2-14　立创 EDA 设计 3D 电路图

五、印制板图绘制

如图 6-2-15 所示，EDA 软件的视图是俯视图，利用各种颜色表示不同的层。

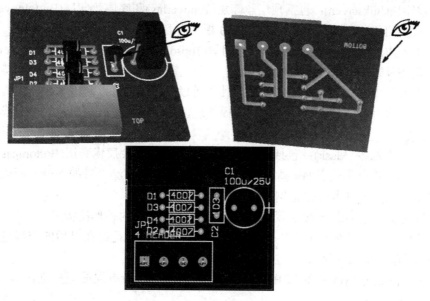

图 6-2-15　视图

如图 6-2-16 所示，PCB 软件中，除了导电的信号层外，还有些其他的层。这些层起着不同的作用，这里首先介绍一下这些层的定义：

(1) 信号层(Signal Layers)：信号层包括顶层、底层、中间层，这些层都是具有电气连接的层，也就是实际的铜层，采用正片。中间层是指用于布线的中间板层，该层中布的是导线。一般来说，Top Layer 为顶层铜箔，也为元件安装的一面，Bottom Layer 为底层布线层。

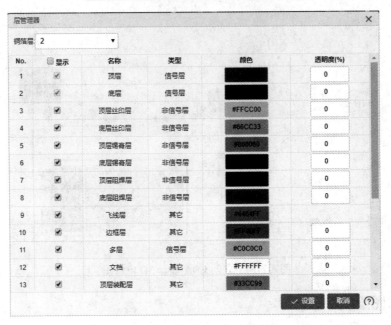

图 6-2-16　立创 EDA 层管理器

(2) 丝印层(Silkscreen)：包括顶层丝印层(Topoverlay)和底层丝印层(Bottomoverlay)。定义顶层和底层的丝印字符，就是一般在 PCB 板上看到的元件编号和字符。

(3) 阻焊层(Solder Mask)：包括顶层阻焊(Topsolder)和底层阻焊(Bottom solder)，其作用与焊膏层相反，指的是要盖阻焊的层，用于防止铜箔上锡，保持绝缘。阻焊层为负层，所以焊盘在设计中会默认开窗(Override)，使之可以焊接。也可以利用本层在铜箔线上面利用走线或填充来开窗，使之可以焊接时加锡处理，用于增强走线过电流的能力或者和屏蔽网/盒相连接。

(4) 锡膏层(Paste Mask)：包括顶层锡膏层(Toppaste)和底层锡膏层(Bottompaste)，指我们可以看到的露在外面的表面贴焊盘，也就是在焊接前需要涂焊膏的部分。所以，这一层在焊盘进行热风整平和制作焊接钢网时也有用。

(5) 机械层：定义整个 PCB 板的外观，即整个 PCB 板的外形结构。

(6) 边框层：定义在布电气特性的同一侧的边界，也就是说在以后的布线过程中，所布的具有电气特性的线不可以越过禁止布线层的边界。

(7) 多层(Multiplayer)：指 PCB 板的定义某区域存在于所有层的同一位置上，一般就是过孔和焊盘。

随着电子技术的飞速发展，PCB 的密度越来越高。而且在电子电路中，PCB 的作用越来越重要。实践证明，即使电路原理图设计正确，但印制电路板设计不当也会对电子产品的性能或者可靠性产生不利影响。例如，如果印制板两条平行的信号线靠得很近，则可能会导致两信号的串扰。因此，在设计印制电路板的时候应注意采用正确的方法，遵守 PCB 设计的一般原则，并应符合抗干扰设计的要求。下面是 PCB 设计的一些基本原则。

1. PCB 的布局

首先，要确定 PCB 的尺寸。PCB 尺寸过大时，印制线过长会导致抗噪声能力下降，成

本也增加；尺寸过小，则器件和信号之间容易相互干扰，散热和绝缘性能也受到影响。

确定 PCB 尺寸后，通常先确定特殊元件的位置，然后再根据电路的功能单元，完成功能单元的布局，最后细化完成全部元器件的布局。

根据电路的功能单元对电路的全部元器件进行布局时，可以依据以下原则：

(1) 按照电路的流程安排各个功能电路单元的位置，使布局便于信号流通，并使信号尽可能保持一致的方向。

(2) 首先布置与接口以及与机械尺寸有关的器件，如外部接插件、带散热片的器件、外部指示灯等。

(3) 以每个功能电路的核心元件为中心，围绕它进行布局。各元器件应均匀、整齐、紧凑地排列在印刷电路板上，尽量减少和缩短元器件之间的引线和连接。一般电路应尽可能使元器件平行排列，这样不但美观而且易于批量生产。

(4) 工作于高频频段的电路，要考虑元器件之间的分布参数、印制板的阻抗等。

(5) 位于电路板边缘的元器件离电路板边缘一般不小于 2 mm。电路板面尺寸大于 200 mm × 150 mm 时，应考虑电路板所受的机械强度。

确定特殊元件的位置时要遵守以下原则：

(1) 尽可能缩短高频元器件之间的连线，设法减少它们的分布参数和相互间的电磁干扰。易受干扰的元器件不能相互挨得太近，输入和输出元件应尽量远离。

(2) 某些元器件或导线之间可能有较高的电位差，应加大它们之间的距离，以免放电引起意外短路。带高电压的元器件应尽量布置在调试时手不易触及的地方。

(3) 重量超过 15 g 的元器件应当用支架加以固定后焊接。那些又大又重、发热量多的元器件，不宜直接装在印制板上，而应装在整机的机箱底板或侧板上，可以考虑直接用机壳散热。

(4) 板上发热较多的器件应考虑加散热器或者风扇，并与周围的电解电容、晶振、锗管等怕热元件隔开一定的距离。

(5) 电位器、可调电感线圈、可变电容器、微动开关等可调元件的布局应考虑整机的结构要求。若是机内调节，则应放在印制板上方便调节的地方；若是机外调节，则其位置要与调节旋钮在机箱面板上的位置相适应。

(6) 在不太可能对多个电路功能块之间保证足够的电磁隔离度的情况下，必须考虑用金属屏蔽罩将能量屏蔽在一定的区域内。注意金属屏蔽罩下方与线路板相接触处不能有走线，至少应用绝缘胶带等隔离。使用金属屏蔽罩有时是隔离关键电路的最有效的解决方案。

(7) 应留出印制板定位孔及固定支架所占用的位置。

2．PCB 的布线

(1) 输入输出信号线应尽量避免相邻平行。最好加线间地线，以免发生反馈耦合。

(2) 印制板导线的载流能力与横截面积、电流和温升有关。通常可以按照国际 PCB 制造标准 IPC-2221A《印制板设计通用标准》或 IPC-2152 "Standard for Determining Current Carrying Capacity in Printed Circuit Board Design"(确定印制板设计中通流能力的标准)来设计。最新的 IPC-2152 标准给出了对应的关系图表，以方便大家计算。当铜箔厚度为 1 OZ(35 μm)、宽度为 1～1.5 mm 时，通常可以承受 2A 的电流。对于集成电路，尤其是数字电路，通常选 0.02～0.3 mm 的导线宽度。当然，只要允许，还是尽可能用宽线，尤其是电源线和地线。

(3) 导线的最小间距主要由最坏情况下的线间绝缘电阻和击穿电压决定。对于数字电路，只要工艺允许，间距可以小于 5～8 mil。但是线间电压差较大时，需要加宽距离，保证足够的绝缘阻抗。对于 300 V 的电压差，两根线间距 1.5 mm 时，绝缘电阻超过 20M。

(4) 单个过孔所能承受的电流较小，大电流时应尽量走引脚(通孔元件的焊盘)换面。IPC-2152 标准给出了导体横截面积与线宽及铜厚的换算图，方便大家计算对应的过孔尺寸。

(5) 如果板上有小信号放大器，则要远离强信号线，且走线要尽可能地短，如有可能还要用地线对其进行屏蔽。

3．常见工艺要求

为了保证 PCB 的成品率，降低产品的造价，保证产品的可靠性，设计者需要了解 PCB 的加工工艺要求。这里主要介绍目前成本较低的 PCB 板的工艺要求，相关工艺参数见表 6-2-1。

表 6-2-1　常见工艺参数

参数	最小值/mil	推荐值/mil	含　义
线宽	6	10	PCB 板上一根导线的最小宽度
间距	6	10	导线、导线和焊盘/过孔、焊盘和过孔之间的最小距离
孔径	12	18	印制板上焊盘和过孔的孔径
焊盘直径	24	30	印制板上焊盘和过孔的焊盘直径

六、PCB 及电路抗干扰措施

印制电路板的抗干扰设计与具体电路有着密切的关系，这里仅就 PCB 抗干扰设计的几项常用措施做一些说明。

1．电源线设计

根据印制线路板电流的大小，尽量加粗电源线宽度，减少环路电阻。同时，使电源线、地线的走向和数据传递的方向一致，这样有助于增强抗噪声能力。

2．地线设计

在电子产品设计中，接地是控制干扰的重要方法之一。如能将接地和屏蔽正确结合起来使用，则可解决大部分干扰问题。在地线设计中最主要的是降低地线的内阻，减少地线上的电位差。若接地线用很细的线条，则接地电位随电流的变化而变化，致使电子产品抗噪声性能降低。因此，应将接地线尽量加粗，使它能通过三倍大的允许电流。

印制板上若装有大电流器件，如继电器、指示灯、喇叭等，则它们的地线最好要分开单独走，以减少地线上的噪声，这些大电流器件的地线应连到插件板和背板上的一个独立的地总线上去，而且这些独立的地线还应该与整个系统的接地点相连接。

3．退耦电容配置

PCB 设计的常规做法之一是在印制板的各个关键部位配置适当的退耦电容。退耦电容的一般配置原则如下：

(1) 电源输入端跨接 10～100 μF 的电解电容器。

(2) 原则上每个集成电路芯片的电源引脚都应布置一个 0.01 μF(工作频率较高，高于 10 MHz)或 0.1 μF(工作频率较低)的瓷片电容，关键在于和电源引脚的连线要短。如遇印制板空隙不够，则可每 4～8 个芯片布置一个 1～10 μF 的钽电容。

(3) 对于抗噪能力弱、关断时电源变化大的器件，应在芯片的电源线和地线之间直接接入退耦电容。

(4) 电容尤其是高频旁路电容引线不能太长，最好采用贴片元件。

此外，还应注意以下两点：

(1) 如果印制板中有接触器、继电器等开关大电流的元件，操作它们时会产生较大的火花放电，所以必须采用 RC 电路来吸收放电电流。一般 R 取 1～2 kΩ，C 取 2.2～47 μF。

(2) CMOS 的输入阻抗很高，易受干扰，因此不用的端子需要接地或接正电源。

七、立创 EDA 示例

图 6-2-17 是用立创 EDA 绘制的电路原理图。图中，CN1 的 2 引脚的×号为非连接标记，表明这个引脚没有与其他元件连接，这样可以保证后期 ERC(Electrical Rules Check)电气特性核查的顺利进行。

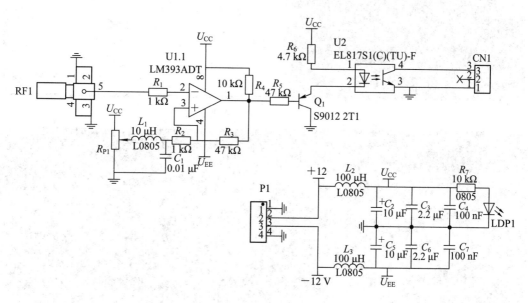

图 6-2-17　立创 EDA 绘制原理图

如图 6-2-18 所示，使用原理图转 PCB 功能开始设计 PCB 图，会自动将原理图的网络信息和封装带入 PCB 图。

当原理图使用了大量元件的时候，转为 PCB 后会有很多相同的封装均放置在同一列，非常不方便选取需要的封装信息。如图 6-2-19 所示，立创 EDA 提供了"布局传递"功能，布局传递是将原理图中的零件位置布局相对应地传递至 PCB 的封装位置布局。

布局是 PCB 设计中很重要的一步，我们可以结合图 6-2-20 所示的 3D 预览图功能，仔细排列和放置元件，力图达到美观、便于操作和维修、电磁性能好的布局。当然，在布线过程中我们也可以返回来调整布局甚至调整电路图，以达到更好的效果。

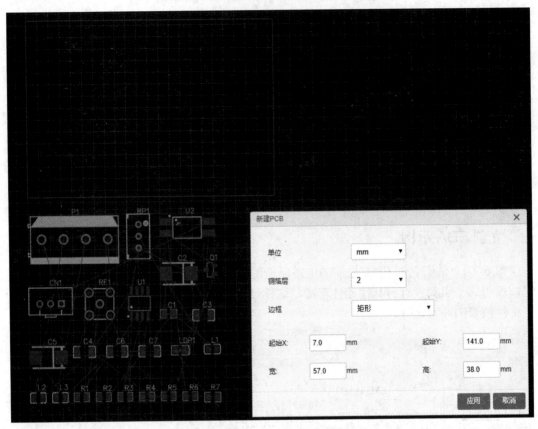

图 6-2-18 立创 EDA 新建 PCB

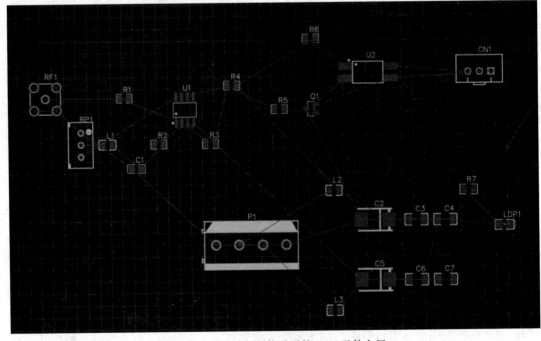

图 6-2-19 使用布局传递后的 PCB 元件布局

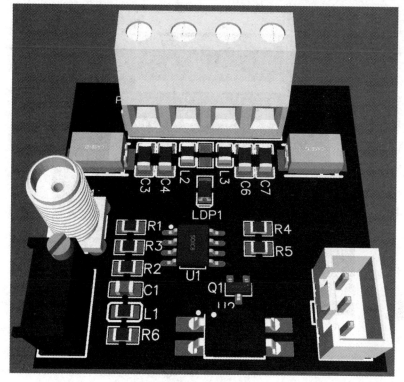

图 6-2-20　3D 预览

如图 6-2-21 所示，在布局完成后，通常我们需要修改设计规则，按工艺要求设计合适的线宽、间距、孔内外径等参数。

图 6-2-21　修改设计规则

最后一步就是布线，如图 6-2-22 所示，我们按照前文的规则进行布线，直至完成。

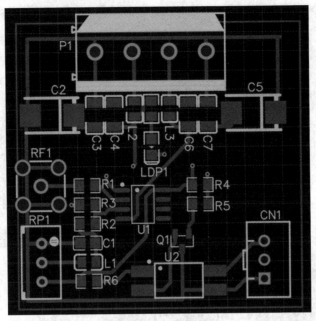

图 6-2-22   PCB 布线

6.3 Quartus Ⅱ

一、Quartus Ⅱ 简介

Quartus Ⅱ 是著名 FPGA 厂商 Altera 公司提供的 FPGA/CPLD 集成开发环境，属于平台化设计工具。用户可以在 Quartus Ⅱ 中实现整个数字集成电路的 FPGA 设计流程。Quartus Ⅱ 在 21 世纪初推出，是 Altera 前一代 FPGA/CPLD 集成开发环境 MAX+plus Ⅱ 的更新换代产品，其界面友好，使用便捷。在 Quartus Ⅱ 上可以完成设计输入、HDL 综合、布线布局(适配)、仿真和下载以及硬件测试等流程，它提供了一种与结构无关的设计环境，使设计者能方便地进行设计输入、快速处理和器件编程。

Quartus Ⅱ 提供了完整的多平台设计环境，能满足各种特定设计的需要，也是单芯片可编程系统(SOPC)设计的综合性环境和 SOPC 开发的基本设计工具。Quartus Ⅱ 设计工具内部嵌有 VHDL、Verilog 逻辑综合器。Quartus Ⅱ 也可以利用第三方的综合工具，如 Leonardo Spectrum、Synplify Pro、FPGA Complier Ⅱ，并能直接调用这些工具。同样，Quartus Ⅱ 具备仿真功能，同时也支持第三方的仿真工具，如 ModelSim。此外，Quartus Ⅱ 与 MATLAB 和 DSP Builder 结合，可以进行基于 FPGA 的 DSP 系统开发，是 DSP 硬件系统实现的关键 EDA 工具。

图 6-3-1 所示的上部是 Quartus Ⅱ 编译设计主控界面，它显示了 Quartus Ⅱ 自动设计的各主要处理环节和设计流程，包括图形或 HDL 编辑、设计分析与综合、适配、编程文件汇编(装配)以及编程下载几个步骤。图中下部的流程框图是与上面的 Quartus Ⅱ 设计流程相对照的标准的 EDA 开发流程。

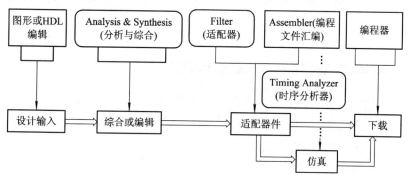

图 6-3-1 Quartus Ⅱ 编译设计主控界面

二、Quartus Ⅱ 的基本使用方法

按照一般编程逻辑设计的步骤，利用 Quartus Ⅱ 软件进行开发可以分为以下步骤：
(1) 建立工程文件。
(2) 输入设计文件。
(3) 编译设计文件。

(4) 仿真设计文件。

(5) 编程下载设计文件。

Quartus II 支持原理图输入和 HDL 文本输入两种方法。原理图输入为图形化界面，清晰易读，易于模块化设计，但不易修改，不便于移植；HDL 文本输入易于修改和维护，便于移植，但不利于大规模系统的设计。下面将以 Verilog 文本输入为例，给出 Quartus II 9.0 下工程的建立、输入、编译、仿真和下载过程。

1. 建立工程文件

打开 Quartus II，选择 "File" → "New Project Wizard"，如图 6-3-2 所示。在弹出的对话框中，选择工程目录，输入项目名称（"What is the name of this project?"）和顶层设计实体名称（"What is the name of the top-level design entity for this project?"）。注意，顶层设计实体名称必须与顶层文件名称保持一致。点击 "Next" 后，出现一个添加现有文件到工程的界面，如果没有，可以再次点击 "Next" 进入器件选择界面，如图 6-3-3 所示，如果没有所需的型号，请注意 "Show in 'Available device' list" 中都选择 "Any"。

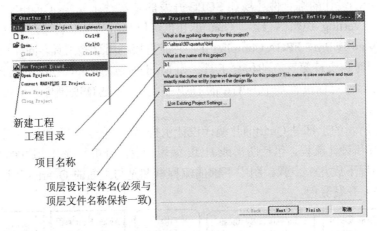

图 6-3-2 输入 Quartus II 的工程名称

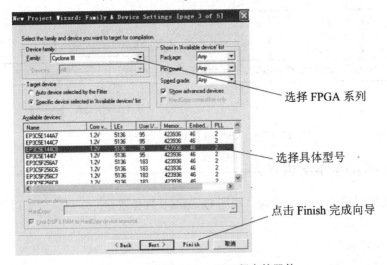

图 6-3-3 选择 Quartus II 工程中的器件

2. 输入设计文件

新建一个 Verilog HDL 文档，如图 6-3-4 所示。在新建的文本框中，用 Verilog HDL 语言编写程序，并保存到工程目录下。

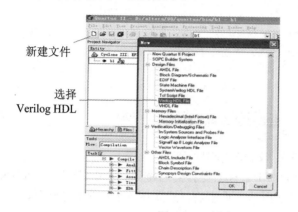
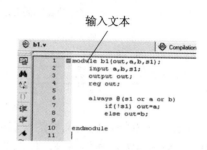

图 6-3-4　新建 Verilog HDL 文档

3. 编译设计文件

如图 6-3-5 所示，在设计文件输入完毕后，可点击完全编译按钮或者在菜单中选择"Processing"→"Start compilation"开始编译。如有错误产生，双击某一错误信息，可在程序中确定错误位置，然后进行手动修改。完成后重新保存，再进行编译，直到成功为止，任务栏将显示编译过程和编译完成的进度。

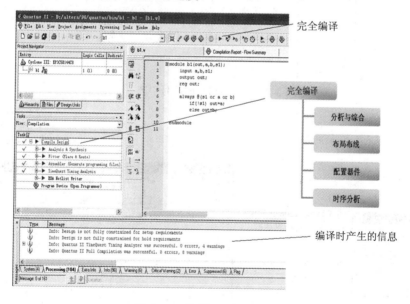

图 6-3-5　编译 Verilog HDL 文本

4. 仿真设计文件

Quartus Ⅱ 自带的波形仿真软件可以对所编写的模块进行波形仿真。通过对比仿真波形和预先设计的结果，可验证设计结果是否满足要求。

如图 6-3-6 所示，首先建立波形仿真文件。

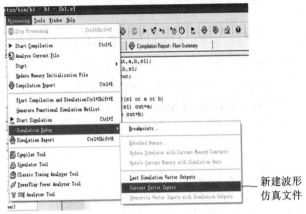

图 6-3-6 波形仿真文件的建立

在打开的波形仿真文件的空白处，单击鼠标右键打开右键菜单，并点击"Insert Node or Bus"来选择需仿真的信号，如图 6-3-7 所示。点击后，进入图 6-3-8 所示的界面。

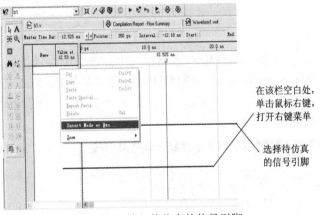

图 6-3-7 输入待仿真的信号引脚

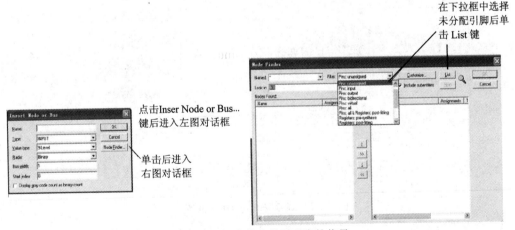

图 6-3-8 查找未分配引脚的信号

在弹出的对话框中点击"Node Finder"，再在弹出的对话框中选中"Pins：unassigned"并点击"List"，得到所有未分配引脚的信号，然后按图 6-3-9 进行操作，把这些未分配引脚的信号添加到波形仿真文件中，完成后点击"OK"，进入图 6-3-10 所示的界面。

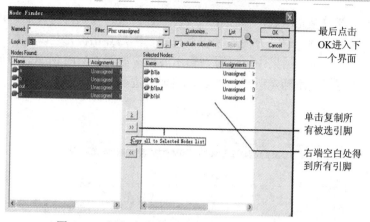

图 6-3-9　添加未分配引脚的信号到波形仿真文件中

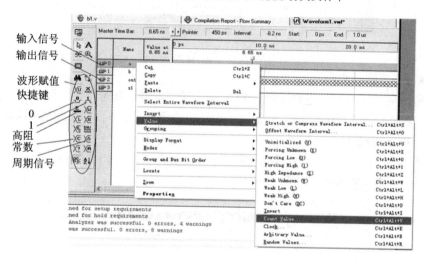

图 6-3-10　仿真信号波形的输入

　　需要注意的是，此时完成的是功能仿真(Functional)，也就是前仿真，主要是验证逻辑功能是否正确。如果要仿真实际的引脚信号时序，也就是包含器件时延等特性的后仿真，则需要给每个信号分配好引脚，并且需要设置"Simulator tool"中的"simulation mode"为"timing"来进行时序仿真。

　　在图 6-3-10 中，用鼠标左键点击某一个信号名称后，波形赋值快捷键被激活。可通过该快捷键输入信号波形，也可通过在信号名称上点击鼠标右键→"Value"进行波形赋值。仿真前，必须对所有相关输入信号进行赋值，否则输出的结果为未知"X"。

　　对已经设定好的信号波形，仍可选中某段区域再次改变波形值，如图 6-3-11 所示。

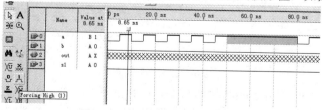

图 6-3-11　仿真信号波形的修改

当输入信号全部设置完毕后，保存波形文件。建议采用默认的文件名，这样可与项目名称和顶层实体名称保持一致，方便后续仿真设置，然后点击波形仿真的快捷键进行波形仿真。仿真结束后，在仿真结果中可以看到输出波形，如图 6-3-12 所示。可通过输出波形和输入波形的时序逻辑关系确定所需功能是否实现，进而修正源程序。

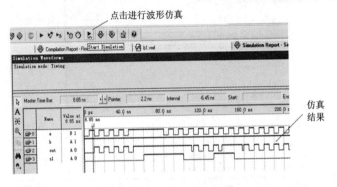

图 6-3-12　波形仿真结果

5．编程下载设计文件

仿真通过后，所需要的逻辑功能已经实现。下一步需要针对特定的硬件平台来分配引脚、编译工程，并将编译生成的编程文件下载到硬件平台上。下面以 EP3C5E144C8 芯片为例，介绍编程下载设计文件的过程。

如图 6-3-13 所示，点击"Assignments"→"Pins"后，弹出"Pin Planner"对话框。

图 6-3-13　引脚分配

在各个信号对应的"Location"区域双击，可弹出下拉菜单。通过选择该下拉菜单的引脚名称，可实现该信号到特定引脚的配置。根据实际硬件平台，配置完所有信号的引脚后关闭该窗口，再次选择全编译，从而生成下载文件。

另外，为了防止连接到其他电路的未用引脚信号出错，一般应左键点击"Device and pin"，选择"Unused pins"选项卡，将"Reserve all Unused Pins"选为"as Input Tri-state"，也就是设为高阻输入。

编译完成后，点击下载快捷键打开下载界面，然后插入下载器，连接下载器和硬件平台，给硬件平台上电。在下载界面中点击"Hardware Setup"，选择下载用的仿真器(如果找不到仿真器，说明电脑上未插仿真器或仿真器驱动未成功加载)，如图 6-3-14 所示。

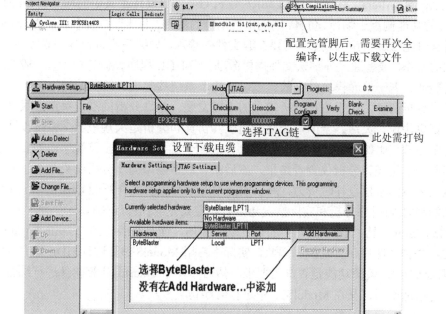

图 6-3-14　JTAG 下载设置

Quartus II 提供四种下载方式，包括 JTAG、Active Serial Programming(AS)、Passive Serial Programming(PS)模式和 In-Socket Programming 模式。调试中常用的是 JTAG 和 AS 模式，其中 JTAG 不能将程序下载到 FPGA 的配置芯片中，因此硬件平台掉电后程序会丢失；AS 模式可以将程序下载到 FPGA 的配置芯片中，这样硬件平台每次上电后将自动加载程序，实现程序规定的功能。以 JTAG 为例(如图 6-3-14 所示)，设置好后，点击"Start"可下载程序到芯片中(注意 Program Configure 选项必须选中)。

6.4　ModelSim

一、ModelSim 简介

Mentor 公司的 ModelSim 是 HDL 语言仿真软件，支持 VHDL 和 Verilog 混合仿真。ModelSim 分几种不同的版本：SE、PE、LE 和 OEM。其中，SE 是最高级的版本，而集成在 Actel、Atmel、Altera、Xilinx 以及 Lattice 等 FPGA 厂商设计工具中的均是其 OEM 版本。ModelSim 的功能侧重于编译、仿真，不能指定编译的器件，不具有编程下载能力。ModelSim 在时序仿真时无法编辑输入波形，需要在源文件中输入，如编写测试台程序来完成初始化、模块输入的工作，或者通过外部宏文件提供激励。当 HDL 程序设计完成后，一般要进行单元模块的验证、若干单元模块联合的验证以及整个系统的验证。这些验证过程可分为硬件测试和仿真分析两种，由于仿真分析工具的不断发展，仿真分析的准确率已经很高，而且比硬件测试更快速、灵活、全面，因此使用软件仿真和分析是大规模数字系统设计中必不可缺的一个环节。比如，完整验证一个 8 bit 二进制全加器，需要多路数字码型发生器产生所有可能码型，用逻辑分析仪查看结果，然后结合数字码型同步分析结果是否正确。这样的硬件测试环境的搭建很耗时费力，所以实际中经常利用前文介绍的 Quartus Ⅱ 进行仿真，分析其功能和时序(时序分析和实际情况还是有一定误差的)是否正确。

和 ModelSim 相比，Quartus Ⅱ 中的仿真功能较弱，而且新版本的 Quartus Ⅱ (如 Quartus 10.0)中已经去掉了时序仿真功能。因此，实际中常用 ModelSim Ⅱ 进行 HDL 语言的设计和功能仿真(前仿真)，验证功能是否满足要求，然后才使用 Quartus Ⅱ 等软件进行综合、适配等工作，完成适配后，又在 ModelSim 中进行时序仿真分析。

二、ModelSim 环境变量设置

同其他许多软件一样，ModelSim SE 同样需要合法的 License，通常的文件名是 license.dat。在 C 盘根目录下新建一个文件夹 flexlm，将 license.dat 复制到该文件夹下，然后修改系统的环境变量。用鼠标右键点击桌面上"我的电脑"图标，选择"属性"→"高级"→"环境变量"→(系统变量)"新建"，在弹出的对话框中按图 6-4-1 所示内容填写，变量值如果已经有别的路径了，则用";"将其与要填的路径分开，如"LM_LICENSE_FILE = c:\flexlm\ license.dat；c:\altera\ license.dat"。

图 6-4-1　设置 Windows 环境变量

三、仿真

仿真分为前仿真和后仿真。前仿真又叫功能仿真，不考虑器件间的延迟；后仿真又叫时序仿真，反映了器件的延迟属性，更真实地反映芯片的工作情况。

1. 基本仿真过程

ModelSim 最基本的仿真步骤分为四步：创建工程、添加源代码、编译、仿真。

(1) 创建工程：选择"File"→"New"→"Project"，输入"project name"和希望的路径；输入"library name"，缺省是"work"。

(2) 添加源代码：这一步将 Verilog 或 VHDL 文件添加到创建好的工程中。要添加的文件可以是先前已经创建好的，也可以现在输入。

(3) 编译工程：编译所有功能模块和测试模块，选择"Compile"中的"Compile All"即可。如果编译失败，双击错误信息可以直接转到出错代码处。

(4) 仿真：首先是调用设计，选择"Simulate"→"Start Simulation"，出现如图 6-4-2 所示的对话框，选择该工程的 test_counter 文件，出现如图 6-4-3 所示的窗口。选择将所有信号(或希望观察的信号)使用"Add"→"To Wave"功能将这些信号添加到 Wave 窗口中。选择"Simulate"→"Run"→"Run All"就可以进行简单的前仿真，出现如图 6-4-4 所示的仿真结果。

图 6-4-2　Start Simulation 运行后的窗口

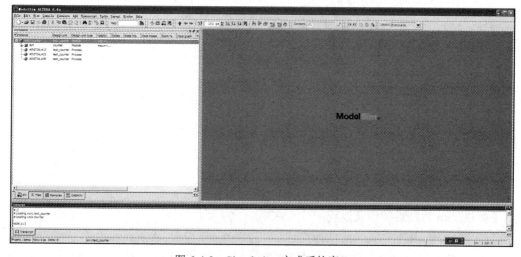

图 6-4-3　Simulation 完成后的窗口

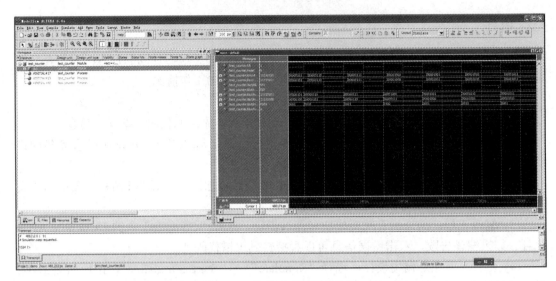

图 6-4-4　仿真后观测到的波形

2. 与 Quartus Ⅱ 联合仿真

ModelSim 和 Quartus Ⅱ 联合仿真的一般步骤包括建立库并映射到物理目录、编写 test_count 文件、执行仿真。仿真库是存储已编译设计单元的目录。ModelSim 中有两类仿真库：一种是工作库，默认的库名为 work，work 库下包含当前工程下所有已经编译过的文件，编译前一定要建一个 work 库，而且只能建一个 work 库；另一种是资源库，用来存放 work 库中已编译文件所要调用的资源，这样的资源可能有很多，它们被放在不同的资源库内。例如，想要对综合在 cyclone 芯片中的设计进行后仿真，就需要有一个名为 cyclone_ver 的资源库。

映射库用于将已经预编译好的文件所在的目录映射为一个 ModelSim 可识别的库，库内的文件应该是已经编译过的，在 Workspace 窗口内展开该库应该能看见这些文件，如果是没有编译过的文件在库内是看不见的。如图 6-4-5 所示，工作库中包括 counter 和 counter_tb 两个文件，其余的都是资源库。

图 6-4-5　Workspace 中的库文件

下面以 rom 为例说明仿真过程。

(1) 在 Quartus Ⅱ 下生成 rom 的源文件后，按图 6-4-6 设置"Assignments"→"EDA Tools Settings"下的"Simulation"选项，将"Tool name"设置为"ModelSim"，这样就会生成 .vo

和.sdo 文件，用来做后仿真。需要注意的是，生成 rom 时的初始化文件必须用.hex 文件。

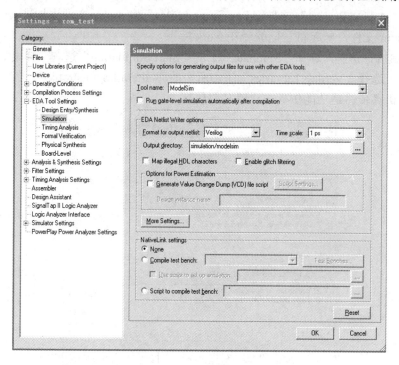

图 6-4-6 Quartus II 仿真设置

(2) 因为 ModelSim 的后仿真是基于仿真模型进行的，所以对于 rom 及 ifft 等 ipcore 进行仿真时需要添加一些库文件。通常先新建一个文件夹存放库文件，如 altera.lib。然后打开 ModelSim，修改该文件的所在路径，新建一个库，库名任意。编译的文件在 Quartus 安装文件的 quartus-eda 下的 sim_lib 中，常用的文件有 220model.v、altera_mf.v 和 altera_primitives.v，将其编译在一个库中。此外，还要添加与元器件型号有关的库，如用 Stratix 公司的器件，就必须添加 stratix_atom.v 文件。鉴于选择的器件不同，这个库一般只包含该文件，便于管理。如图 6-4-7 所示，修改 ModelSim 安装文件夹中的配置文件，将要添加的库在其中声明一下，主要是将库名和库所在的路径做一下声明。

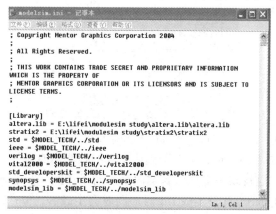

图 6-4-7 修改 ModelSim 配置文件

（3）改变目录到待仿真的 rom 文件夹下，新建一个工程，同时会产生一个默认的 work 库，先通过"Add to Project"→"Adding Exiting Files"将 rom.v 文件添加进 word 库，然后编写 test_count 文件，一起将它们编译在 work 库下。

（4）开始执行仿真，选择"Simulate"下的"Start Simulation"选项，弹出如图 6-4-8 所示的对话框，选择"Verilog Libraries"添加所需的库 altera.lib 和 stratix2，然后就可以进行仿真。这个仿真依然是功能仿真，也就是前仿真。

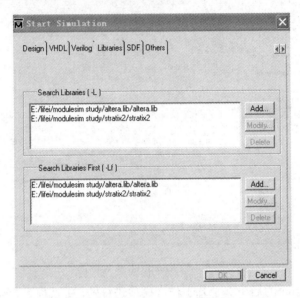

图 6-4-8　仿真时加入库文件

（5）后仿真和前仿真的过程基本相同，但是要用在 Quartus Ⅱ 下生成的 .vo 文件代替 .v 文件，将其和 .tb 文件编译在 work 库下，而且在 Start Simulation 时，还需在图 6-4-8 所示的 SDF 下添加 Quartus Ⅱ 下生成的 .sto 文件，生成的 .sdo 文件和 .vo 文件在 Quartus 目标文件夹的 Simulation 下的 ModelSim 中。需要注意的是：要将 .vo 和 .sdo 文件与 .v 和 .tb 文件存放在同一级目录下。后面的过程与前仿真相同，注意"Apply to Region"中填写的是例化后的名称(见图 6-4-9)。

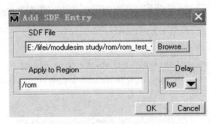

图 6-4-9　仿真时加入 SDF 文件

图 6-4-10 是前后仿真的对比，可以看到后仿真的结果会有延迟，也就是图中的 dataout 已经不和时间片对齐，这反映了器件的真实时延。对于 FFT 等 IP 核，其仿真过程和 rom 的仿真过程相同，在 Quartus Ⅱ 下生成 ifft 时，同时会生成 .v、.vo 及 .tb 文件，采用 .vo 文件即可。

(a) 前仿真的结果

(b) 后仿真的结果

图 6-4-10　dataout 前后仿真结果对比

　　查看波形法适合于查看关键电路的时序等内容。如果需要进行完整的功能分析，则最好在源文件中进行比较或者将结果输出到文件中采用其他工具(如 MATLAB)分析结果。例如，一个计数器，如果计数值较大，一个一个查看波形文件中的数值是很费时费力的事情，这时候最好采用文件中比较输出结果的方式；又如，分析一个滤波器的频率响应时，直接查看波形可能很难确定是否完成了有效的滤波，因此也可以将结果输出到 MATLAB 中进行分析。

参 考 文 献

[1]　陈南，易运晖，贺小云，等. 模拟电子线路实验[M]. 西安：西安电子科技大学出版社，2012.

[2]　傅丰林，刘雪芳，王平. 模拟电子线路基础[M]. 北京：高等教育出版社，2015.

[3]　曾兴雯，刘乃安，陈健. 高频电子线路[M]. 3 版. 北京：高等教育出版社，2016.

[4]　康华光，张林，陈大钦，等. 电子技术基础 数字部分[M]. 7 版. 北京：高等教育出版社，2021.

[5]　陈彦辉，冯毛官，胡力山. 数字逻辑电路基础[M]. 西安：西安电子科技大学出版社，2014.

[6]　孙肖子，邓建国，陈南，等. 电子设计指南[M]. 北京：高等教育出版社，2006.

[7]　侯建军，佟毅，刘颖，等. 电子技术基础实验、综合设计实验与课程设计[M]. 北京：高等教育出版社，2007.

[8]　夏宇闻. Verilog 数字系统设计教程[M]. 4 版. 北京：北京航空航天大学出版社，2017.

[9]　赵全利，李会萍. Multisim 电路设计与仿真[M]. 北京：机械工业出版社，2016.

[10]　立创 EDA 使用教程(标准版)[A/OL].https://docs.lceda.cn/cn/FAQ/Editor/index.html

[11]　敦思摩尔. 微波器件测量手册：矢量网络分析仪高级测量技术指南[M]. 北京：电子工业出版社，2014.